博碩文化

付東來
(@labuladong)
著

廖信彥
審校

刷題實戰筆記

演算法工程師求職加分的祕笈

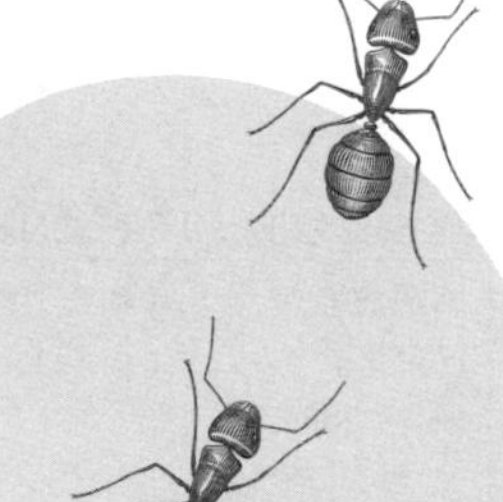

暢銷回饋版

快速掌握演算法思維

應對求職時IT公司的各種演算法面試題

用範本和框架思維解決問題，以不變應萬變

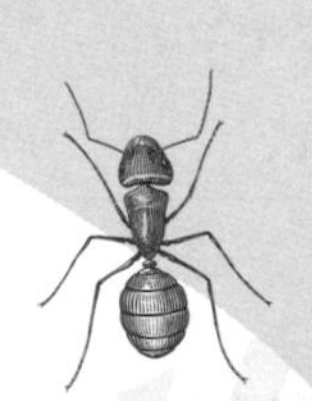

本書題目來自 www.leetcode-cn.com官方授權

本書如有破損或裝訂錯誤，請寄回本公司更換

作　　者：付東來
審　　校：廖信彥
責任編輯：林楷倫

董 事 長：陳來勝
總 編 輯：陳錦輝

出　　版：博碩文化股份有限公司
地　　址：221 新北市汐止區新台五路一段 112 號 10 樓 A 棟
　　　　　電話 (02) 2696-2869　傳真 (02) 2696-2867

發　　行：博碩文化股份有限公司
郵撥帳號：17484299
戶　　名：博碩文化股份有限公司
博碩網站：http://www.drmaster.com.tw
讀者服務信箱：dr26962869@gmail.com
訂購服務專線：(02) 2696-2869 分機 238、519
（週一至週五 09:30 ～ 12:00；13:30 ～ 17:00）

版　　次：2023 年 12 月二版一刷

建議零售價：新台幣 720 元
I S B N：978-626-333-685-8
律師顧問：鳴權法律事務所 陳曉鳴 律師

國家圖書館出版品預行編目資料

刷題實戰筆記：演算法工程師求職加分的祕笈 / 付東來著 . -- 二版 . -- 新北市：博碩文化股份有限公司, 2023.12
　面；　公分

ISBN 978-626-333-685-8 (平裝)

1.CST: 演算法

318.1　　　　112020176

Printed in Taiwan

博碩粉絲團

商標聲明

有限擔保責任聲明

著作權聲明

前言

在計算機知識體系中，資料結構和演算法扮演著舉足輕重的作用，這個領域也有非常經典的教材供大家學習。但是，大量的演算法題目往往會在經典的演算法概念上套層「皮」，很容易讓人產生一種感覺：資料結構和演算法以前學得挺好的，為何對這些演算法題目完全沒思路呢？

面對這種疑惑，有人可能會擺出好幾本與演算法相關的經典名著，建議你去進修。

有些書籍確實很經典，但筆者覺得應該先弄清楚自己的目的。如果是學生，對演算法有濃厚的興趣，甚至以後準備從事這方面的研究，那麼便可讀一讀這些經典名著。但實際上，大部分人（包括筆者）學習演算法是為了應付考試，這種情況下去做上面的事就得不償失了，更有效率的方法是直接刷題。

不過，刷題也有技巧，刷題平台上動輒幾千道題，難道要全部做完嗎？最有效的刷題方式是邊做邊歸納總結，抽象出每種題型的概念框架，以不變應萬變。

個人挺喜歡刷題，經過長時間的累積、總結，於是沉澱出這本書，希望能為大家帶來思路上的啟發和指導。

本書特色

本書會先抽象總結出概念框架，然後透過題目實踐，這應該是最有效的學習方式。

即學即用，立即回饋，相信本書會讓人一讀就停不下來。

本書定位

這不是一本資料結構和演算法的入門書，而是大量練習演算法題目的參考書。

本書的目的是親自引領刷題技巧，每看完一節內容，就能去做幾道題目，知其然，也知其所以然。

勘誤和支持

由於作者的水準有限，書中難免存在一些錯誤或者不準確的地方，懇請廣大讀者批評指正。

微信公司帳號「labuladong」增加一個新的選單入口，專門用來解決書中的「bug」。如果讀者在閱讀過程中產生疑問或者發現「bug」，歡迎到微信公司帳號「labuladong」的後台留言，本人將盡可能一一回復。

致謝

感謝微信公司帳號「labuladong」的讀者們，如果沒有大家的關注和支持，個人很難堅持整理和產出這些內容。

感謝領扣網路（上海）有限公司授權本書使用力扣（LeetCode）平台的題目，本書題目來自力扣（www.leetcode-cn.com）官方授權。到力扣平台練習下頁列出的演算法題目，將有助於更好地掌握書中內容。感謝成都道然科技有限責任公司的姚新軍老師，他在寫作方向、設計最佳化和稿件審核方面，做出非常大的努力，是非常可靠的合作夥伴。

力扣官網題號及名稱

1. 兩數之和
10. 正規運算式比對
100. 相同的樹
1011. 在 D 天內送達包裹的能力
111. 二元樹的最小深度
1118. 一月有多少天
1143. 最長公用次序列
130. 被圍繞的區域
1312. 讓字串成為迴文串的最少插入次數
141. 環形鏈結串列 II
141. 環形鏈結串列
146. LRU 快取機制
15. 三數之和
167. 兩數之和 II- 輸入有序陣列
170. 兩數之和 III- 資料結構設計
18. 四數之和
198. 打家劫舍
20. 有效的括弧
204. 計數質數
213. 打家劫舍 II
22. 括弧產生
222. 完全二元樹的節點個數
224. 基本計算器
227. 基本計算器 II
234. 迴文鏈結串列
236. 二元樹的最低共用源始
239. 滑動視窗最大值

56. 合併區間

560. 和為 K 的子陣列

567. 字串的排列

651. 四鍵鍵盤

700. 二元搜尋樹的搜索

701. 二元搜尋樹的插入操作

704. 二分搜尋

72. 編輯距離

752. 打開轉盤鎖

76. 最小覆蓋子字串

77. 組合

772. 基本計算器 III

773. 滑動謎題

78. 子集

83. 刪除排序鏈結串列中的重複元素

855. 考場就座

875. 愛吃香蕉的珂珂

877. 石頭遊戲

887. 雞蛋掉落

92. 反轉鏈結串列 II

969. 煎餅排序

98. 驗證二元搜尋樹

990. 等式方程的可滿足性

目錄

Chapter 04 演算法思維系列

本書慣例

一、適合本書的讀者

本書最大的功效是，逐步指導讀者大量演練演算法題目，包括各種演算法題型的模式和框架，以便快速掌握演算法思維，應對求職時 IT 公司的各種演算法面試題。

本書並不適合初學者閱讀，如果對基本的資料結構一竅不通，那麼必須先花幾天時間閱讀一本基礎的資料結構書籍，瞭解諸如佇列、堆疊、陣列、鏈結串列等基本資料結構。不需要多精通，只要大致瞭解它們的特點和用法即可。通常大學時期學過資料結構課程的讀者，閱讀本書應該不會有什麼問題。

如果學過資料結構，由於種種現實原因，開始在刷題平台上演練，卻又覺得無所適從、心亂如麻，那麼本書便可解決燃眉之急。當然，如果只是單純的演算法愛好者，以刷題為樂，本書也會帶來不少啟發，讓你的演算法功力更上一層樓。

本書的很多題目都來自 LeetCode（力扣）刷題平台，解法的程式碼形式也遵循該平台的標準，並且提交至該平台與通過。所以，如果曾在 LeetCode 平台有做過演算法題目的經歷，那麼閱讀本書將更遊刃有餘。當然，即使沒有上述經驗也無妨，因為演算法模式都是通用的。

為什麼選擇 LeetCode 呢？因為該平台的判題形式對刷題者最友善，不用動手處理輸入和輸出，甚至連標頭檔、套件匯入都無須插手。常用的標頭檔、套件、命名空間都已安排妥當，這樣就能把精力全部投入到演算法的思考和理解上，而不需要處理過多細節問題。

建議一邊閱讀本書、一邊在平台上做練習題，書中條列的都是免費、品質高、典型的題目。紙上得來終覺淺，絕知此事要躬行。

二、程式碼規定

本書有一點和其他的書籍不太一樣，裡面並沒有統一的程式語言，而是混用三種最常用的程式語言：Python、C++ 和 Java。

例如，一道題使用 Python 來寫解法，下一道題可能改用 Java。又或者說，對於同一道題，首先以 Python 形式的虛擬程式碼描述某個演算法的框架，最後用 C++ 撰寫與實作此演算法。不用擔心有的語言不熟悉，演算法根本用不到程式語言層面的技巧，本書也會特意避開所有語言特性，而且後面會統一介紹三種語言的基本操作。

為什麼要這樣做呢？筆者認為做大量演算法題目是在養成一種思維模式，不應該局限於具體的程式語言。每一種語言都有缺點，**到底選用哪一種語言解決某道題目的根本依據是，解法的思路是否可以避開隱晦的語言特性，以達到清晰易懂。**

舉例來說，動態規劃演算法會提到一種「自上向下」遞迴形式的解法觀念，有的題目可能就需要一個雜湊表（字典）來儲存二元組到字串的映射。在這種情況下，Java 和 C++ 可能要自己對二元組撰寫 Hash 函數，而 Python 則能將內建的元組類型，直接作為雜湊表的鍵。如此一來，不僅程式碼量小，而且可以直接呈現演算法思路，清晰易懂：

```python
# 備忘錄
memo = dict()
def dp(i, j):
    # 如果遇到重疊子問題，直接返回
    if (i, j) in memo:
        return memo[(i, j)]
    # ...
```

那麼，為什麼不全用 Python 語言呢？因為 Python 這種動態語言，雖然撰寫起來很快，但是偵錯很讓人煩躁。而且，由於沒有類型約束，程式碼稍微複雜一點就顯得不清晰。而對於 Java 語言來說，雖然使用的人最多，但是不得不說有時候語法比較繁瑣，例如操作字串非常不方便，而且一些包裝類型進行比較的「陷阱」較為隱晦。對於 C++ 語言而言，大部分操作都很方便，比較適合做演算法題目，但是有一些語言特性又太獨特，容易讓人迷惑。

以上是每種語言各自的一些缺點，所以希望截長補短，**本書將避開一切語言特性，不會「秀」什麼「一行程式碼解決」，一切皆以可讀性為首要目標。**也就是說，每個人肯定不會因為語言問題而感到閱讀吃力。

三、程式碼的預設規則

因為本書大部分內容都是基於 LeetCode 平台的題目而來，並且都能在該平台提交通過，因此會使用一些 LeetCode 的預設資料類型。為了節省篇幅，統一於此處說明這些資料類型的結構，後文便不再單獨解說。

`TreeNode` 是二元樹節點類型，其結構如下：

```
public class TreeNode {
    int val; // 節點儲存的值
    TreeNode left; // 指向左側子節點的指標
    TreeNode right; // 指向右側子節點的指標

    // 建構函數
    TreeNode(int val) {
        this.val = val;
        this.left = null;
        this.right = null;
    }
}
```

一般的使用方法是：

```
// 新建二元樹節點
TreeNode node1 = new TreeNode(2);
TreeNode node2 = new TreeNode(4);
TreeNode node3 = new TreeNode(6);

// 修改節點的值
node1.val = 10;

// 連接節點
node1.left = node2;
node1.right = node3;
```

`ListNode` 是單向鏈結串列節點類型，其結構如下：

```
class ListNode {
    int val; // 節點儲存的值
    ListNode next; // 指向下一個節點的指標
```

```
    ListNode(int val) {
        this.val = x;
        this.next = null;
    }
}
```

一般的使用方法是：

```
// 新建單向鏈結串列節點
ListNode node1 = new ListNode(1);
ListNode node2 = new ListNode(3);
ListNode node3 = new ListNode(5);

// 修改節點的值
node1.val = 9;

// 連接節點
node2.next = node3;
node1.next = node2;
```

另外，LeetCode 平台一般會要求把解法程式碼置於一個 `Solution` 類別裡面，如下所示：

```
// Java 語言
class Solution {
    public int solutionFunc(String text1, String text2) {
        // 解法程式碼寫在這裡
    }
}
# Python 語言
class Solution:
    def solutionFunc(self, text1: str, text2: str) -> int:
        # 解法程式碼寫在這裡
```

本書為了節省篇幅，便於讀者理解演算法邏輯，並不會設計 `Solution` 類別，而是直接撰寫解法函數。Java/C++ 中 `public`、`private` 之類的關鍵字，以及 Python 類別方法的 `self` 參數，在演算法程式碼中沒有什麼意義，全都會被省略。本書的程式碼大致如下：

```
// Java 語言
```

```
int solutionFunc(String text1, String text2) {
    // 解法程式碼寫在這裡
}
# Python 語言
def solutionFunc(text1: str, text2: str) -> int:
    # 解法程式碼寫在這裡
```

讀者在做大量題目的過程中，需要按照刷題平台的程式碼格式要求來提交，因此可能會略微修改本書程式碼的一些細節。

語言基礎

本書使用 C++、Java、Python 3 內建的資料結構非常簡單，大致區分為陣列（array）、串列（list）、映射（map）、堆疊（stack）、佇列（queue）等。

另外，本書秉持著最小化語言特性的原則，僅介紹書裡用到的資料結構和對應的 API，只要曾學過任何一門程式語言，很容易就能明白。

C++

首先說明一個容易忽視的問題，C++ 的函數參數預設是傳值，如果想使用陣列之類的容器作為參數，一般會加上 `&` 符號表示傳址。請特別注意，如果忘記加上 `&` 符號，就是傳值，將涉及資料複製。尤其是在遞迴函數中，每次遞迴都複製一遍容器，會非常耗時。

1. 動態陣列類型 `vector`

所謂動態陣列，就是由標準程式庫封裝的陣列容器，可以自動擴容、縮容，比 C 語言以 `int[]` 宣告陣列更加進階。

本書建議大家都使用標準程式庫封裝的進階容器，而不是 C 語言的陣列，也不要以 `malloc` 這類函數自行管理記憶體。雖然手動分配記憶體，會為演算法的效率帶來一定的提升，但是要先弄清楚自己的目的，把更多精力集中在演算法思維上，其性價比較高。

初始化方法：

```
int n = 7, m = 8;

// 初始化一個 int 類型的空陣列 nums
vector<int> nums;

// 初始化一個大小為 n 的陣列 nums，陣列中的值預設都為 0
vector<int> nums(n);

// 初始化一個元素為 1、3、5 的陣列 nums
```

```
vector<int> nums{1, 3, 5};

// 初始化一個大小為 n 的陣列 nums，其值全都為 2
vector<int> nums(n, 2);

// 初始化一個二維 int 陣列 dp
vector<vector<int>> dp;

// 初始化一個大小為 m * n 的布林陣列 dp，
// 其中的值都為 true
vector<vector<bool>> dp(m, vector<bool>(n, true));
```

本書使用的成員函數：

```
// 返回陣列是否為空
bool empty()

// 返回陣列的元素個數
size_type size();

// 返回陣列最後一個元素的參照
reference back();

// 在陣列尾部插入一個元素 val
void push_back (const value_type& val);

// 刪除陣列尾部的一個元素
void pop_back();
```

下面舉幾個例子：

```
int n = 10;
// 陣列大小為 10，元素值都為 0
vector<int> nums(n);
// 輸出：false
cout << nums.empty();

// 輸出：10
cout << nums.size();

// 可以透過中括號直接取值或修改值
```

```cpp
int a = nums[4];
nums[0] = 11;

// 在陣列尾部插入一個元素 20
nums.push_back(20);
// 輸出：11
cout << nums.size();

// 取得陣列最後一個元素的參照
int b = nums.back() ;
// 輸出：20
cout << b;

// 刪除陣列的最後一個元素（無返回值）
nums.pop_back();
// 輸出：10
cout << nums.size();

// 交換 nums[0] 和 nums[1]
swap(nums[0], nums[1]);
```

以上就是 C++ `vector` 在本書的常用方法，無非就是利用索引讀取元素，以及 `push_back`、`pop_back` 方法。就做演算法試題而言，這些就夠了。

因為根據「陣列」的特性，利用索引存取元素的效率很高，從尾部增刪元素也是；而從中間或頭部增刪元素會涉及搬移資料，效率很低，所以都會從演算法思路層面避免那些低效率的操作。

2. 字串 `string`

初始化方法只需要記住下面兩種：

```cpp
// s 是一個空字串 ""
string s;
// s 是字串 "abc"
string s = "abc";
```

本書使用的成員函數：

```cpp
// 返回字串的長度
size_t size();
```

```
// 判斷字串是否為空
bool empty();

// 在字串尾部插入一個字元c
void push_back(char c);

// 刪除字串尾部的一個字元
void pop_back();

// 返回從索引pos開始，長度為len的子字串
string substr (size_t pos, size_t len);
```

下面舉幾個例子：

```
// s是一個空字串
string s;
// 指派s的值為"abcd"
s = "abcd";
// 輸出：c
cout << s[2];
// 在s尾部插入字元'e'
s.push_back('e');
// 輸出：abcde
cout << s;
// 輸出：cde
cout << s.substr(2, 3);
// 在s尾部拼接字串"xyz"
s += "xyz";
// 輸出：abcdexyz
cout << s;
```

字串 `string` 的很多操作和動態陣列 `vector` 相似。另外，C++ 中兩個字串的相等性，可以直接利用雙等號判斷 `if (s1 == s2)`。

3. 雜湊表 `unordered_map`

初始化方法：

```
// 初始化一個key為int，value為int的雜湊表
unordered_map<int, int> mapping;
```

```cpp
// 初始化一個 key 為 string，value 為 int 陣列的雜湊表
unordered_map<string, vector<int>> mapping;
```

值得一提的是，雜湊表的值允許是任意類型，但不是任意類型都能作為雜湊表的鍵。在大量做演算法題目時，一般都以 `int` 或 `string` 類型作為雜湊表的鍵。

本書使用的成員函數：

```cpp
// 返回雜湊表的鍵值對個數
size_type size();

// 返回雜湊表是否為空
bool empty();

// 返回雜湊表中 key 出現的次數
// 因為雜湊表不允許出現重複的鍵，所以該函數只會返回 0 或 1
// 可用來判斷鍵 key 是否存在於雜湊表中
size_type count (const key_type& key);

// 透過 key 清除雜湊表中的鍵值對
size_type erase (const key_type& key);
```

`unordered_map` 的常見用法：

```cpp
vector<int> nums{1,1,3,4,5,3,6};
// 計數器
unordered_map<int, int> counter;
for (int num : nums) {
    // 可利用中括號直接存取或修改對應的鍵
    counter[num]++;
}

// 巡訪雜湊表中的鍵值對
for (auto& it : counter) {
    int key = it.first;
    int val = it.second;
    cout << key << ":" << val << endl;
}
```

對於 `unordered_map` 有一點要特別注意，以中括號 `[]` 存取其中的鍵 `key` 時，如果該 `key` 不存在，則會自動建立，對應的值則為數值型別的預設值。

例如在上面的例子中，`counter[num]++` 這句程式碼，實際上對應下列語句：

```
for (int num : nums) {
    if (!counter.count(num)) {
        // 新增一個鍵值對 num -> 0
        counter[num] = 0;
    }
    counter[num]++;
}
```

在計數器的例子中，直接使用 `counter[num]++` 是比較方便的寫法，但是要注意 C++ 的這個特性（自動建立不存在的鍵），有時候可能需要先以 `count` 方法來判斷該鍵是否存在。

4. 雜湊集合 unordered_set

初始化方法：

```
// 初始化一個儲存 int 的雜湊集合
unordered_set<int> visited;

// 初始化一個儲存 string 的雜湊集合
unordered_set<string> visited;
```

本書使用的成員函數：

```
// 返回雜湊表的鍵值對個數
size_type size();

// 返回雜湊表是否為空
bool empty();

// 類似雜湊表，如果 key 存在則返回 1，否則返回 0
size_type count (const key_type& key);

// 對集合插入一個元素 key
pair<iterator,bool> insert (const key_type& key);

// 刪除雜湊集合的元素 key
// 如果刪除成功則返回 1，如果 key 不存在則返回 0
size_type erase (const key_type& key);
```

5. 佇列 queue

初始化方法：

```
// 初始化一個儲存 int 的佇列
queue<int> q;

// 初始化一個儲存 string 的佇列
queue<string> q;
```

本書使用的成員函數：

```
// 返回佇列是否為空
bool empty();

// 返回佇列中元素的個數
size_type size();

// 將元素加入佇列尾端
void push (const value_type& val);

// 返回佇列頭端元素的參照
value_type& front();

// 刪除佇列頭端元素
void pop();
```

佇列結構比較簡單，只需要注意一點：C++ 中佇列的 pop 方法一般都是 void 類型，不會像其他語言那般同時返回被刪除的元素，所以常見的做法如下：

```
int e = q.front(); q.pop();
```

6. 堆疊 stack

初始化方法：

```
// 初始化一個儲存 int 的堆疊
stack<int> stk;
// 初始化一個儲存 string 的堆疊
stack<string> stk;
```

本書使用的成員函數：

```
// 返回堆疊是否為空
bool empty();

// 返回堆疊中元素的個數
size_type size();

// 在堆疊頂端加入元素
void push (const value_type& val);

// 返回堆疊頂端元素的參照
value_type& top();

// 刪除堆疊頂端元素
void pop();
```

Java

1. 陣列

初始化方法：

```
int m = 5, n = 10;

// 初始化一個大小為 10 的 int 陣列
// 其中的值預設為 0
int[] nums = new int[n]

// 初始化一個 m * n 的二維布林陣列
// 其中的元素預設為 false
boolean[][] visited = new boolean[m][n];
```

Java 的陣列類似 C 語言的陣列，有的題目會以函數參數的形式傳入。一般來說，需要在函數開頭做一個非空檢查，然後利用索引下標存取其中的元素：

```
if (nums.length == 0) {
    return;
}
```

```java
for (int i = 0; i < nums.length; i++) {
    // 存取 nums[i]
}
```

2. 字串 `String`

Java 的字串處理起來很麻煩，因為它不支援以 `[]` 直接存取其中的字元，而且無法直接修改，要轉換成 `char[]` 類型後才允許。

下面主要列出本書會使用到 `String` 的一些特性：

```java
String s1 = "hello world";
// 取得 s1[2] 中的字元
char c = s1.charAt(2);

char[] chars = s1.toCharArray();
chars[1] = 'a';
String s2 = new String(chars);
// 輸出：hello world
System.out.println(s2);

// 請注意，一定要以 equals 方法判斷字串是否相同
if (s1.equals(s2)) {
    // s1 和 s2 相同
} else {
    // s1 和 s2 不相同
}

// 字串可以利用加號進行拼接
String s3 = s1 + "!";
// 輸出：hello world!
System.out.println(s3);
```

不能直接修改 Java 的字串，要先用 `toCharArray` 轉換成 `char[]` 類型的陣列後才行，然後再轉換回 `String` 類型。

另外，雖然字串支援以 `+` 拼接，但是效率並不高，不建議使用於 for 迴圈。如果需要進行頻繁的字串拼接，推薦採用 `StringBuilder`：

```java
StringBuilder sb = new StringBuilder();
```

```
for (char c = 'a'; c < 'f'; c++) {
    sb.append(c);
}

// append方法支援拼接字元、字串、數字等類型
sb.append('g').append("hij").append(123);
String res = sb.toString();
// 輸出：abcdefghij123
System.out.println(res);
```

還有一個重要的問題，便是字串的相等性比較。這個問題涉及語言特性，簡單來說，就是一定要用字串的 `equals` 方法比較兩個字串是否相同，而不是使用 `==`，否則可能會出現不易察覺的 bug。

3. 動態陣列 ArrayList

類似 C++ 的 `vector` 容器，`ArrayList` 相當於包裝了 Java 內建的陣列類型。初始化方法如下：

```
// 初始化一個儲存String類型資料的動態陣列
ArrayList<String> nums = new ArrayList<>();

// 初始化一個儲存int類型資料的動態陣列
ArrayList<Integer> strings = new ArrayList<>();
```

常用方法（`E` 代表元素類型）：

```
// 判斷陣列是否為空
boolean isEmpty()

// 返回陣列中元素的個數
int size()

// 返回索引index的元素
E get(int index)

// 在陣列尾部加入元素e
boolean add(E e)
```

本書只會用到這些最簡單的方法，稍微看一下就能明白。

4. 雙向鏈結串列 LinkedList

ArrayList 串列底層是以陣列實作，而 LinkedList 底層則是以雙向鏈結串列實作，初始化方法也類似：

```
// 初始化一個儲存 int 類型資料的雙向鏈結串列
LinkedList<Integer> nums = new LinkedList<>();

// 初始化一個儲存 String 類型資料的雙向鏈結串列
LinkedList<String> strings = new LinkedList<>();
```

本書用到的方法（E 代表元素類型）：

```
// 判斷鏈結串列是否為空
boolean isEmpty()

// 返回鏈結串列中元素的個數
int size()

// 判斷鏈結串列中是否存在元素 o
boolean contains(Object o)

// 在鏈結串列尾部加入元素 e
boolean add(E e)

// 在鏈結串列頭部加入元素 e
void addFirst(E e)

// 刪除鏈結串列頭部第一個元素
E removeFirst()

// 刪除鏈結串列尾部最後一個元素
E removeLast()
```

本書用到的都是最簡單的方法，和 ArrayList 不同的是，文內使用更多 LinkedList 對於頭部和尾部元素的操作，由於底層資料結構為鏈結串列，所以直接操作頭尾部的元素效率較高。其中只有 contains 方法的時間複雜度是 $O(N)$，因為必須巡訪整個鏈結串列，才能判斷該元素是否存在。

另外，經常有題目要求函數的返回值是 List 類型，ArrayList 和 LinkedList 都是 List 類型的子類別，因此可根據資料結構的特性，決定採用陣列還是鏈結串列，最後直接返回值就行了。

5. 雜湊表 HashMap

初始化方法：

```
// 整數映射到字串的雜湊表
HashMap<Integer, String> map = new HashMap<>();

// 字串映射到陣列的雜湊表
HashMap<String, int[]> map = new HashMap<>();
```

本書使用的方法（K 代表鍵的類型，V 代表值的類型）：

```
// 判斷雜湊表中是否存在鍵 key
boolean containsKey(Object key)

// 取得鍵 key 對應的值，若 key 不存在，則返回 null
V get(Object key)

// 將 key 和 value 鍵值對存入雜湊表
V put(K key, V value)

// 如果 key 存在，則刪除 key 並返回對應的值
V remove(Object key)

// 取得 key 的值，如果 key 不存在，則返回 defaultValue
V getOrDefault(Object key, V defaultValue)

// 取得雜湊表的所有 key
Set<K> keySet()

// 如果 key 不存在，則將鍵值對 key 和 value 存入雜湊表
// 如果 key 存在，則什麼都不做
V putIfAbsent(K key, V value)
```

6. 雜湊集合 HashSet

初始化方法：

```
// 新建一個儲存 String 的雜湊集合
Set<String> set = new HashSet<>();
```

本書使用的方法（E 表示元素類型）：

```
// 如果 e 不存在，則將 e 加到雜湊集合
boolean add(E e)

// 判斷元素 o 是否存在於雜湊集合
boolean contains(Object o)

// 如果元素 o 存在，則刪除元素 o
boolean remove(Object o)
```

7. 佇列 Queue

與之前的資料結構不同，Queue 是一個介面（Interface），因此它的初始化方法有些特別，一般是以下列方式進行初始化：

```
// 新建一個儲存 String 的佇列
Queue<String> q = new LinkedList<>();
```

本書使用的方法（E 表示元素類型）：

```
// 判斷佇列是否為空
boolean isEmpty()

// 返回佇列中元素的個數
int size()

// 返回佇列頭端的元素
E peek()

// 刪除並返回佇列頭端的元素
E poll()

// 將元素 e 插入佇列尾
boolean offer(E e)
```

8. 堆疊 Stack

初始化方法：

```
Stack<Integer> s = new Stack<>();
```

本書使用的方法（E 表示元素類型）：

```
// 判斷堆疊是否為空
boolean isEmpty()

// 返回堆疊中元素的個數
int size()

// 將元素壓入堆疊頂端
E push(E item)

// 返回堆疊頂端元素
E peek()

// 刪除並返回堆疊頂端元素
E pop()
```

Python 3

本書 Python 3 的案例大多數是解析思路的虛擬程式碼，利用 Python 3 撰寫的解法並不多，因為這種弱類型語言容易出現不易察覺的 bug，而且語言本身的技巧太多，不符合本書清晰易懂的宗旨，所以下面只列出會用到的 Python 資料結構：列表、元組和字典（雜湊表）。

列表 list 可以作為陣列、堆疊，或者是佇列的用途：

```
# 陣列
arr = [1, 2, 3, 4]
# 輸出：3
print(arr[2])
# 在列表尾部加入元素
arr.append(5)
# -1 代表最後一個索引，輸出：5
print(arr[-1])
```

```python
# 模擬堆疊
stack = []
# 把列表尾部作為堆疊頂端
# 在堆疊頂端加入元素
stack.append(1)
stack.append(2)
# 刪除堆疊頂端元素並返回
e1 = stack.pop()
# 查看堆疊頂端元素
e2 = stack[-1]
```

剩下常用的資料結構就是 Python 的元組 `tuple` 和字典 `dict`，本書經常使用這兩個資料結構，以作為自上而下動態規劃的「備忘錄」：

```python
memo = dict()
# 二維動態規劃的 dp 函數
def dp(i, j):
    # 元組 (i, j) 作為雜湊表的鍵
    # 用 in 關鍵字查詢該鍵是否存在於雜湊表中
    if (i, j) in memo:
        # 返回鍵 (i, j) 對應的值
        return memo[(i, j)]
    # 狀態轉移方程
    memo[(i, j)] = ...

    return memo[(i, j)]
```

以上就是本書即將使用的程式語言基礎，下面就開始我們的演算法之旅吧。

Chapter 01

核心技巧篇

很多人都害怕演算法，其實大可不必，演算法題目無非就那幾種解題技巧，一旦掌握，就會覺得演算法實在是太樸實無華且枯燥了。

本書的一貫風格是把演算法問題範本化、技巧化，不管題目如何千變萬化，都以不變應萬變。

本章彙集演算法常考的核心技巧，可說是本書的精髓所在，請仔細閱讀。

刷題時，記得多尋找本章的範本，慢慢就可以體會到演算法解題技巧有多重要了。

1.1 學習演算法和刷題的概念框架

我們應該學會如何刷題，在腦中構成「概念框架」，也就是本書總結的各種「解題技巧」。希望讀者能夠跳出問題細節，把握問題的共通性和本質，以便舉一反三。

首先，這裡講的都是一般的資料結構，由於不是演算法競賽，因此只需要解決常規問題即可。另外，以下是個人刷題的經驗，沒有其他教材提及這些，所以請讀者試著理解筆者的角度，別糾結於細節。本章希望讀者對資料結構和演算法建立一個框架性的認識。

從整體到細節、自上而下、從抽象到具體的概念框架是通用的，除了學習資料結構和演算法外，還能有效學習其他任何的知識。

1.1.1 資料結構的儲存方式

資料結構的底層儲存方式只有兩種：陣列（Array，為循序儲存）和鏈結串列（Linked List，為鏈式儲存）。

怎麼理解這句話？不是還有雜湊表、堆疊、佇列、堆積、樹、圖等各種資料結構嗎？

分析問題時一定要有遞迴的觀念，自上而下，從抽象到具體。前面條列的資料結構，都屬於具體的「上層建築」，而陣列和鏈結串列才是「結構基礎」。因為那些多樣化的資料結構，究其源頭，都是在鏈結串列或陣列上的特殊操作，API 特性不同而已。

例如「佇列」、「堆疊」這兩種資料結構，既可使用鏈結串列，也可使用陣列實作。利用陣列實作，就要處理擴容和縮容的問題；利用鏈結串列實作，則沒有這個問題，但要求更多的記憶體空間儲存節點指標。

「圖」的兩種表示方法中，相鄰串列就是鏈結串列，相鄰矩陣就是二維陣列。透過相鄰矩陣判斷連通性很迅速，並可以利用矩陣運算解決一些問題。但是，如果用圖比較稀疏則很耗費空間。相鄰串列比較節省空間，不過很多操作的效率，肯定比不上相鄰矩陣。

「雜湊表」就是透過雜湊函數，把鍵映射到一個大陣列裡。對於解決雜湊衝突的方法，常見的有拉鍊法和線性探測法。拉鍊法需要鏈結串列特性，操作簡單，但要求額外的空間儲存指標；線性探測法需要陣列特性，以便連續定址，但不要求指標的儲存空間，操作稍微複雜些。

「樹」，利用陣列實作就是「堆積」，因為「堆積」是一顆完全二元樹。透過陣列儲存不需要節點指標，操作也比較簡單；藉由鏈結串列實作，便是很常見的「樹」，因為不一定是完全二元樹，所以不適合以陣列儲存。因此，在這種鏈結串列「樹」結構之上，又衍生出各種巧妙的設計，例如二元搜尋樹、AVL 樹、紅黑樹、區間樹、B 樹等，以應對不同的問題場景。

瞭解 Redis 資料庫的朋友可能知道，Redis 提供列表、字串、集合等常用的資料結構。但是，對於每種資料結構，底層的儲存方式都至少有兩種，以便根據資料的實際情況採用合適的儲存方式。

綜上所述，資料結構種類繁多，甚至可以發明自己的資料結構，但是底層儲存方式無非是陣列或者鏈結串列，**二者的優缺點如下**：

由於**陣列**是緊湊連續儲存，因此允許隨機存取，透過索引快速找到對應的元素，而且相對節省儲存空間。但正因為連續儲存，記憶體空間必須一次性配足，導致陣列如果要擴容，必須先重新分配一塊更大的空間，再把資料全部複製過去，時間複雜度為 $O(N)$；此外，若想在陣列中間進行插入和刪除操作，每次還得搬移後面的所有資料以保持連續，時間複雜度為 $O(N)$。

鏈結串列因為元素不連續，依靠指標指向下一個元素的位置，所以不存在陣列的擴容問題。如果知道某一元素的前驅和後驅，透過指標即可刪除該元素或插入新元素，時間複雜度為 $O(1)$。但是，正因為儲存空間不連續，無法根據一個索引算出對應元素的位址，所以不能隨機存取；而且，由於每個元素必須儲存指向前、後元素位置的指標，因此會消耗相對更多的儲存空間。

1.1.2 資料結構的基本操作

對於任何資料結構，其基本操作無非是巡訪 + 存取，再具體一點就是：增、刪、查、改。

資料結構的種類繁多，但它們存在的目的，無非是在不同的應用場景下，盡可能有效地增、刪、查、改。這不就是資料結構的使命嗎？

如何對資料結構進行巡訪 + 存取呢？仍然從抽象到具體地進行分析。各種資料結構的巡訪 + 存取，無非兩種形式：線性和非線性。

線性形式以 for/while 迭代為代表，非線性形式以遞迴為代表。再具體一點，無非是下列幾種框架。

陣列巡訪框架，此為典型的線性迭代結構：

```
void traverse(int[] arr) {
    for (int i = 0; i < arr.length; i++) {
        // 迭代存取 arr[i]
    }
}
```

鏈結串列巡訪框架，兼具迭代和遞迴結構：

```
/* 基本的單向鏈結串列節點 */
class ListNode {
    int val;
    ListNode next;
}
void traverse(ListNode head) {
    for (ListNode p = head; p != null; p = p.next) {
        // 迭代巡訪 p.val
    }
}
void traverse(ListNode head) {
    // 前序巡訪 head.val
    traverse(head.next);
    // 後序巡訪 head.val
}
```

我們知道二元樹有前、中、後序巡訪，其實鏈結串列也有前序和後序巡訪。例如，在前序巡訪時列印 `head.val`，就是正序列印鏈結串列；在後序巡訪時列印 `head.val`，便是倒序列印鏈結串列。

順帶一提，**寫過 Web 中介軟體的朋友應該可以發現，中介軟體的呼叫鏈，其實就是一個遞迴巡訪鏈結串列的過程**。一些前置中介軟體（例如注入 session）在前序巡訪的位置執行，一些後置中介軟體（例如程式異常捕捉）則在後續巡訪的位置執行，而一些中介軟體（諸如計算呼叫總耗時）在前序和後序巡訪的位置都有程式碼。

二元樹巡訪框架，可說是典型的非線性遞迴巡訪結構：

```
/* 基本的二元樹節點 */
class TreeNode {
    int val;
    TreeNode left, right;
}
void traverse(TreeNode root) {
    // 前序巡訪
    traverse(root.left);
    // 中序巡訪
    traverse(root.right);
```

```
    // 後序巡訪
}
```

觀察二元樹的遞迴巡訪方式，以及鏈結串列的遞迴巡訪方式，是否相似？再看看二元樹結構和單向鏈結串列結構，是否相似？如果再多幾元，*N* 元樹會不會巡訪？

二元樹巡訪框架可以擴展為 *N* 元樹的巡訪框架：

```
/* 基本的 N 元樹節點 */
class TreeNode {
    int val;
    TreeNode[] children;
}
void traverse(TreeNode root) {
    for (TreeNode child : root.children)
        traverse(child);
}
```

N 元樹的巡訪又可擴展為圖的巡訪，因為圖就是好幾個 *N* 元樹的結合體。但圖有可能出現環？這點很好處理，利用布林陣列 visited 做標記就行了，這裡就不撰寫程式碼。

所謂的概念框架，就是解題技巧、範本。不管增刪查改，這些程式碼都是永遠無法脫離的結構，可以把這個結構作為大綱，根據具體問題在框架上增加程式碼就行了，下文有具體範例。

1.1.3 演算法刷題指南

首先要闡明的是，**資料結構是工具，演算法則是透過合適的工具解決特定問題的方法。**也就是說，學習演算法之前，最起碼要瞭解常用的資料結構，以及它們的特性和缺陷。

那麼該如何在**力扣（LeetCode）**刷題呢？很多文章都會告知「按分類做」、「堅持下去」等。本書不想說那些不痛不癢的話，直接列出具體的建議。

先做二元樹，先做二元樹，先做二元樹！

這是筆者刷題一年的親身體會，下圖是 2019 年 10 月的提交截圖：

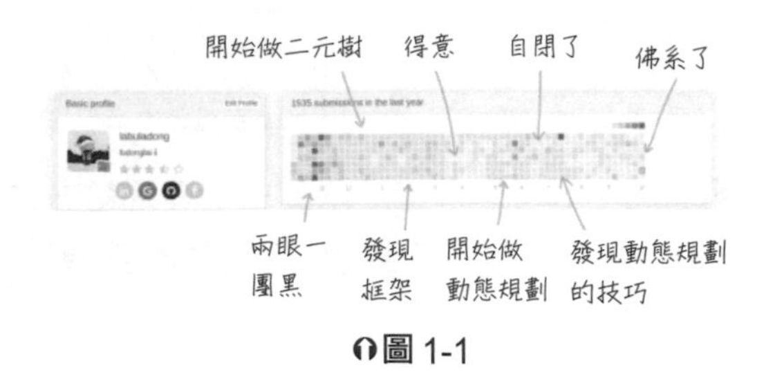

圖 1-1

根據個人觀察，大部分人對與資料結構相關的演算法文章不感興趣，而是更關心動態規劃、回溯、分治等技巧。這是不對的，本書將涉及這些常考的演算法技巧，到時候就會發現，它們看起來很艱深，但本質就是一個多元樹巡訪的問題，配合本書的演算法框架並不會太困難。

為什麼要先做二元樹呢？**因為二元樹最容易培養概念框架，而且大部分常考演算法，本質上都是樹的巡訪問題。**

做二元樹時看到題目沒有想法？其實不是沒有想法，只是沒有理解本書所謂的「框架」。**不要小看下面幾行程式碼，幾乎所有二元樹的題目，一套用此框架就解出來了。**

```
void traverse(TreeNode root) {
    // 前序巡訪
    traverse(root.left);
    // 中序巡訪
    traverse(root.right);
    // 後序巡訪
}
```

例如現在隨便拿幾道題的解法程式碼出來，**這裡不用在意具體的程式碼邏輯，只看查看框架在其中是如何發揮作用。**

LeetCode 124 題，難度為 Hard，求二元樹的最大路徑和，主要程式碼如下：

```
int ans = INT_MIN;
int oneSideMax(TreeNode* root) {
    if (root == nullptr) return 0;

    int left = max(0, oneSideMax(root->left));
    int right = max(0, oneSideMax(root->right));
```

```
    /**** 後序巡訪 ****/
    ans = max(ans, left + right + root->val);
    return max(left, right) + root->val;
    /****************/
}
```

你看，這不就是後序巡訪。為什麼是後序呢？題目要求最大路徑和，對於一個二元樹節點，首先計算左子樹和右子樹的最大路徑和，然後加上自己的值，這樣就得出新的最大路徑和。所以說，這裡就要使用後續巡訪框架。

LeetCode 105 題，難度為 Medium，要求根據前序巡訪和中序巡訪的結果，還原一棵二元樹。這是很經典的問題，主要程式碼如下：

```
TreeNode buildTree(int[] preorder, int preStart, int preEnd,
    int[] inorder, int inStart, int inEnd, Map<Integer, Integer> inMap) {

    if(preStart > preEnd || inStart > inEnd) return null;

    /**** 前序巡訪 ****/
    TreeNode root = new TreeNode(preorder[preStart]);
    int inRoot = inMap.get(root.val);
    int numsLeft = inRoot - inStart;
    /****************/

    root.left = buildTree(preorder, preStart + 1, preStart + numsLeft,
        inorder, inStart, inRoot - 1, inMap);
    root.right = buildTree(preorder, preStart + numsLeft + 1, preEnd,
        inorder, inRoot + 1, inEnd, inMap);
    return root;
}
```

不要看這個函數的參數很多，它們只是為了控制陣列索引而已，本質上就是一個前序巡訪演算法。

LeetCode 99 題，難度為 Hard，要求恢復一棵 BST（完全二元樹），主要程式碼如下：

```
void traverse(TreeNode* node) {
    if (!node) return;

    traverse(node->left);
```

```
    /**** 中序巡訪 ****/
    if (node->val < prev->val) {
        s = (s == NULL) ? prev : s;
        t = node;
    }
    prev = node;
    /****************/

    traverse(node->right);
}
```

這不就是中序巡訪？對於一棵 BST 來說，中序巡訪意謂著什麼，應該不需要解釋了。

由此得知，Hard 難度的題目不過如此，而且還這麼有規律可循。只要撰寫出框架，然後在相關的位置加入內容即可，這便是所謂的思路啊！

對於理解二元樹的人來說，做一道二元樹的題目花不了多長時間。如果對刷題無從下手，或者存有畏懼心理，不妨先從二元樹下手，前 10 道也許有點難受；結合框架再做 20 道題，或許就有自己的理解了；做完整個專題，再依序進入回溯、動態規劃、分治專題，**便會發現只要是涉及遞迴的問題，基本上都是樹的問題。**

再舉一些例子，說明幾道後文提及的問題。

在「**1.2　動態規劃解題範本框架**」中，將提到湊零錢問題，暴力解法就是巡訪一棵 N 元樹：

```
def coinChange(coins: List[int], amount: int):
    def dp(n):
        if n == 0: return 0
        if n < 0: return -1

        res = float('INF')
        for coin in coins:
            subproblem = dp(n - coin)
            # 子問題無解，跳過
            if subproblem == -1: continue
            res = min(res, 1 + subproblem)
        return res if res != float('INF') else -1

    return dp(amount)
```

看不懂這麼多程式碼怎麼辦？直接擷取框架，這樣就能看出核心概念了，亦即剛才說到巡訪 N 元樹的框架：

```
def dp(n):
    for coin in coins:
        dp(n - coin)
```

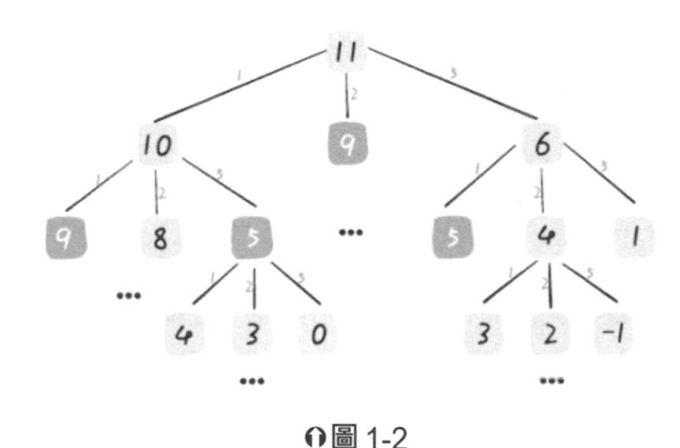

圖 1-2

其實，很多動態規劃問題就是在巡訪一棵樹。如果對樹的巡訪操作熟稔於心，起碼應該知道怎麼把想法轉換成程式碼，包括如何擷取別人解法的核心概念。

再看看回溯演算法，在 **「1.3 回溯演算法解題範本框架」** 中將說明，回溯演算法就是一個 N 元樹的前序 + 後序巡訪問題，沒有例外。例如，排列組合問題、經典的回溯問題，主要程式碼如下：

```
void backtrack(int[] nums, LinkedList<Integer> track) {
    if (track.size() == nums.length) {
        res.add(new LinkedList(track));
        return;
    }

    for (int i = 0; i < nums.length; i++) {
        if (track.contains(nums[i]))
            continue;
        track.add(nums[i]);
        // 進入下一層決策樹
        backtrack(nums, track);
        track.removeLast();
    }
```

```java
/* 提取N元樹巡訪框架 */
void backtrack(int[] nums, LinkedList<Integer> track) {
    for (int i = 0; i < nums.length; i++)
        backtrack(nums, track);
}
```

*N*元樹的巡訪框架，你看出來了吧？你說，樹這種結構重不重要？

綜合前文，對於畏懼演算法，或者做很多題目但依然感覺不到要領的朋友來說，可以先做樹的相關題目，試著從框架看問題，不要糾結於細節。

所謂糾結細節，例如糾結 `i` 到底應該加到 `n` 還是 `n-1`，這個陣列的大小到底應該是 `n` 還是 `n+1` 等等。

從框架看問題，就是像前文這樣根據框架進行擷取和擴展，既可在查看別人解法時快速理解核心邏輯，也有助於找到自己撰寫解法時的思路方向。

當然，如果細節出錯，將得不到正確的答案，不過只要有框架，再錯也錯不到哪裡去，因為方向是對的。但要是心中沒有框架，那麼根本無法解題。即使給出答案，也不能意識到這就是樹的巡訪問題。

概念框架十分重要，本書涉及的所有演算法技巧，都會力求總結思路範本。有時候按照流程寫出解法，說實話筆者自己都不知道為何是對的，反正它就是對了……

這就是框架的力量，能夠保證在思路不那麼清晰的時候，依然可以寫出正確的程式。

1.1.4 最後總結

資料結構的基本儲存方式就是鏈式和循序兩種，基本操作就是增刪查改，巡訪方式便是迭代和遞迴。做演算法題建議從「樹」分類開始，結合概念框架，做完幾十道題後，對於樹結構的理解應該就到位了。此時去看回溯、動態規劃、分治等演算法專題，對觀念的理解可能會更加深刻一些。

思考問題的過程中，少糾結細節，不要熱衷於炫技。希望讀者多從框架看問題，多學習範本，把握各類演算法問題的共通性，本書會提供這方面的幫助。

1.2 動態規劃解題範本框架

動態規劃（Dynamic Programming）問題應該會讓很多人頭痛，不過這類問題也是最具技巧性、最有意思。本書用了整整一個章節專門解說這個演算法，動態規劃問題的重要性也可見一斑。

做了大量題目之後就會發現，演算法技巧就只有那幾招。**後續的動態規劃相關章節，都是使用本節的解題思維框架**，如果心裡有數，就會輕鬆很多。所以本節放在第 1 章，形成一套解決此類問題的思維框架，希望能夠成為解決動態規劃問題的一套指導方針。下面就來講解該演算法的基本框架。

首先，動態規劃問題的一般形式就是求極值。動態規劃其實是運籌學的一種最佳化方法，只不過比較常應用於電腦問題上，例如求**最長**遞增子序列、**最小**編輯距離等。

既然是求極值，那麼核心問題是什麼呢？**求解動態規劃的核心問題是列舉。**因為要求極值，肯定要列舉出所有可行的答案，然後在其中找極值。請記住，以後遇到此類問題時，首先思考如何列舉所有可能的結果，並且訓練成條件反射。

動態規劃這麼簡單，列舉就解決了？一般看到的動態規劃問題都很難啊！

首先，動態規劃的列舉有些特別，因為這類問題**存在「重疊子問題」**，如果暴力列舉，效率會極其低下，所以需要「備忘錄」或者「DP table」最佳化列舉過程，避免不必要的計算。

然後，動態規劃問題一定會**具備「最佳子結構」**，這樣才能透過子問題的極值得到原問題的極值。

最後，雖然動態規劃的核心概念便是列舉求極值，但是問題可能千變萬化。列舉所有可行解，其實並不是一件容易的事，只有列出**正確的「狀態轉移方程」**，才能正確地列舉。

以上提到的重疊子問題、最佳子結構、狀態轉移方程，就是動態規劃三要素。三要素具體的意思下文會舉例詳解，但在實際的演算法問題中，**最困難的是寫出狀態轉移方程**，這也是為什麼很多人覺得動態規劃問題不好做的原因。那麼筆者告訴你，若想寫出正確的狀態轉移方程，一定要思考以下幾點：

1. 這個問題的 base case（最簡單情況）是什麼？
2. 這個問題有什麼「狀態」？
3. 對於每個「狀態」，可以做出什麼「選擇」，使得「狀態」發生改變？
4. 如何定義 dp 陣列／函數的涵義，以便表現「狀態」和「選擇」？

說白了就是三點：狀態、選擇、dp 陣列的定義。最後的程式碼可以套用下列框架：

```
# 初始化base case
dp[0][0][...] = base case
# 進行狀態轉移
for 狀態1 in 狀態1的所有取值：
    for 狀態2 in 狀態2的所有取值：
        for ...
            dp[狀態1][狀態2][...] = 求極值(選擇1，選擇2，...)
```

下面透過費波那契數列問題和湊零錢問題，以詳解動態規劃的基本原理。前者主要是說明什麼是重疊子問題（費波那契數列沒有求極值，所以嚴格來說不是動態規劃問題），後者主要專注於如何列出狀態轉移方程。

1.2.1 費波那契數列（費氏數列）

大家不要嫌這個例子簡單，**只有簡單的例子，才能讓人把精力充分集中在演算法背後的通用觀念和技巧上，而不會被那些隱晦的細節問題搞得莫名其妙。**

1. 暴力遞迴

費波那契數列就是遞迴的數學形式，程式碼如下所示：

```
int fib(int N) {
    if (N == 0) return 0;
    if (N == 1 || N == 2) return 1;
    return fib(N - 1) + fib(N - 2);
}
```

這就不用多說了，學校老師講遞迴的時候，似乎都是以其為例。然而，這樣的程式碼雖然簡單易懂，但十分沒效率，問題在哪裡？假設 n=20，請畫出遞迴樹：

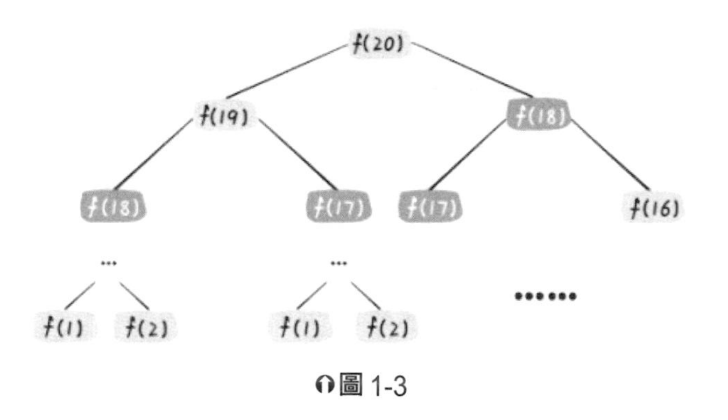

圖 1-3

凡是遇到需要遞迴解決的問題，最好都畫出遞迴樹。如此對分析演算法的複雜度、尋找演算法低效率的原因，都有大幅的幫助。

怎麼理解這個遞迴樹呢？也就是說，若想計算原問題 $f(20)$，應先計算出子問題 $f(19)$ 和 $f(18)$；若要計算 $f(19)$，便得先算出子問題 $f(18)$ 和 $f(17)$，餘依此類推。最後當遇到 $f(1)$ 或者 $f(2)$ 的時候，結果已知，這樣就能直接返回結果，不用再向下生長遞迴樹了。

怎麼計算遞迴演算法的時間複雜度？答案是用子問題個數，乘以解決一個子問題所需的時間。

首先計算子問題個數，亦即遞迴樹中節點的總數。顯然二元樹節點總數為指數級別，所以求子問題個數的時間複雜度為 $O(2^n)$。

然後計算解決一個子問題的時間，在本演算法中，由於沒有迴圈，只有 $f(n-1)+f(n-2)$ 加法操作，故時間複雜度為 $O(1)$。

所以，此演算法的時間複雜度為二者相乘，即 $O(2^n)$，指數級別。

觀察遞迴樹，可以明顯地發現演算法低效率的原因：存在大量重覆計算，例如 $f(18)$ 計算了兩次。而且，以 $f(18)$ 為根的遞迴樹體積龐大，多算一遍便會耗費大量的時間。更何況重覆計算的節點還不止 $f(18)$，導致此演算法極其效率低下。

這就是動態規劃問題的第一個性質：**重疊子問題**。下文將想辦法解決這個問題。

2. 帶備忘錄的遞迴解法

確定問題後，其實就已經解決了一半。既然耗時的原因是重覆計算，那麼可以製造一個「備忘錄」，每次算出某個子問題的答案後，別急著返回，先將其記到「備忘錄」再返回。每次遇到一個子問題，先去「備忘錄」裡查詢，如果發現之前已經解決過這個問題，就直接拿出答案使用，不要再耗時去計算了。

一般使用陣列充當「備忘錄」，當然也可以採用雜湊表（字典），觀念都是一樣的。

```
int fib(int N) {
    if (N == 0) return 0;
    // 將備忘錄全初始化為 0
    vector<int> memo(N + 1, 0);
    // 進行帶備忘錄的遞迴
    return helper(memo, N);
}

int helper(vector<int>& memo, int n) {
    // base case
    if (n == 1 || n == 2) return 1;
    // 已經計算過
    if (memo[n] != 0) return memo[n];
    memo[n] = helper(memo, n - 1) + helper(memo, n - 2);
    return memo[n];
}
```

現在畫出遞迴樹，以便瞭解「備忘錄」到底做了什麼。

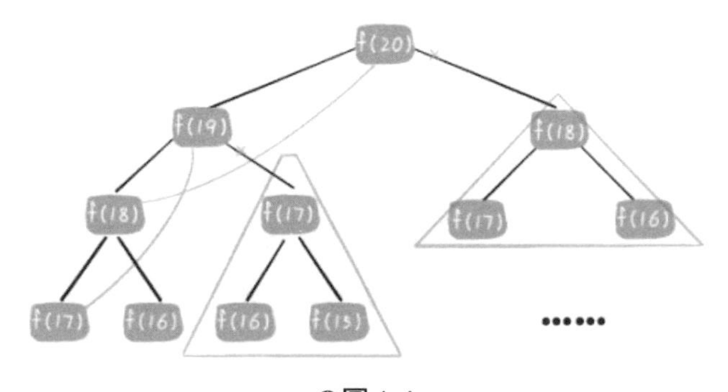

圖 1-4

實際上，帶「備忘錄」的遞迴演算法，就是把一棵存在巨量冗餘的遞迴樹透過「剪枝」，改造成一幅不存在冗餘的遞迴圖，極大幅度減少子問題（即遞迴圖中節點）的個數：

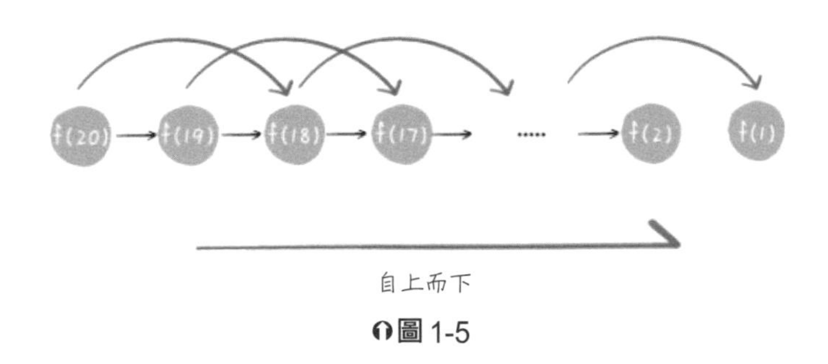

圖 1-5

怎麼計算遞迴演算法的時間複雜度？答案是用子問題個數，乘以解決一個子問題所需的時間。

子問題個數，即圖中節點的總數，由於本演算法不存在冗餘計算，子問題就是 $f(1), f(2), f(3), \ldots, f(20)$，數量和輸入規模 N=20 成正比，所以子問題個數為 $O(N)$。

解決一個子問題的時間，同上，不涉及迴圈，時間複雜度為 $O(1)$。

所以，本演算法的時間複雜度是 $O(N)$。比起暴力演算法，算得上是降維操作了。

至此，帶「備忘錄」的遞迴解法的效率，已經和迭代的動態規劃解法一樣。實際上，這種解法和動態規劃已經相去不遠，只不過前者是「自上而下」，動態規劃則是「自下而上」。

什麼叫「自上而下」？注意剛才畫的遞迴樹（或稱它為圖），乃是從上向下延伸，都是從一個規模較大的原問題，如 $f(20)$，向下逐漸分解規模，直到 $f(1)$ 和 $f(2)$ 這兩個 base case，然後逐層返回答案，這就叫「自上而下」。

什麼叫「自下而上」？反過來，直接從最下面、最簡單、問題規模最小的 $f(1)$ 和 $f(2)$，開始往上推，直至推到想要的答案 $f(20)$，此即為動態規劃的概念。這也是為什麼動態規劃一般都脫離遞迴，而是由迴圈迭代完成計算的關鍵所在。

3. dp 陣列的迭代解法

有了上一步「備忘錄」的啟發，可將這個「備忘錄」獨立出來成為一張表，例如 DP table。若能在這張表完成「自下而上」的推算，豈不太棒了！

```
int fib(int N) {
    if (N == 0) return 0;
    if (N == 1 || N == 2) return 1;
    vector<int> dp(N + 1, 0);
    // base case
    dp[1] = dp[2] = 1;
    for (int i = 3; i <= N; i++)
        dp[i] = dp[i - 1] + dp[i - 2];
    return dp[N];
}
```

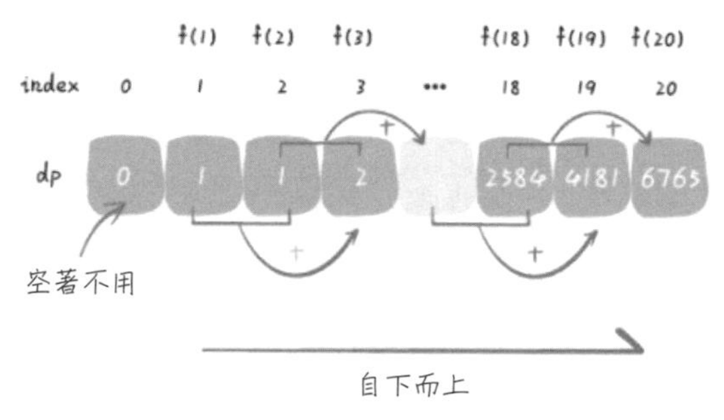

圖 1-6

畫個圖就很容易理解，而且會發現這個 DP table 特別像之前「剪枝」後的結果，只是反過來計算而已。實際上，帶備忘錄的遞迴解法中，「備忘錄」最終就是這個 DP table，所以才說這兩種解法其實差不多。在大部分情況下，效率也基本相同。

這裡帶出「狀態轉移方程」這個名詞，實際上就是描述問題結構的數學形式：

$$f(n) = \begin{cases} 1, n = 1,2 \\ f(n-1) + f(n-2), n > 2 \end{cases}$$

為什麼叫「狀態轉移方程」？其實只是為了聽起來比較厲害。先把 $f(n)$ 想成一個狀態 n，此狀態 n 是由狀態 n-1 和狀態 n-2 相加轉移而來，這便是狀態轉移，僅此而已。

由此得知，上面幾種解法的所有操作，例如語句 `return f(n - 1) + f(n - 2)`，`dp[i] = dp[i - 1] + dp[i - 2]`，以及對「備忘錄」或 DP table 的初始化操作，都是圍繞這個方程式的不同呈現形式，由此可見列出「狀態轉移方程」的重要性，它是解決問題的核心。而且很容易發現，實際上狀態轉移方程直接代表著暴力解法。

千萬不要瞧不起暴力解法，動態規劃問題最困難的就是寫出此暴力解法，亦即狀態轉移方程。只要撰寫出暴力解法，最佳化方法無非是用「備忘錄」或 DP table，再無奧妙可言。

在這個例子的最後，說明一個細節的最佳化。細心的讀者會發現，根據費波那契數列的狀態轉移方程，目前狀態只和之前的兩個狀態有關。因此，並不需要那麼長的一個 DP table 儲存所有的狀態，只要包括之前的兩個狀態即可。所以，此處可進一步最佳化，把空間複雜度降為 $O(1)$：

```
int fib(int N) {
    if (N == 0) return 0;
    if (N == 2 || N == 1)
        return 1;
    int prev = 1, curr = 1;
    for (int i = 3; i <= N; i++) {
        int sum = prev + curr;
        prev = curr;
        curr = sum;
    }
    return curr;
}
```

這個技巧就是所謂的**「狀態壓縮」**。如果發現每次狀態轉移，只需要 DP table 的一部分，便可嘗試以狀態壓縮來縮小 DP table 的大小，只記錄必要的資料。上述例子就相當於把 DP table 的大小，從 N 縮小到 2。後續的動態規劃章節還會看到這類的例子，一般來說是把一個二維的 DP table 壓縮成一維，亦即把空間複雜度，從 $O(N^2)$ 壓縮到 $O(N)$。

有人會問，怎麼沒有涉及動態規劃的另一個重要特性「最佳子結構」？下文將提及。費波那契數列的例子，嚴格來說不算是動態規劃，因為沒有涉及求極值，上文旨在說明重疊子問題的消除方法，示範得到最佳解法逐步完善的過程。下面來看第二個例子，湊零錢問題。

1.2.2 湊零錢問題

先瀏覽一下題目：給出 k 種面值的硬幣，面值分別為 c1, c2, ..., ck，每種硬幣的數量無限。接著再給一個總金額 amount，問最少需要幾枚硬幣湊出這個金額？如果不可能湊出，演算法則返回 -1。

演算法的函數簽章為：

```
// coins 是可選硬幣面值，amount 是目標金額
int coinChange(int[] coins, int amount);
```

例如 k = 3，面值分別為 1、2、5，總金額 amount = 11，那麼最少需要 3 枚硬幣湊出，即 11 = 5 + 5 + 1。

電腦應該如何解決這個問題？顯然就是把所有可能湊硬幣的方法列舉出來，然後找尋最少需要多少枚硬幣。

1. 暴力遞迴

首先，這是個動態規劃問題，因為它具有「最佳子結構」。**若要符合「最佳子結構」，子問題間必須互相獨立。**什麼叫互相獨立？各位肯定不想看數學證明，因此底下用一個直觀的例子講解。

假設正在參加考試，每門課的成績都是互相獨立。原問題是考出最高的總成績，那麼子問題就是要把國文考到最高分，數學考到最高分……為了讓每門課考到最高分，要把每門課相關的選擇題拿到最高分，填空題拿到最高分……當然，最終就是每門課都是滿分，如此就能獲得最高的總成績。

現在得到正確的結果：最高的總成績就是總分。因為前述過程符合最佳子結構，「每門課考到最高分」，這些子問題是互相獨立且互不干擾。

但是，如果增加一個條件：國文成績和數學成績會互相制約，數學成績高，國文成績便降低，反之亦然。如此一來，顯然能考到的最高總成績達不到總分，按照方才的思路，就會得到錯誤的結果。因為子問題並不獨立，國文、數學成績無法同時最佳，所以破壞了最佳子結構。

回到湊零錢問題，為什麼說它符合最佳子結構呢？若想求 amount = 11 時的最少硬幣數（原問題），假如已知道湊出 amount = 10 的最少硬幣數（子問題），只

需要把子問題的答案加 1（再選 1 枚面值為 1 的硬幣），便是原問題的答案。因為硬幣的數量沒有限制，所以子問題之間沒有相互制約，而是互相獨立。

關於最佳子結構的問題，在「**2.4　動態規劃解疑：最佳子結構及 dp 巡訪方向**」中還會再舉例探討。

那麼，既然知道這是一個動態規劃問題，就得思考如何列出正確的狀態轉移方程。

1. **確定 base case**，這點很簡單，顯然目標金額 `amount` 為 0 時演算法返回 0，因為不需要任何硬幣，就能湊出目標金額。
2. **確定「狀態」，也就是原問題和子問題中的變數**。由於硬幣數量無限，硬幣的面額也是由題目給定，只有目標金額會不斷地向 base case 靠近，所以唯一的「狀態」就是目標金額 `amount`。
3. **確定「選擇」，亦即導致「狀態」產生變化的行為**。目標金額為什麼變化呢？因為可以選擇硬幣，每選擇 1 枚硬幣，相當於減少目標金額，因此所有硬幣的面值就是「選擇」。
4. **明確 `dp` 函數 / 陣列的定義**。這裡講的是自上而下的解法，所以會有一個遞迴的 `dp` 函數；一般來說函數的參數就是狀態轉移中的變數，也就是上面說到的「狀態」。函數的返回值，就是題目要求計算的量。以本題來說，狀態只有一個，即「目標金額」，題目要求計算湊出目標金額所需的最少硬幣數量，因此可以照這樣定義 `dp` 函數：

   `dp(n)` **的定義：輸入一個目標金額** `n`**，返回湊出目標金額 n 的最少硬幣數量。**

弄清楚上面幾個關鍵點後，就能寫出解法的虛擬程式碼了：

```
# 虛擬程式碼框架
def coinChange(coins: List[int], amount: int):

    # 定義：若要湊出金額 n，至少要 dp(n) 枚硬幣
    def dp(n):
        # 做選擇，選出需要硬幣最少的結果
        for coin in coins:
            res = min(res, 1 + dp(n - coin))
        return res
```

```
    # 題目要求的最終結果是 dp(amount)
    return dp(amount)
```

根據虛擬程式碼，接著加上 base case，即可得到最終的答案。顯然目標金額為 0 時，所需硬幣數量為 0；當目標金額小於 0 時，無解，返回 -1：

```
def coinChange(coins: List[int], amount: int):

    def dp(n):
        # base case
        if n == 0: return 0
        if n < 0: return -1
        # 求最小值，所以初始化為正無窮大
        res = float('INF')
        for coin in coins:
            subproblem = dp(n - coin)
            # 子問題無解，跳過
            if subproblem == -1: continue
            res = min(res, 1 + subproblem)
        return res if res != float('INF') else -1

    return dp(amount)
```

至此，其實已經完成狀態轉移方程。上述演算法已經算是暴力解法，而程式碼的數學形式就是狀態轉移方程：

$$dp(n) = \begin{cases} 0, n = 0 \\ \text{INF}, n < 0 \\ \min\{dp(n - \text{coin}) + 1 | \text{coin} \in \text{coins}\}, n > 0 \end{cases}$$

方程式中的 INF 代表正無窮大，這樣一來，該值在求最小值時永遠不可能被取到。程式碼以 -1 代表這種情況，表示子問題無解。

至此，這個問題業已解決，不過還需要消除重疊子問題，例如畫出 `amount = 11, coins = {1,2,5}` 時的遞迴樹看看：

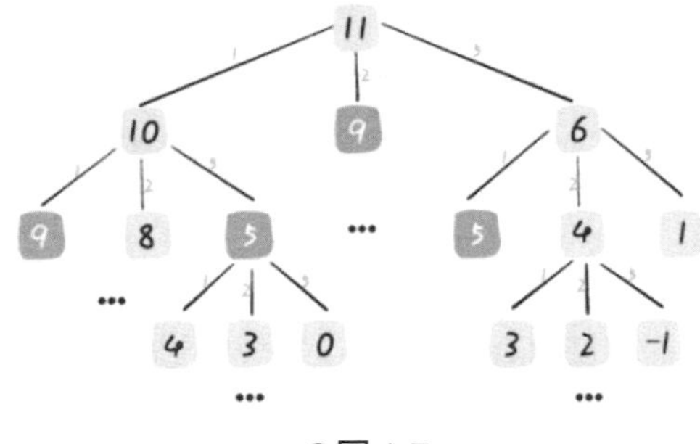

圖 1-7

遞迴演算法的時間複雜度 = 子問題總數時間複雜度 x 每個子問題的時間複雜度

子問題總數為遞迴樹節點個數，這個比較不容易看出來，時間複雜度為 $O(n^k)$，總之屬於指數級別。每個子問題含有一個 for 迴圈，時間複雜度為 $O(k)$。所以總時間複雜度為 $O(kn^k)$，指數級別。

2. 帶「備忘錄」的遞迴

類似之前費波那契數列的例子，只需稍加修改，就可以透過「備忘錄」消除子問題：

```
def coinChange(coins: List[int], amount: int):
    #「備忘錄」
    memo = dict()
    def dp(n):
        # 查「備忘錄」，避免重覆計算
        if n in memo: return memo[n]
        # base case
        if n == 0: return 0
        if n < 0: return -1
        res = float('INF')
        for coin in coins:
            subproblem = dp(n - coin)
            if subproblem == -1: continue
            res = min(res, 1 + subproblem)

        # 加入備忘錄
        memo[n] = res if res != float('INF') else -1
        return memo[n]

    return dp(amount)
```

此處就不畫圖了，很顯然的，「備忘錄」大幅減少子問題數量，完全消除子問題的冗餘，所以子問題總數不會超過金額 n，亦即求子問題數量為 $O(n)$。處理一個子問題的時間不變，仍是 $O(k)$，所以整體的時間複雜度是 $O(kn)$。

3. dp 陣列的迭代解法

當然，也可以自下而上使用 DP table 消除重疊子問題。關於「狀態」、「選擇」、「base case」，以及之前沒有區別 dp 陣列的定義，都和前面 dp 函數的定義類似，也是把「狀態」（即目標金額）作為變數。不過 dp 函數的「狀態」體現於函數參數，而 dp 陣列的「狀態」體現於陣列索引。

dp 陣列的定義：當目標金額為 i 時，至少需要 dp[i] 枚硬幣湊出。

根據前面給出的動態規劃程式碼框架，便可設計出下列解法：

```
int coinChange(vector<int>& coins, int amount) {
    // 陣列大小為 amount + 1，初始值也為 amount + 1
    vector<int> dp(amount + 1, amount + 1);
    // base case
    dp[0] = 0;
    // 外層 for 迴圈巡訪所有狀態的值
    for (int i = 0; i < dp.size(); i++) {
        // 內層 for 迴圈求所有選擇的最小值
        for (int coin : coins) {
            // 子問題無解，跳過
            if (i - coin < 0) continue;
            dp[i] = min(dp[i], 1 + dp[i - coin]);
        }
    }
    return (dp[amount] == amount + 1) ? -1 : dp[amount];
}
```

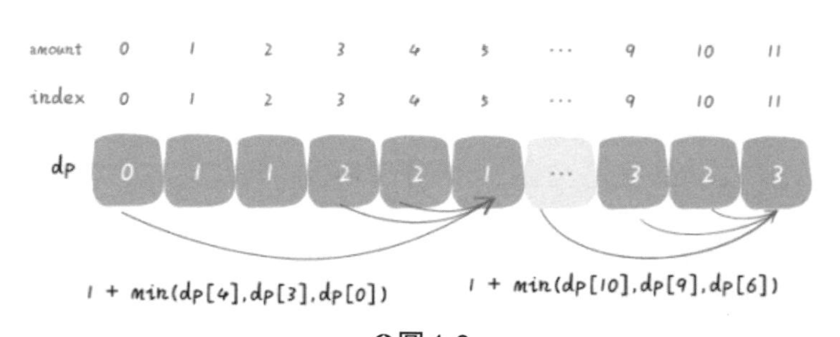

圖 1-8

TIPS 為什麼 `dp` 陣列初始化為 `amount + 1` 呢？因為湊成 `amount` 金額的硬幣數，最多只可能等於 `amount`（全用 1 元面值的硬幣），所以初始化為 `amount + 1`，便相當於初始化為正無窮大，有利於後續取最小值。

1.2.3 最後總結

第一個費波那契數列問題，解釋如何透過「備忘錄」或「DP table」的方法最佳化遞迴樹，並且確定了這兩種方法本質上一致，只是自上而下和自下而上的不同而已。

第二個湊零錢問題，示範如何流程化確定「狀態轉移方程」，只要透過狀態轉移方程寫出暴力遞迴解，剩下的也就是最佳化遞迴樹，消除重疊子問題而已。

如果不太瞭解動態規劃，還能看到這裡，真的要給你鼓鼓掌，相信你已經掌握這個演算法的設計技巧。

電腦解決問題其實沒有任何特殊技巧，唯一的辦法就是列舉，列舉所有的可能性。演算法設計無非就是先思考「如何列舉」，然後再追求「聰明地列舉」。

列出狀態轉移方程，便是解決「如何列舉」的問題。之所以說困難，一是因為很多列舉要求遞迴實作，二是因為有的問題本身的解答空間複雜，不容易完整列舉。

「備忘錄」、DP table 就是在追求「聰明地列舉」。利用空間換取時間，可說是降低時間複雜度的不二法門。除此之外，其實也變不出什麼花樣。

之後會有一章專門講解動態規劃問題，如果遇到任何問題，請隨時回來重讀本節。希望讀者在閱讀每個題目和解法時，多往「狀態」和「選擇」上思考，才能對這套框架產生自己的理解，並運用自如。

1.3 回溯演算法解題範本框架

首先介紹回溯演算法，這個名字聽起來很厲害，但這個演算法所做的事情很基礎，就是列舉。動態規劃問題還得找到狀態轉移方程，然後再列舉「狀態」，而回溯演算法則非常簡單直接。

本節將詳盡說明回溯演算法的框架，一般會發現回溯演算法的問題都是同一種解題技巧，以後直接套用就能解題了。

廢話不多說，讓我們直接進入主題。**解決回溯問題，實際上就是一個決策樹的巡訪過程**。只需思考下列 3 個問題：

1. 路徑：已經做出的選擇。
2. 選擇清單：目前可以做的選擇。
3. 結束條件：到達決策樹底層，無法再做選擇的條件。

如果不理解這 3 個詞語的解釋，沒關係，後面會以「全排列」和「N 皇后問題」這兩個經典的回溯演算法問題，幫助理解這些詞語的意思，現在先有點印象即可。

程式碼方面，回溯演算法的框架如下：

```
result = []
def backtrack( 路徑, 選擇清單 ):
    if 滿足結束條件:
        result.add( 路徑 )
        return

    for 選擇 in 選擇清單:
        做選擇
        backtrack( 路徑, 選擇清單 )
        撤銷選擇
```

核心就是 for 迴圈裡面的遞迴，在遞迴呼叫之前「做選擇」，遞迴呼叫之後「撤銷選擇」，特別簡單。

什麼叫作選擇和撤銷選擇呢？前述框架的底層原理是什麼？下文便透過全排列問題解開之前的疑惑，詳細探究其中的奧妙！

1.3.1 全排列問題

高中時就做過排列組合的數學題，通常也知道 n 個不重覆數的全排列，共有 $n!$ 個。

為了簡單清晰，這次討論的全排列問題不包含重覆的數字。

那麼，當時是怎麼列舉全排列呢？例如有 3 個數 `[1, 2, 3]`，通常不會無規律地亂列舉，一般會這樣做：

先固定第一位為 1，然後第二位可以是 2，那麼第三位只能是 3；接著把第二位變成 3，第三位就只能是 2；現在就只能改變第一位，變成 2，然後再列舉後兩位……

其實，這就是回溯演算法，高中時無師自通就會用，有的同學甚至直接畫出底下這棵回溯樹：

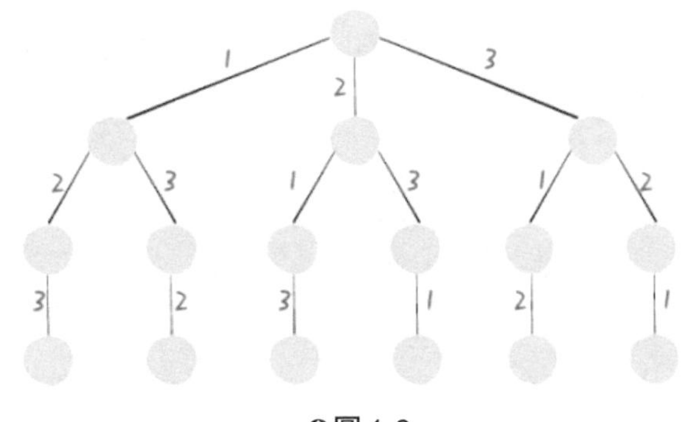

圖 1-9

只要從根節點巡訪這棵樹，記錄路徑上的數字，走到葉子節點就得到一組排列。巡訪整棵樹之後，便可取得所有的全排列。**此處不妨把這棵樹，稱為回溯演算法的「決策樹」。**

為什麼說這是決策樹呢？因為每個節點其實都在做決策。例如，目前站在下圖的深色節點上：

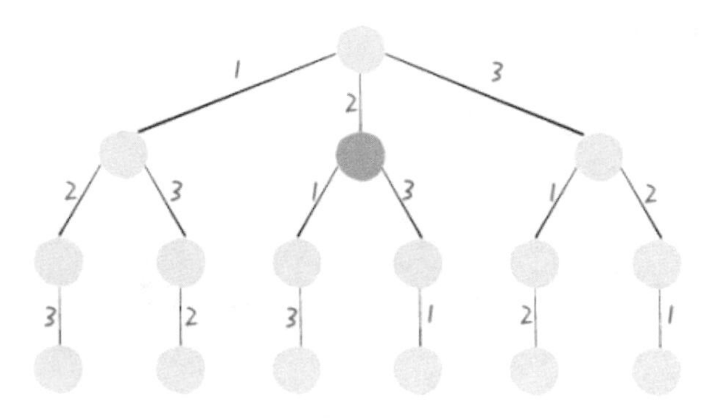

圖 1-10

此刻就是在做決策，可以選擇 1 那條樹枝，或者是 3 那條樹枝。為什麼只能在 1 和 3 之中選擇呢？因為 2 這條樹枝在身後，表示之前已做過這個選擇，而全排列不允許重覆使用數字。

現在可以解答開頭的幾個名詞：`[2]` 就是「路徑」，記錄已經做過的選擇；`[1, 3]` 便是「選擇清單」，表示目前允許的選擇；「結束條件」就是巡訪到樹的底層（葉子節點），這裡便是選擇清單為空的時候。

如果明白這幾個名詞，**就能把「路徑」和「選擇」視為決策樹上每個節點的屬性**，例如下圖列出幾個節點的屬性：

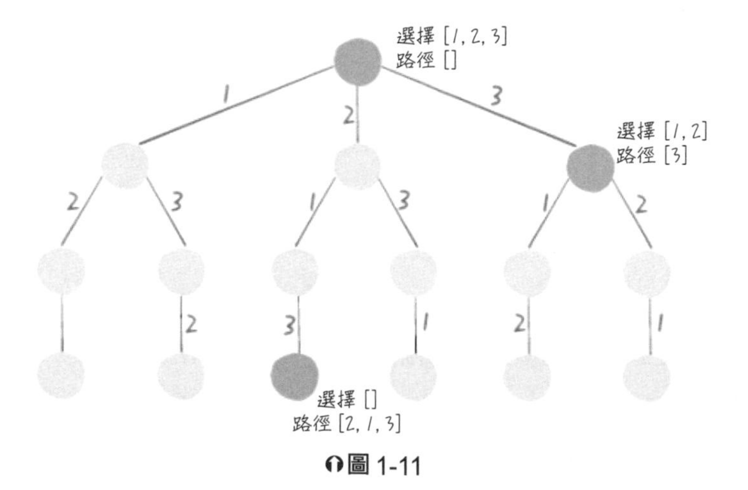

圖 1-11

前面定義的 `backtrack` 函數，其實就像一個指標，好方便在這棵樹上巡訪，同時要正確維護每個節點的屬性。每當走到樹的底層，其「路徑」就是一個全排列。

再進一步，如何巡訪一棵樹呢？這點應該不難。回憶一下前面**「1.1　學習演算法和刷題的概念框架」**節曾介紹過，各種搜尋問題其實都是樹的巡訪問題，而多元樹的巡訪框架如下所示：

```
void traverse(TreeNode root) {
    for (TreeNode child : root.childern)
        // 前序巡訪要求的操作
        traverse(child);
        // 後序巡訪要求的操作
}
```

所謂的前序巡訪和後序巡訪，它們只是兩個很有用的時間點，畫張圖就明白了：

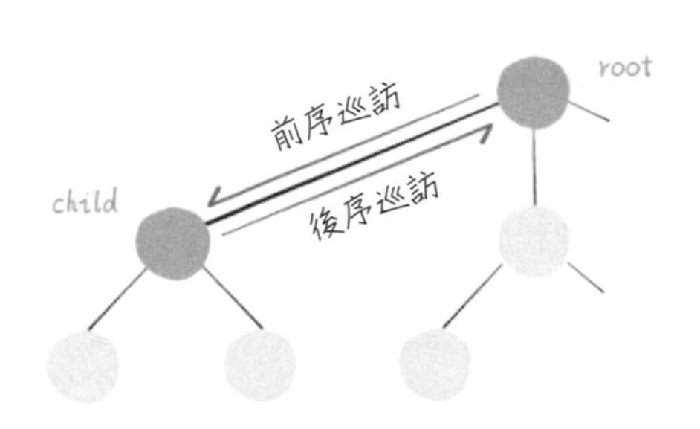

圖 1-12

前序巡訪的程式碼，在進入某一個節點之前的時間點執行；後序巡訪的程式碼，則在離開某個節點之後的時間點執行。

回想剛才提及，「路徑」和「選擇」是每個節點的屬性。函數在樹上游走時，若想正確維護節點的屬性，就得在這兩個特殊時間點動點手腳：

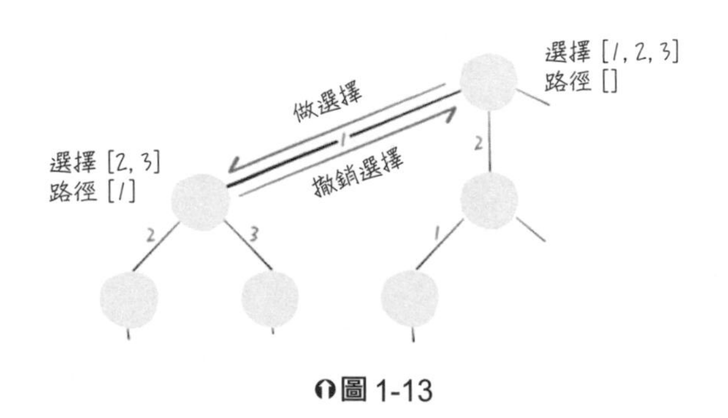

圖 1-13

由此得知，文內所說的「做選擇」其實就是：從「選擇清單」拿出一個「選擇」，並將它放入「路徑」。此外，「撤銷選擇」其實就是：從「路徑」拿出一個「選擇」，將它恢復至「選擇清單」中。

現在，你是否能夠理解回溯演算法的核心框架？

```
for 選擇 in 選擇清單：
    # 做選擇
    將該選擇從選擇清單中移除
    路徑.add( 選擇 )
    backtrack( 路徑, 選擇清單 )
    # 撤銷選擇
    路徑.remove( 選擇 )
    將該選擇恢復到選擇清單
```

只要在遞迴之前做出選擇，遞迴之後撤銷剛才的選擇，便能正確維護每個節點的選擇清單和路徑。

下面，直接列出全排列程式碼：

```
List<List<Integer>> res = new LinkedList<>();

/* 主函數，輸入一組不重覆的數字，返回它們的全排列 */
List<List<Integer>> permute(int[] nums) {
    // 記錄「路徑」
    LinkedList<Integer> track = new LinkedList<>();
    backtrack(nums, track);
    return res;
}

// 路徑：記錄至 track 中
// 選擇清單：nums 中不存在於 track 的元素
// 結束條件：nums 的元素全都位於 track 中
void backtrack(int[] nums, LinkedList<Integer> track) {
    // 觸發結束條件
    if (track.size() == nums.length) {
        res.add(new LinkedList(track));
        return;
    }

    for (int i = 0; i < nums.length; i++) {
```

```
        // 排除不合法的選擇
        if (track.contains(nums[i]))
            continue;
        // 做選擇
        track.add(nums[i]);
        // 進入下一層決策樹
        backtrack(nums, track);
        // 取消選擇
        track.removeLast();
    }
}
```

這裡稍微做了些變通，沒有明確記錄選擇清單，而是透過 `nums` 和 `track` 推導出目前的選擇清單：

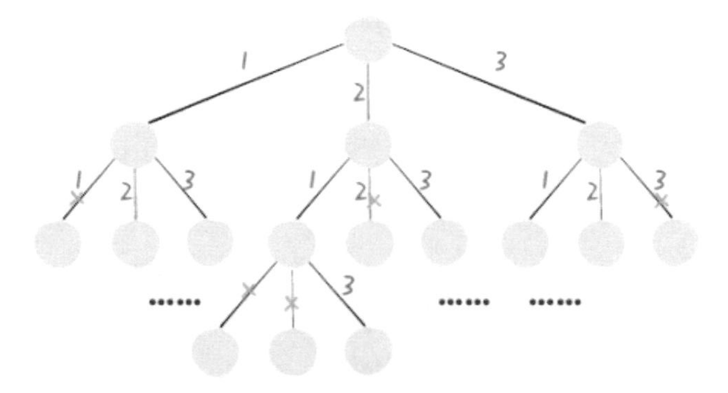

圖 1-14

至此，本文透過全排列問題，詳述回溯演算法的底層原理。當然，此演算法解決全排列問題不是很有效，因為對鏈結串列使用 `contains` 方法需要 $O(N)$ 的時間複雜度。這裡其實有更好的方法，亦即藉由交換元素達到目的，但是較難理解，所以就先不解釋了，有興趣的讀者可自行搜尋。

但是請注意，不管怎麼最佳化都仍是回溯框架，而且時間複雜度都不可能低於 $O(N!)$，因為無法避免列舉整棵決策樹。**這也是回溯演算法的一個特點，不像動態規劃存在重疊子問題的最佳化，回溯演算法就是純暴力列舉，複雜度一般都很高。**

明白全排列問題後，接著便可直接套用回溯演算法框架，下面來看 N 皇后問題。

1.3.2 N 皇后問題

N 皇后問題是經典演算法，簡單解釋一下題目：

棋盤中的皇后可以攻擊同一行、同一列，或者左上、左下、右上、右下這四個斜向的任意單位。現在有一個 $N \times N$ 的棋盤，其上放置 N 個皇后，使得它們不能互相攻擊，請返回所有合法的結果。

函數簽章如下：

```
vector<vector<string>> solveNQueens(int n);
```

棋盤中以字元 `'.'` 代表空，`'Q'` 代表皇后，所以一個 `vector<string>` 就是一個棋盤。

這個問題的本質和全排列問題差不多，決策樹的每一層表示棋盤的每一列；每個節點可以做出的選擇是，在該列的任意一行擺放一個皇后。

直接套用框架：

```
vector<vector<string>> res;

/* 輸入棋盤邊長 n，返回所有合法的擺放方法 */
vector<vector<string>> solveNQueens(int n) {
    // '.' 表示空，'Q' 表示皇后，初始化空棋盤
    vector<string> board(n, string(n, '''''.'''''));
    backtrack(board, 0);
    return res;
}

// 路徑：board 中小於 row 的那些列，都已經成功置放皇后
// 選擇清單：第 row 列的所有行都是置放皇后的選擇
// 結束條件：row 超過 board 的最後一列，說明棋盤已放滿了
void backtrack(vector<string>& board, int row) {
    // 觸發結束條件
    if (row == board.size()) {
        res.push_back(board);
        return;
    }
    int n = board[row].size();
```

```
    for (int col = 0; col < n; col++) {
        // 排除不合法選擇
        if (!isValid(board, row, col))
            continue;
        // 做選擇
        board[row][col] = 'Q';
        // 進入下一列決策
        backtrack(board, row + 1);
        // 撤銷選擇
        board[row][col] = '.';
    }
}
```

這部分的主要程式碼，其實和全排列問題差不多，`isValid` 函數的實作也很簡單：

```
/* 是否可以在board[row][col]置放皇后？ */
bool isValid(vector<string>& board, int row, int col) {
    int n = board.size();
    // 檢查行中是否有皇后互相衝突
    for (int i = 0; i < row; i++) {
        if (board[i][col] == 'Q')
            return false;
    }
    // 檢查右上方是否有皇后互相衝突
    for (int i = row - 1, j = col + 1;
            i >= 0 && j < n; i--, j++) {
        if (board[i][j] == 'Q')
            return false;
    }
    // 檢查左上方是否有皇后互相衝突
    for (int i = row - 1, j = col - 1;
            i >= 0 && j >= 0; i--, j--) {
        if (board[i][j] == 'Q')
            return false;
    }
    return true;
}
```

關於 `isValid` 函數在檢查衝突時，做了一些改善。因為皇后是從上往下一列一列擺放的，所以只需檢查正上方、左上方、右上方三個方向，無須檢查目前列和下面的三個方向。

函數 `backtrack` 依然像一個在決策樹游走的指標，透過 `row` 和 `col` 就能表示函數巡訪的位置，而 `isValid` 函數則可剪枝不符合條件的情況。

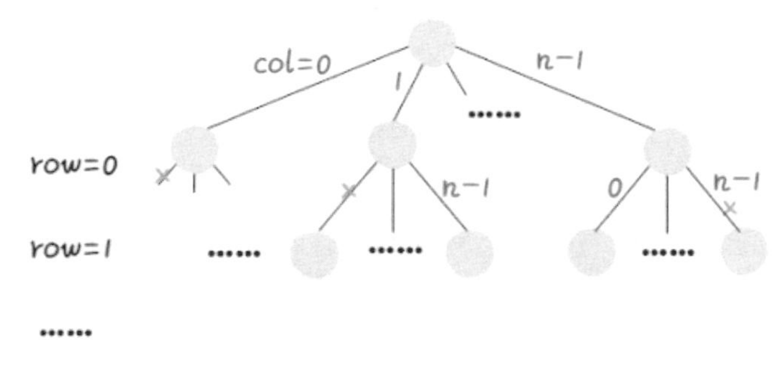

圖 1-15

如果直接給出一大段解法程式碼，可能會讓你一頭霧水，但是現在明白回溯演算法的框架範本後，還有什麼難理解呢？無非是修改做選擇的方式，排除不合法選擇的方式而已。只要框架存乎於心，面對的只剩下細節問題。

當 `n = 8` 時，就是八皇后問題，數學大師高斯窮盡一生，都沒有數清楚八皇后問題到底有幾種可能的置放方法，但是演算法不到一秒，就能算出所有可能的結果。

不過真的不怪高斯，這個問題的複雜度確實非常高。看看稍早前的決策樹，雖然有 `isValid` 函數剪枝，但是最差的時間複雜度仍然是 $O(n^{n+1})$，而且無法最佳化。當 `n = 10` 時，計算便已經很耗時。

有時候，或許並不想得到所有合法的答案，只需要一個答案，這時該怎麼辦呢？例如解數獨的演算法，找出所有解法的複雜度太高，但只要找到一種解法就行。

其實很簡單，稍微修改一下回溯演算法的程式碼即可：

```
// 函數找到一個答案後就返回 true
bool backtrack(vector<string>& board, int row) {
    if (row == board.size()) {
        res.push_back(board);
```

```
        return true;
    }
    int n = board[row].size();
    for (int col = 0; col < n; col++) {
        if (!isValid(board, row, col))
            continue;
        // 做選擇
        board[row][col] = 'Q';
        // 進入下一列決策
        if (backtrack(board, row + 1))
            return true;
        // 撤銷選擇
        board[row][col] = '.';
    }
    return false;
}
```

修改程式碼後，只要找到一個答案，函數就會立即返回，for 迴圈的後續遞迴列舉都會停止，時間複雜度將大幅降低。在**「4.2　回溯演算法最佳實踐：解數獨」**一節就會使用此技巧，快速得到一個可行的數獨答案。

1.3.3　最後總結

回溯演算法就是一個多元樹的巡訪問題，關鍵是在前序巡訪和後序巡訪的位置做一些操作，演算法框架如下：

```
def backtrack(...):
    for 選擇 in 選擇清單:
        做選擇
        backtrack(...)
        撤銷選擇
```

撰寫 `backtrack` 函數時，需要維護走過的「路徑」，以及目前可以做的「選擇清單」。當觸發「結束條件」時，將「路徑」寫入結果集。

其實想想看，回溯演算法和動態規劃是不是有點相似呢？動態規劃三個需要明確的點是「狀態」、「選擇」和「base case」，是不是可以對應到走過的「路徑」、目前的「選擇清單」和「結束條件」？

就某種程度而言，動態規劃的暴力求解階段便是回溯演算法。只是有的問題可以透過巧妙的定義，建構出最佳子結構、找到重疊子問題，然後以 DP table 或者「備忘錄」最佳化，大幅剪枝遞迴樹，這就是動態規劃解法。本節的兩個問題，都沒有重疊子問題，純粹是回溯演算法問題，複雜度高是不可避免的。

另外，如果遇到某些比較困難的動態規劃問題，難以想到狀態轉移方程，建議嘗試以回溯演算法來解它。雖然複雜度會很高，肯定過不了所有測試案例，但在實際面試中，有一種想法總比束手無策要好一些。第 3 章還有很多回溯演算法的相關內容，到時候便可進一步實踐本節所講的演算法框架。

1.4 BFS 演算法範本框架

BFS（Breath First Search，廣度優先搜尋）和 DFS（Depth First Search，深度優先搜尋）演算法是兩種特別常用的演算法，其中 DFS 演算法被認為是回溯演算法，已於**「1.3　回溯演算法解題範本框架」**提及，建議好好複習。

本節專注於 BFS 演算法的框架範本。應該不難理解 BFS 演算法的核心概念，就是把一些問題抽象成圖，從一個點開始，向四周擴散。一般來說，撰寫 BFS 演算法都是利用「佇列」的資料結構，每次將一個節點周圍的所有節點加入佇列。

BFS 相對 DFS 的最主要區別是：**BFS 找到的一定是最短的路徑，但代價是空間複雜度比 DFS 大很多**，至於為什麼，看過後面介紹的框架就很容易理解了。

本節將藉由兩道 BFS 的典型題目，分別是「二元樹的最小高度」和「打開密碼鎖的最少步數」，一步一步教導如何編寫 BFS 演算法。

1.4.1　演算法框架

以框架來說，首先列舉一下 BFS 常見的出現場景。**問題的本質就是要求你在一幅「圖」中，找到從起點 `start` 到終點 `target` 的最短距離。這個例子聽起來很枯燥，但是 BFS 演算法其實就是在解這種問題**，把枯燥的本質弄清楚之後，再去欣賞各種問題的包裝，才能胸有成竹。

前文廣義的描述允許有各種變形，例如走迷宮，有的格子是圍牆不能走，從起點到終點的最短距離是多少？如果這個迷宮有「任意門」可以瞬間傳送呢？

再比如有兩個單詞，要求透過替換某些字母，把其中一個變成另一個，每次只能更換一個字母，最少要替換幾次？

再比如連連看遊戲，消除兩個方塊的條件不僅是圖案相同，還得確保兩個方塊之間的最短連線，不能多於兩個拐點。你玩連連看並點擊兩個座標的時候，遊戲程式是如何找到最短連線？如何判斷最短連線有幾個拐點？

再比如……

其實，這些問題都沒有神奇之處，本質上就是一張「圖」，要從起點走到終點，問最短路徑，這就是 BFS 的本質。

弄清楚框架後直接默寫就好，記住下面這段程式碼即可：

```
// 計算從起點 start 到終點 target 的最短距離
int BFS(Node start, Node target) {
    Queue<Node> q; // 核心資料結構
    Set<Node> visited; // 避免走回頭路

    q.offer(start); // 將起點加入佇列
    visited.add(start);
    int step = 0; // 記錄擴散的步數

    while (q not empty) {
        int sz = q.size();
        /* 將目前佇列中的所有節點向四周擴散 */
        for (int i = 0; i < sz; i++) {
            Node cur = q.poll();
            /* 劃重點：這裡判斷是否到達終點 */
            if (cur is target)
                return step;
            /* 將 cur 的相鄰節點加入佇列 */
            for (Node x : cur.adj())
                if (x not in visited) {
                    q.offer(x);
                    visited.add(x);
                }
        }
        /* 劃重點：在這裡更新步數 */
        step++;
    }
}
```

佇列 `q` 不用說，就是 BFS 的核心資料結構。`cur.adj()` 泛指與 `cur` 相鄰的節點，例如在二維陣列中，`cur` 上下左右四面的位置便是相鄰節點。`visited` 的主要作用是防止走回頭路，大部分時候都是必需的，但是像一般的二元樹結構，沒有子節點到父節點的指標，不走回頭路就不需要 `visited`。

1.4.2 二元樹的最小高度

先來一個簡單的問題以實踐 BFS 框架。我們一般都做過計算二元樹最大深度的演算法試題，不過**現在請你計算一棵二元樹的最小高度：**

輸入一棵二元樹，請計算它的最小高度，也就是根節點到葉子節點的最短距離。

怎麼套用到 BFS 框架呢？首先確定起點 `start` 和終點 `target` 是什麼，以及如何判斷到達終點。

顯然起點就是 `root` 根節點，終點是最靠近根節點的那個「葉子節點」，葉子節點代表兩個子節點都是 `null` 的節點：

```
if (cur.left == null && cur.right == null)
    // 到達葉子節點
```

那麼，按照上述框架稍加修改解法即可：

```
int minDepth(TreeNode root) {
    if (root == null) return 0;
    Queue<TreeNode> q = new LinkedList<>();
    q.offer(root);
    // root 本身就是一層，將 depth 初始化為 1
    int depth = 1;

    while (!q.isEmpty()) {
        int sz = q.size();
        /* 將目前佇列中的所有節點向四周擴散 */
        for (int i = 0; i < sz; i++) {
            TreeNode cur = q.poll();
            /* 判斷是否到達終點 */
            if (cur.left == null && cur.right == null)
                return depth;
            /* 將 cur 的相鄰節點加入佇列 */
            if (cur.left != null)
                q.offer(cur.left);
            if (cur.right != null)
                q.offer(cur.right);
        }
        /* 在這裡增加步數 */
```

```
        depth++;
    }
    return depth;
}
```

二元樹是很簡單的資料結構，應該可以理解上述的程式碼。實際上，其他複雜問題都是這個框架的變形，在探討複雜問題之前，必須先解答兩個問題：

1. 為什麼 BFS 可以找到最短距離，DFS 不行嗎？

首先觀察 BFS 的邏輯，`depth` 每增加一次，佇列的所有節點都向前邁了一步，此邏輯保證一旦找到一個終點，走的便是最少的步數。BFS 演算法的時間複雜度，最壞情況下是 $O(N)$。

DFS 找不到最短路徑嗎？其實也可以，時間複雜度同樣是 $O(N)$，但實際上要比 BFS 的效率低很多。試想 DFS 是靠遞迴的堆疊記錄走過的路徑，若想找到最短路徑，肯定要探索完二元樹所有的樹枝，然後才能比較出最短路徑。而 BFS 藉助佇列做到逐步「齊頭並進」，能夠在還沒巡訪完整棵樹的時候，就找到最短距離。所以，雖然二者在 Big O 衡量標準下，最壞的時間複雜度相同，但實際上 BFS 肯定更有效率。

具體來說，DFS 是線，BFS 是面；DFS 是單打獨鬥，BFS 是集體行動。這下子應該比較容易理解吧？

2. 既然 BFS 那麼好，為何 DFS 還要存在？

BFS 可以找到最短距離，但是空間複雜度高，而 DFS 的空間複雜度較低。

還是舉剛才處理二元樹問題的例子，假設這棵二元樹是滿二元樹，節點數為 N。對於 DFS 演算法來說，空間複雜度無非就是遞迴堆疊，最壞情況下頂多便是樹的高度，亦即 O(logN)。但是對於 BFS 演算法而言，佇列每次都會儲存二元樹一層的節點，這樣一來，最壞情況下空間複雜度應該是樹最下層節點的數量，也就是 N/2，以 Big O 表示的話就是 O(N)。

由此得知，BFS 還是有代價的，一般來說在找最短路徑時採用 BFS，其他時候還是 DFS 用得多一些（主要是遞迴程式碼好寫）。

好了，現在已足夠瞭解 BFS，下面來一道難一點的題目，加深對框架的理解。

1.4.3 解開密碼鎖的最少次數

「打開轉盤鎖」這個題目比較有意思：

有一個帶有四個圓形撥輪的轉盤鎖。每個撥輪都有 0~9 共 10 個數字，允許上下旋轉：例如把 `"9"` 變為 `"0"`，`"0"` 變為 `"9"` 等，每次只能旋轉一個撥輪。

轉盤鎖的四個撥輪初始都是 0，以字串 "0000" 表示。現在輸入一個列表 `deadends` 和一個字串 `target`，其中 `target` 代表可以打開密碼鎖的數字，而 `deadends` 則包含一組「死亡數字」，必須避免撥出其中任何一個密碼。

請撰寫一種演算法，計算從初始狀態 `"0000"` 撥出 `target` 的最少次數，如果永遠無法撥出 `target`，則返回 -1。

函數簽章如下：

```
int openLock(String[] deadends, String target);
```

例如，輸入 `deadends = ["1234", "5678"], target = "0009"`，演算法應該返回 1，因為只要撥一下最後一個轉輪，就能得到 `target`。

再比如，輸入 `deadends = ["8887","8889","8878","8898","8788","8988","7888","9888"], target = "8888"`，演算法應該返回 -1。因為能夠撥到 `"8888"` 的所有數字都在 `deadends` 中，所以不可能撥到 `target`。

題目描述的就是生活中常見的密碼鎖，如果沒有任何約束，便很容易算出最少的撥動次數，就像平時開密碼鎖那樣，一直試到開為止就行了。

但現在的難處在於，不能出現 `deadends` 中的數字，如何計算出最少的轉動次數呢？

第一步，先不管所有的限制條件，包括 `deadends` 和 `target` 的限制，就思考一個問題：如果設計一種演算法，列出所有可能的密碼組合，該怎麼做？

你可以列舉。再簡單一點，如果只轉一下鎖，有幾種可能？總共有 4 個位置，每個位置可以向上轉，或者向下轉，也就是有 8 種可能。

例如，從 `"0000"` 開始，轉一次，可以列舉出 `"1000", "9000", "0100", "0900"`……共 8 種密碼。然後，再以這 8 種密碼作為基礎，對每種密碼再轉一下，列舉出所有可能……

01 核心技巧篇

仔細想想，此舉可以抽象成一幅圖，每個節點有 8 個相鄰的節點，然後要求最短距離，這不就是典型的 BFS ？此時框架就能派上用場了，先寫出一個「簡陋」的 BFS 框架程式碼：

```
// 將 s[j] 向上撥動一次
String plusOne(String s, int j) {
    char[] ch = s.toCharArray();
    if (ch[j] == '9')
        ch[j] = '0';
    else
        ch[j] += 1;
    return new String(ch);
}
// 將 s[i] 向下撥動一次
String minusOne(String s, int j) {
    char[] ch = s.toCharArray();
    if (ch[j] == '0')
        ch[j] = '9';
    else
        ch[j] -= 1;
    return new String(ch);
}
// BFS 框架虛擬程式碼，列印出所有可能的密碼
void BFS(String target) {
    Queue<String> q = new LinkedList<>();
    q.offer("0000");

    while (!q.isEmpty()) {
        int sz = q.size();
        /* 將目前佇列中的所有節點向周圍擴散 */
        for (int i = 0; i < sz; i++) {
            String cur = q.poll();
            /* 判斷是否到達終點 */
            System.out.println(cur);

            /* 將一個節點的相鄰節點加入佇列 */
            for (int j = 0; j < 4; j++) {
                String up = plusOne(cur, j);
                String down = minusOne(cur, j);
                q.offer(up);
                q.offer(down);
```

```
        }
      }
      /* 在這裡增加步數 */
    }
    return;
}
```

這段程式碼當然還有很多問題，但是做演算法題目時，肯定不是一蹴可幾，而是從簡陋到完美的過程。我們不要求完美主義，慢慢來即可。

BFS 程式碼已經能夠列舉所有可能的密碼組合，但是顯然不能完成題目，還需要解決下列問題：

1. 會走回頭路。例如，從 `"0000"` 撥到 `"1000"`，但是等到從佇列拿出 `"1000"` 時，還會撥出一個 `"0000"`，這樣會產生閉迴圈。
2. 沒有終止條件，按照題目要求，找到 `target` 後就應該結束，並返回撥動的次數。
3. 沒有針對 `deadends` 做處理，照理來説，不可以出現這些「死亡密碼」，亦即遇到這些密碼時需要跳過，不能進行任何操作。

如果能夠看懂上面那段程式碼，真的要為你鼓鼓掌，只要按照 BFS 框架在對應的位置稍做修改，即可修復這些問題：

```
int openLock(String[] deadends, String target) {
    // 記錄需要跳過的死亡密碼
    Set<String> deads = new HashSet<>();
    for (String s : deadends) deads.add(s);
    // 記錄已經列舉過的密碼，防止走回頭路
    Set<String> visited = new HashSet<>();
    Queue<String> q = new LinkedList<>();
    // 從起點開始啟動廣度優先搜尋
    int step = 0;
    q.offer("0000");
    visited.add("0000");

    while (!q.isEmpty()) {
        int sz = q.size();
        /* 將目前佇列中的所有節點向周圍擴散 */
        for (int i = 0; i < sz; i++) {
```

```java
            String cur = q.poll();

            /* 判斷密碼是否合法，是否到達終點 */
            if (deads.contains(cur))
                continue;
            if (cur.equals(target))
                return step;

            /* 將一個節點的未巡訪相鄰節點加入佇列 */
            for (int j = 0; j < 4; j++) {
                String up = plusOne(cur, j);
                if (!visited.contains(up)) {
                    q.offer(up);
                    visited.add(up);
                }
                String down = minusOne(cur, j);
                if (!visited.contains(down)) {
                    q.offer(down);
                    visited.add(down);
                }
            }
        }
        /* 在這裡增加步數 */
        step++;
    }
    // 如果列舉完都沒有找到目標密碼，那就是找不到了
    return -1;
}
```

至此，我們已解決這道題目。**還有一個小幅的最佳化：**`deads`集合和`visited`集合都是記錄不合法存取的集合，因此可以省略`visited`這個雜湊集合，直接將巡訪過的元素加到`deads`集合，這樣可能更加優雅一些，但從 Big O 標記法來看，空間複雜度一樣。留給讀者來做這個最佳化。

大多數人以為，到這裡 BFS 演算法就結束了。恰恰相反，還有一種稍微進階一點的最佳化概念：雙向 BFS，以便進一步提高演算法的效率。

礙於篇幅所限，此處僅提一下區別：**傳統的 BFS 框架是從起點開始向四周擴散，遇到終點時停止；而雙向 BFS 則是從起點和終點同時開始擴散，當兩邊有交集時停止。**

為什麼這樣能夠提升效率呢？其實從 Big O 標記法分析演算法複雜度的話，它們的最壞複雜度都是 $O(N)$，但是實際上雙向 BFS 確實會快一些。底下我畫了兩張圖，你看一眼就明白了：

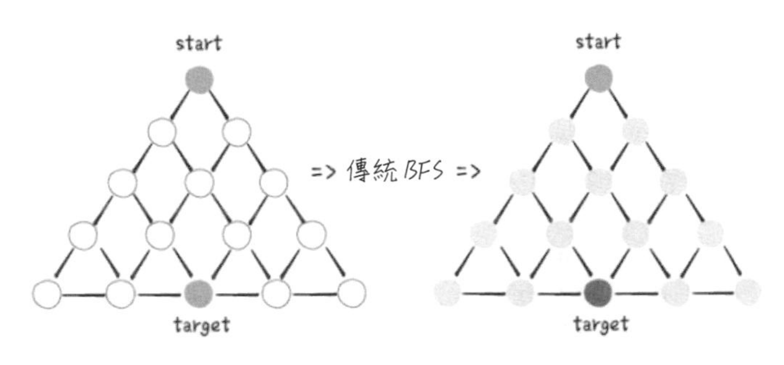

圖 1-16

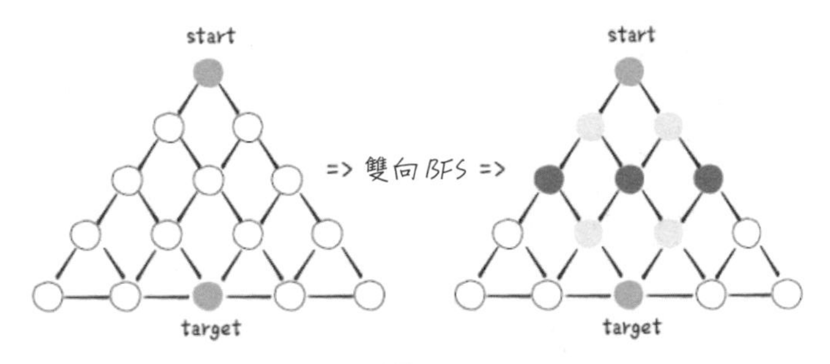

圖 1-17

對於圖中的樹狀結構，如果終點在底部，按照傳統 BFS 演算法的策略，將搜尋一遍整棵樹的節點，最後找到 `target`。而雙向 BFS 其實只巡訪半棵樹就出現交集，亦即找到了最短距離。從這個例子可以直觀地感受到，雙向 BFS 是要比傳統 BFS 有效。

不過，雙向 BFS 也有侷限，因為必須知道終點在哪裡。例如前面討論二元樹最小高度的問題，從一開始根本就不知道終點在哪裡，也就無法使用雙向 BFS。但是第二個密碼鎖的問題，便可使用雙向 BFS 演算法提高效率，稍加修改程式碼即可：

```
int openLock(String[] deadends, String target) {
    Set<String> deads = new HashSet<>();
    for (String s : deadends) deads.add(s);
    // 改用集合取代佇列，便可快速判斷元素是否存在
    Set<String> q1 = new HashSet<>();
```

```
    Set<String> q2 = new HashSet<>();
    Set<String> visited = new HashSet<>();
    // 初始化起點和終點
    q1.add("0000");
    q2.add(target);
    int step = 0;

    while (!q1.isEmpty() && !q2.isEmpty()) {
        // 在巡訪的過程中不能修改雜湊集合，
        // 以 temp 儲存 q1 的擴散結果
        Set<String> temp = new HashSet<>();
        /* 將 q1 的所有節點向周圍擴散 */
        for (String cur : q1) {
            /* 判斷是否到達終點 */
            if (deads.contains(cur))
                continue;
            if (q2.contains(cur))
                return step;
            visited.add(cur);

            /* 將一個節點未巡訪的相鄰節點加入集合 */
            for (int j = 0; j < 4; j++) {
                String up = plusOne(cur, j);
                if (!visited.contains(up))
                    temp.add(up);
                String down = minusOne(cur, j);
                if (!visited.contains(down))
                    temp.add(down);
            }
        }
        /* 在這裡增加步數 */
        step++;
        // temp 相當於 q1
        // 這裡交換 q1 和 q2，下一輪 while 會擴散 q2
        q1 = q2;
        q2 = temp;
    }
    return -1;
}
```

雙向BFS還是會遵循標準BFS演算法框架，只是**不使用佇列，而是改用HashSet方便、快速地判斷兩個集合是否有交集。**

另一個技巧，就是在**while迴圈的最後交換`q1`和`q2`的內容，所以只要預設擴散`q1`，便相當於輪流擴散`q1`和`q2`。**

其實雙向BFS還能最佳化，就是在while迴圈開始時做一個判斷：

```
// ...
while (!q1.isEmpty() && !q2.isEmpty()) {
    if (q1.size() > q2.size()) {
        // 交換q1和q2
        Set<String> tempForSwap = q1;
        q1 = q2;
        q2 = tempForSwap;
    }
// ...
```

為什麼這是一種最佳化呢？

因為按照BFS的邏輯，佇列（集合）的元素越多，擴散之後新的佇列（集合）中元素就越多。以雙向BFS演算法來說，如果每次都選擇一個較小的集合進行擴散，那麼占用的空間增長速度就會慢一些，盡可能以最小的空間代價產生`q1`和`q2`的交集，於是效率就會高一些。

不過話說回來，**無論傳統BFS還是雙向BFS，不管有沒有最佳化，從Big O的衡量標準來看，空間複雜度都一樣。**雙向BFS應該是一種技巧，把它作為提高能力的手段吧。關鍵是熟記BFS通用框架，反正所有BFS演算法都能用它套出解法，以不變應萬變。

1.5 雙指標技巧範本框架

書裡把雙指標技巧分為兩類，一類是「快、慢指標」，一類是「左、右指標」。前者主要解決鏈結串列的問題，例如典型的判定鏈結串列是否包含環；後者主要解決陣列（或者字串）的問題，諸如二分搜尋。

1.5.1 快、慢指標的常用演算法

快、慢指標一般會初始化指向鏈結串列的頭節點 `head`，前進時快指標 `fast` 在前，慢指標 `slow` 在後，巧妙解決一些鏈結串列的問題。

1. 判斷鏈結串列是否含有環

這應該屬於鏈結串列的基礎問題，鏈結串列的特點是每個節點只知道下一個節點，因此一個指標無法判斷其內是否含有環。

如果鏈結串列不含環，那麼這個指標最終會遇到空指標 `null`，表示鏈結串列結束了。亦即，可以藉此判斷該鏈結串列不含環：

```
boolean hasCycle(ListNode head) {
    while (head != null)
        head = head.next;
    return false;
}
```

但是如果鏈結串列含有環，上面這段程式碼就會陷入閉迴圈，因為環形鏈結串列沒有 `null` 指標作為尾部節點，例如下面這種情況：

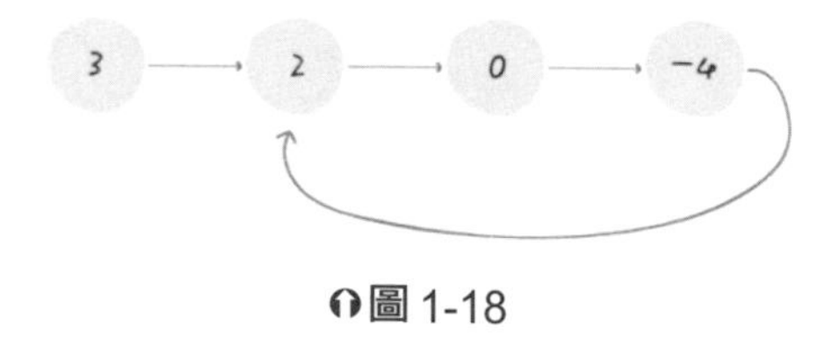

圖 1-18

判斷單向鏈結串列是否包含環，經典解法就是利用雙指標，一個跑得快，一個跑得慢。**如果不含環，跑得快的那個指標最終會遇到 `null`，說明該串列不含環；**

如果含有環，快指標最終會超越慢指標 1 圈，並和慢指標相遇，說明該串列含有環。

```
boolean hasCycle(ListNode head) {
    ListNode fast, slow;
    // 初始化快、慢指標指向頭節點
    fast = slow = head;
    while (fast != null && fast.next != null) {
        // 快指標每次前進兩步
        fast = fast.next.next;
        // 慢指標每次前進一步
        slow = slow.next;
        // 如果存在環，快、慢指標必然相遇
        if (fast == slow) return true;
    }
    return false;
}
```

2. 已知鏈結串列含有環，返回這個環的起始位置

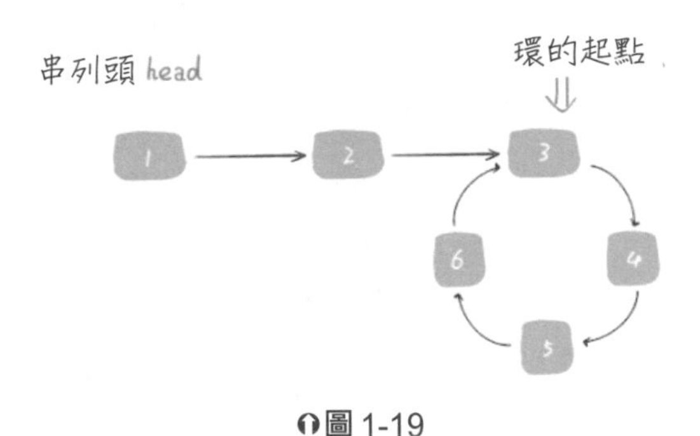

圖 1-19

其實這個問題一點都不困難，有點類似腦筋急轉彎，先直接看程式碼：

```
ListNode detectCycle(ListNode head) {
    ListNode fast, slow;
    fast = slow = head;
    while (fast != null && fast.next != null) {
        fast = fast.next.next;
        slow = slow.next;
        if (fast == slow) break;
    }
```

```
    // 上面的程式碼類似hasCycle函數
    // 先把一個指標重新指向head
    slow = head;
    while (slow != fast) {
        // 兩個指標以相同的速度前進
        fast = fast.next;
        slow = slow.next;
    }
    // 兩個指標相遇的單向鏈結串列節點，就是環的起點
    return slow;
}
```


由此得知，當快、慢指標相遇時，先把其中任何一個指標指向頭節點，然後讓兩個指標以相同速度前進，再次相遇時所在的節點位置，就是環開始的位置。這是為什麼呢？

第一次相遇時，假設慢指標 `slow` 走了 `k` 步，那麼快指標 `fast` 一定走了 `2k` 步，也就是說比 `slow` 多走了 `k` 步（環長度的整數倍）。

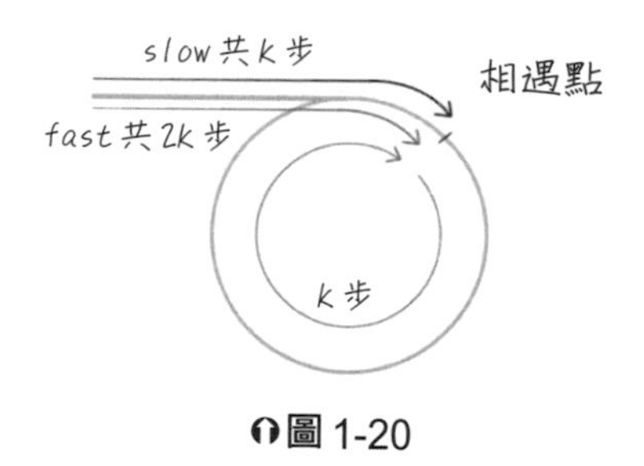

圖 1-20

假設相遇點與環起點的距離為 `m`，那麼環的起點與頭節點 `head` 的距離為 `k-m`。也就是說，從 `head` 前進 `k-m` 步，就能到達環起點。

巧的是，如果從相遇點繼續前進 `k-m` 步，恰好也到達環起點。

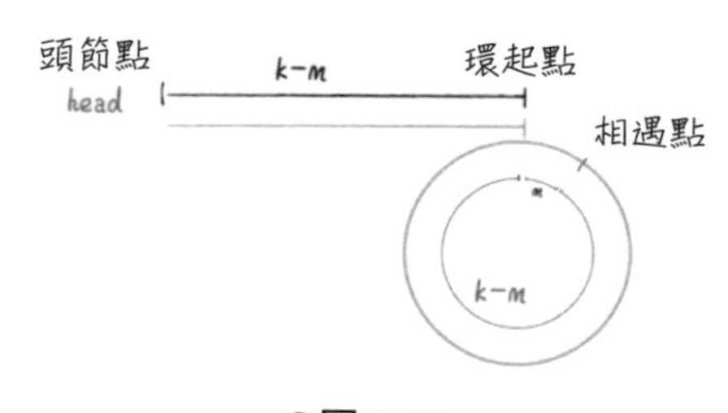

圖 1-21

所以，只要把快、慢指標的任意一個重新指向 `head`，然後兩個指標同速前進，`k - m` 步後就會相遇，該處便是環的起點。

3. 尋找無環單向鏈結串列的中點

一個直接的想法是：先巡訪一遍鏈結串列，算出它的長度 `n`，然後再一次巡訪鏈結串列，走 `n/2` 步，如此就得到鏈結串列的中點。

這個想法當然沒問題，但是有點不優雅。比較漂亮的解法是利用雙指標技巧，甚至讓快指標一次前進兩步，慢指標一次前進一步，當快指標到達鏈結串列盡頭時，慢指標就處於鏈結串列的中間位置。

```
while (fast != null && fast.next != null) {
    fast = fast.next.next;
    slow = slow.next;
}
// slow 就在中間位置
return slow;
```

當鏈結串列的長度是奇數時，`slow` 恰巧停在中點位置；當鏈結串列的長度是偶數時，`slow` 最終的位置是中間偏右：

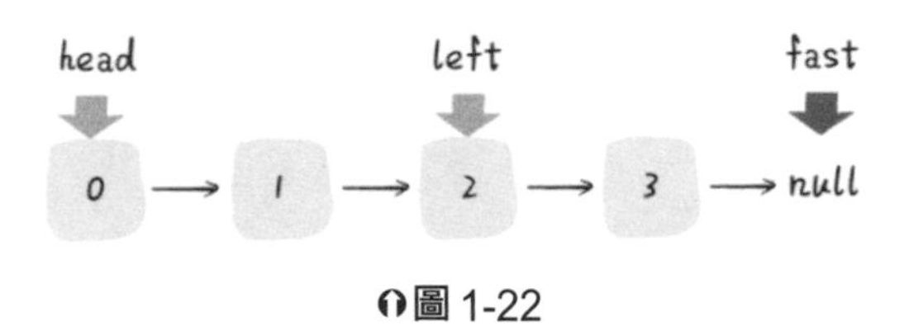

圖 1-22

尋找鏈結串列中點的一個重要作用，是對鏈結串列進行合併排序。

回想陣列的合併排序：遞迴地平分陣列成兩部分，然後分別進行排序，最後合併兩個有序陣列。對於鏈結串列而言，合併兩個有序鏈結串列很簡單，難處在於二分。不過，當學會快、慢指標找尋鏈結串列中點的技巧後，相信便可參考陣列的合併排序演算法，寫出鏈結串列的排序演算法。

4. 尋找單向鏈結串列的倒數第 `k` 個元素

類似找尋單向鏈結串列的中點，做法還是利用快慢指標，讓快指標先走 `k` 步，然後快、慢指標開始同速前進。這樣一來，當快指標走到鏈結串列末尾 `null` 時，慢指標所在的位置，便是倒數第 k 個鏈結串列節點（為了簡化，假設 k 不會超過鏈結串列長度）：

```
ListNode slow, fast;
slow = fast = head;
while (k-- > 0)
    fast = fast.next;

while (fast != null) {
    slow = slow.next;
    fast = fast.next;
}
return slow;
```

1.5.2　左、右指標的常用演算法

左、右指標一般運用於陣列問題，實際是指兩個索引值，一般初始化為 left = 0, right = len(nums)- 1。

1. 二分搜尋

「1.6.1　二分搜尋框架」一節將詳細講解二分搜尋的細節，並提供一套二分搜尋演算法的框架。這裡只列出最簡單的方法，目的是突出它的雙指標特性：

```
int binarySearch(int[] nums, int target) {
    // 左、右指標在陣列的兩端初始化
    int left = 0;
    int right = nums.length - 1;
    while(left <= right) {
        int mid = (right + left) / 2;
        if(nums[mid] == target)
            return mid;
        else if (nums[mid] < target)
            left = mid + 1;
        else if (nums[mid] > target)
            right = mid - 1;
    }
    return -1;
}
```

2. 兩數之和

直接看一個演算法題目：

輸入一個已按照昇冪排列的有序陣列 `nums`，以及一個目標值 `target`。在 `nums` 中找到兩個數字，使得它們相加之和等於 `target`，然後返回這兩個數字的索引（假設這兩個數字一定存在，索引從 1 開始）。

函數簽章如下：

```java
int[] twoSum(int[] nums, int target);
```

例如輸入 `nums = [2,7,11,15], target = 13`，演算法返回 `[1,3]`。

只要陣列有序，就應該想到雙指標技巧。這道題目的解法有點類似二分搜尋，透過 `sum` 的大小調節 `left` 和 `right` 的移動：

```java
int[] twoSum(int[] nums, int target) {
    // 左、右指標在陣列的兩端初始化
    int left = 0, right = nums.length - 1;
    while (left < right) {
        int sum = nums[left] + nums[right];
        if (sum == target) {
            // 題目要求的索引是從 1 開始
            return new int[]{left + 1, right + 1};
        } else if (sum < target) {
            left++; // 讓 sum 大一點
        } else if (sum > target) {
            right--; // 讓 sum 小一點
        }
    }
    return new int[]{-1, -1};
}
```

3. 反轉陣列

一般的程式語言都會提供反轉陣列的函數，不過還是瞭解一下怎麼實作這個簡單的功能：

```
void reverse(int[] nums) {
    int left = 0;
    int right = nums.length - 1;
    while (left < right) {
        // 交換nums[left]和nums[right]
        int temp = nums[left];
        nums[left] = nums[right];
        nums[right] = temp;
        left++; right--;
    }
}
```

4. 滑動視窗演算法

這也許是雙指標技巧的最高境界，嚴格來說，它是快、慢指標在陣列（字串）上的應用。如果掌握滑動視窗演算法，就可以解決大部分字串比對的問題，不過方法比前面介紹的演算法稍微複雜一些。

幸運的是，這類演算法帶有框架範本，值得以一定的篇幅介紹滑動視窗演算法技巧。下一節將講解這類範本，協助大家快速解決子字串比對的問題。

1.6 我寫了首詩，保證你閉著眼睛都能寫出二分搜尋演算法

先講個笑話開心一下：

有一天阿東到圖書館借了 N 本書，走出圖書館時，警報響了，於是保全把阿東攔下，打算檢查哪本書沒有登記出借。阿東正準備把每本書放在警報器前晃過一下，以找出引發警報的書籍，但是保全露出不屑的眼神：你連二分搜尋都不會嗎？

於是保安把書分成兩堆，讓第一堆過一下警報器，響了；於是再把這堆書分成兩堆……最終，檢測了 $\log N$ 次之後，保全成功找到那本引起警報的書籍，露出得意且嘲諷的笑容。然後阿東背著剩下的書走了。

從此，圖書館丟了 N-1 本書。

二分搜尋並不簡單，Knuth「大師」（發明 KMP 演算法）是這麼評價二分搜尋：

Although the basic idea of binary search is comparatively straightforward, the details can be surprisingly tricky ......

翻譯過來就是：**想法很簡單，細節是魔鬼**。很多人喜歡拿整數溢出的 bug 為例，但是二分搜尋真正的「陷阱」，根本就不是那個細節問題，而是在於到底要對 `mid` 加一還是減一，while 裡到底是用 `<=` 還是 `<`。

假如沒有正確理解這些細節，撰寫二分搜尋演算法肯定就是玄學程式設計，有沒有 bug 只能靠菩薩保佑。**筆者特意寫了一首詩歌頌該演算法，建議朗誦一下：**

二分搜尋範本歌

二分搜尋不好記，左右邊界讓人迷。小於等於變小於，mid 加一又減一。

就算這樣還沒完，return 應否再減一？信心滿滿做力扣，通過比率二十一。

我本將心向明月，奈何明月照溝渠！ labuladong 從天降，一同手撕算法題。

管它左側還右側，搜尋區間定乾坤。搜尋一個元素時，搜尋區間兩端閉。

while 條件帶等號，否則需要打補丁。if 相等就返回，其他的事別操心。

mid 必須加減一，因為區間兩端閉。while 結束就涼了，淒淒慘慘回 -1。

搜尋左右邊界時，搜尋區間要闡明。左閉右開最常見，其餘邏輯便自明：

while 要用小於號，這樣才能不漏掉。if 相等別返回，利用 mid 鎖邊界。

mid 加一或減一？要看區間開或閉。while 結束不算完，因為你還沒返回。

索引可能出邊界，if 檢查保平安。左閉右開最常見，難道常見就合理？

labuladong 不信邪，偏要改成兩端閉。搜尋區間記於心，或開或閉有何異？

二分搜尋三變體，邏輯統一容易記。一套框架改兩行，勝過千言和萬語。

本節就來探究幾個最常用的二分搜尋場景：尋找一個數字、以及左側邊界與右側邊界。而且，此處要深入細節，諸如不等號是否應該帶等號，mid 是否應該加一等等。分析這些細節的差異與出現這些差異的原因，有助於靈活準確地寫出正確的二分搜尋演算法。

1.6.1 二分搜尋框架

首先是二分搜尋的框架，後面幾種二分搜尋的變形，都是根據這個程式碼框架：

```
int binarySearch(int[] nums, int target) {
    int left = 0, right = ...;
    while(...) {
        int mid = left + (right - left) / 2;
        if (nums[mid] == target) {
            ...
        } else if (nums[mid] < target) {
            left = ...
        } else if (nums[mid] > target) {
            right = ...
        }
    }
    return ...;
}
```

分析二分搜尋的一個技巧是：不要出現 else，而是把所有情況以 else if 寫清楚，這樣便可清楚地展現所有細節。本節都會使用 else if，目的在於講清楚，理解之後可自行修改簡化。

其中由 `...` 標記的部分，代表可能出現細節問題的地方，一旦見到一個二分搜尋的程式碼時，首先請注意這些地方。後面將以實例來分析它，看看會有什麼樣的變化。

另外聲明一下，計算 mid 時要防止溢出。程式碼中 `left + (right - left) / 2` 和 `(left + right) / 2` 的結果相同，但如果 `left` 和 `right` 太大，直接相加會導致整數溢出，而改寫成 `left + (right - left) / 2` 則不會出現溢出。

1.6.2 找尋一個數（基本的二分搜尋）

這個場景最為簡單，可能也是大家最熟悉的，亦即搜尋一個數，如果存在，則返回其索引，否則返回 -1：

```
int binarySearch(int[] nums, int target) {
    int left = 0;
    int right = nums.length - 1; // 注意

    while(left <= right) {
        int mid = left + (right - left) / 2;
        if(nums[mid] == target)
            return mid;
        else if (nums[mid] < target)
            left = mid + 1; // 注意
        else if (nums[mid] > target)
            right = mid - 1; // 注意
    }
    return -1;
}
```

1. 為什麼 while 迴圈的條件是 <=，而不是 < ？

答：因為初始化 `right` 的值是 `nums.length - 1`，此為最後一個元素的索引，而不是 `nums.length`。

二者可能出現在不同功能的二分搜尋中，區別是：前者相當於兩端都閉區間 `[left, right]`，後者相當於左閉右開區間 `[left, right)`，因為索引大小為 `nums.length`，代表已越界。

演算法使用的是前者 `[left, right]`，兩端都閉的區間。**這個其實就是每次進行搜尋的區間。**

什麼時候應該停止搜尋呢？當然，找到目標值時便可停止：

```
if(nums[mid] == target)
    return mid;
```

但如果沒找到，就得要求 while 迴圈終止，然後返回 -1。while 迴圈什麼時候終止？**應該在搜尋區間為空時**，意謂著沒得找了，相當於沒找到。

`while(left <= right)` 的終止條件是 `left == right + 1`，寫成區間的形式就是 `[right + 1, right]`。帶個具體的數字進去，即 `[3, 2]`，可見此時區間為空，因為沒有數字既大於或等於 3 又小於或等於 2。所以這時候終止 while 迴圈是對的，直接返回 -1 即可。

`while(left < right)` 的終止條件是 `left == right`，寫成區間的形式就是 `[left, right]`。帶個具體的數字進去，即 `[2, 2]`，代表區間非空，還有一個數 2，但此時 while 迴圈終止了。也就是說，遺漏了區間 `[2, 2]`，索引 2 沒有被搜尋，如果這時候直接返回 -1，可能是錯誤的結果。

當然，如果非要使用 `while(left < right)` 也行，已經知道出錯的原因就是少檢查一個元素，於是可在最後上個修補程式，單獨檢查一下該元素就行：

```
int binarySearch(int[] nums, int target) {
    int left = 0;
    int right = nums.length - 1;
    while(left < right) {
        // ...
    }
    // while 迴圈的終止條件是 left == right
    return nums[left] == target ? left : -1;
}
```

2. 為什麼 `left = mid + 1` 和 `right = mid - 1`？有的程式碼還是 `right = mid` 或者 `left = mid`，沒有這些加加減減，到底是怎麼回事，如何判斷？

答：這也是二分搜尋的一個難處，不過只要能夠理解前面的內容，就很容易判斷。

剛才確定了「搜尋區間」的概念，該演算法的搜尋區間是兩端都閉合，亦即`[left, right]`。那麼，當發現索引`mid`不是想要的`target`時，下一步應該去搜尋哪裡呢？

當然是`[left, mid-1]`或`[mid+1, right]`對不對？**因為已經找過`mid`，應該從搜尋區間去除。**

3. 該演算法有什麼缺陷？

答：至此，應該已經掌握該演算法的所有細節，以及這樣處理的原因。但是，此演算法存在侷限性，這點也應該知道。

例如，給定有序陣列`nums = [1, 3, 3, 3, 4]`，`target`為3，此演算法返回的是正中間的索引2，沒錯。但如果想得到`target`的左側邊界，即索引1，或者是`target`的右側邊界，即索引3，該演算法便無法處理。

類似的需求很常見，**也許有人會說，找到一個`target`，然後向左或向右線性搜尋不行嗎？可以，但是不好，因為這樣難以確保二分搜尋對數級的複雜度。**

下面就來討論這兩種二分搜尋演算法的變形。

1.6.3 尋找左側邊界的二分搜尋

以下是最常見的程式碼形式，其中的註解代表需要注意的細節：

```
int left_bound(int[] nums, int target) {
    if (nums.length == 0) return -1;
    int left = 0;
    int right = nums.length; // 注意

    while (left < right) { // 注意
        int mid = (left + right) / 2;
        if (nums[mid] == target) {
            right = mid;
        } else if (nums[mid] < target) {
            left = mid + 1;
        } else if (nums[mid] > target) {
            right = mid; // 注意
        }
    }
    return left;
}
```

1. 為什麼 while 的條件是 `<` 而不是 `<=`?

答：類似基本的二分搜尋，因為 `right = nums.length` 而非 `right = nums.length - 1`。因此每次迴圈的「搜尋區間」是 `[left, right)`，左閉右開。

`while(left < right)` 的終止條件是 `left == right`，此時搜尋區間 `[left, left)` 為空，因此可以正確終止。

> TIPS 這裡先要說明搜尋左、右邊界的二分搜尋演算法，以及常規二分搜尋演算法的區別。**剛才的 `right` 不是初始化為 `nums.length - 1`，為什麼這裡非要初始化成 `nums.length`，使得「搜尋區間」變成左閉右開呢？**

因為對於搜尋左右側邊界的二分搜尋，這種寫法比較普遍。以這種寫法舉例，保證以後遇到這類程式碼時便可理解。倘若非要兩端都閉當然沒問題，寫法反而更簡單。後文將列出相關的程式碼，把三種二分搜尋都用一種兩端都閉的寫法統一起來，請耐心往後閱讀。

2. 為什麼沒有返回 -1 的操作？如果 `nums` 不存在 `target` 值該怎麼辦？

答：其實對於尋找邊界的二分搜尋，一般來說不用返回 -1，`target` 是否存在，要求演算法的呼叫者得到結果後自行判斷。但如果想實作返回 -1 的功能也不難，讓我們一步一步來，先理解「左側邊界」有什麼特殊涵義：

圖 1-23

對於這個陣列，演算法會返回 1。1 的涵義可以這樣解讀：`nums` 中小於 2 的元素有 1 個。

例如，對於有序陣列 `nums = [2, 3, 5, 7]`，`target = 1`，演算法會返回 0，涵義是：`nums` 中小於 1 的元素有 0 個。

再比如，`nums = [2, 3, 5, 7]`，`target = 8`，演算法會返回 4，涵義是：`nums` 中小於 8 的元素有 4 個。

由此得知，函數返回值（即 `left` 變數的值）的取值區間是閉區間 `[0, nums.length]`，所以簡單加上兩行程式碼，就能在正確的時候返回 -1：

```
while (left < right) {
    //...
}
// target 比所有數都大，顯然不存在
if (left == nums.length) return -1;
// 類似之前演算法的處理方式
return nums[left] == target ? left : -1;
```

3. 為什麼 `left = mid + 1`，`right = mid`？和之前的演算法不一樣？

答：依然是「搜尋區間」的問題，因為它是 `[left, right)` 左閉右開，所以在檢測 `nums[mid]` 之後，下一步應該去掉 `mid` 分割成兩個搜尋區間，亦即 `[left, mid)` 或 `[mid + 1, right)`。

4. 為什麼該演算法能夠搜尋左側邊界？

答：關鍵在於針對 `nums[mid] == target` 這種情況的處理：

```
if (nums[mid] == target)
    right = mid;
```

由此可見，找到target時不要立即返回，而是縮小「搜尋區間」的上界 `right`，然後在區間 `[left, mid)` 中繼續搜尋。亦即不斷向左收縮，以達到鎖定左側邊界的目的。

5. 為什麼返回 `left` 而不是 `right`？

答：都一樣，因為 while 的終止條件是 `left == right`。

6. 能不能想辦法把 `right` 變成 `nums.length - 1`，也就是繼續使用兩邊都閉的「搜尋區間」？這樣就能和第一種二分搜尋達成邏輯上的統一。

答：當然可以，只要明白「搜尋區間」的概念，就能有效避免漏掉元素，隨便怎麼更改都行。底下便嚴格地根據邏輯來修改。

因為要求讓搜尋區間兩端都閉，所以應該初始化 `right` 為 `nums.length - 1`，while 的終止條件為 `left == right + 1`，也就是其中應該用 `<=`：

```
int left_bound(int[] nums, int target) {
    // 搜尋區間為 [left, right]
    int left = 0, right = nums.length - 1;
    while (left <= right) {
        int mid = left + (right - left) / 2;
        // if else ...
    }
```

因為搜尋區間是兩端都閉，且現在搜尋左側邊界，所以 `left` 和 `right` 的更新邏輯如下：

```
if (nums[mid] < target) {
    // 搜尋區間變為 [mid+1, right]
    left = mid + 1;
} else if (nums[mid] > target) {
    // 搜尋區間變為 [left, mid-1]
    right = mid - 1;
} else if (nums[mid] == target) {
    // 收縮右側邊界，鎖定左側邊界
    right = mid - 1;
}
```

由於 while 的退出條件是 `left == right + 1`，因此當 `target` 比 `nums` 的所有元素都大時，會存在下列情況，使得索引越界：

圖 1-24

因此，最後返回結果的程式碼應該檢查越界情況：

```
if (left >= nums.length || nums[left] != target)
    return -1;
return left;
```

至此，整個演算法就完成了，完整程式碼如下：

```
int left_bound(int[] nums, int target) {
    int left = 0, right = nums.length - 1;
    // 搜尋區間為 [left, right]
    while (left <= right) {
        int mid = left + (right - left) / 2;
        if (nums[mid] < target) {
            // 搜尋區間變為 [mid+1, right]
            left = mid + 1;
        } else if (nums[mid] > target) {
            // 搜尋區間變為 [left, mid-1]
            right = mid - 1;
        } else if (nums[mid] == target) {
            // 收縮右側邊界
            right = mid - 1;
        }
    }
    // 檢查越界情況
    if (left >= nums.length || nums[left] != target)
        return -1;
    return left;
}
```

這樣就和第一種二分搜尋演算法統一，皆為兩端都閉的「搜尋區間」，最後返回的也是 `left` 變數的值。只要深入理解「搜尋區間」的更新邏輯，兩種寫法便可隨大家喜歡挑選。

1.6.4 尋找右側邊界的二分搜尋

類似尋找左側邊界的演算法，這裡也會提供兩種方法。依然先列出比較常見、左閉右開的寫法，只有兩處和搜尋左側邊界不同，已特別標註：

```
int right_bound(int[] nums, int target) {
    if (nums.length == 0) return -1;
    int left = 0, right = nums.length;

    while (left < right) {
        int mid = (left + right) / 2;
        if (nums[mid] == target) {
```

```
            left = mid + 1; // 注意
        } else if (nums[mid] < target) {
            left = mid + 1;
        } else if (nums[mid] > target) {
            right = mid;
        }
    }
    return left - 1; // 注意
}
```

1. 為什麼這個演算法能夠找到右側邊界？

答：同樣的，關鍵處還是這裡：

```
if (nums[mid] == target) {
    left = mid + 1;
```

當 `nums[mid] == target` 時，不要立即返回，而是增大「搜尋區間」的下界 `left`，使得區間不斷向右收縮，達到鎖定右側邊界的目的。

2. 為什麼最後返回 `left - 1`，而不像左側邊界的函數那樣返回 `left`？而且既然是搜尋右側邊界，應該返回 `right` 才對吧？

答：首先，while 迴圈的終止條件是 `left == right`，所以 `left` 和 `right` 一樣。如果非要展現右側的特點，那麼返回 `right - 1` 好了。

至於為什麼要減 1，這是搜尋右側邊界的一個特點，關鍵在於底下的條件判斷式：

```
if (nums[mid] == target) {
    left = mid + 1;
    // 亦即: mid = left - 1
```

圖 1-25

因為針對 `left` 的更新必須是 `left = mid + 1`，也就是當 while 迴圈終止時，`nums[left]` 一定不等於 `target`，而 `nums[left-1]` 可能等於 `target`。

至於為什麼 `left` 的更新必須是 `left = mid + 1`，與尋找左側邊界的二分搜尋一樣，主要在於「搜尋區間」的更新，這裡便不再贅述。

3. 為什麼沒有返回 -1 的操作？如果 `nums` 中不存在 `target` 值，該怎麼辦？

答：類似之前的左側邊界搜尋，因為 while 的終止條件是 `left == right`，也就是 `left` 的取值範圍是 `[0, nums.length]`。當 `left` 取到 0 時，`left - 1` 顯然索引越界，因此可以增加兩行程式碼，正確地返回 -1：

```
while (left < right) {
    // ...
}
if (left == 0) return -1;
return nums[left-1] == target ? (left-1) : -1;
```

4. 是否也可以把這個演算法的「搜尋區間」，統一成兩端都閉的形式呢？這樣一來，寫法就完全統一，以後便能閉著眼睛寫出來了。

答：當然可以，比照搜尋左側邊界的統一寫法，其實只要修改兩個地方就行：

```
int right_bound(int[] nums, int target) {
    int left = 0, right = nums.length - 1;
    while (left <= right) {
        int mid = left + (right - left) / 2;
        if (nums[mid] < target) {
            left = mid + 1;
        } else if (nums[mid] > target) {
            right = mid - 1;
        } else if (nums[mid] == target) {
            // 這裡改成收縮左側邊界即可
            left = mid + 1;
        }
    }
    // 這裡改為檢查 right 越界的情況，見下圖 1-26
    if (right < 0 || nums[right] != target)
        return -1;
    return right;
}
```

當 `target` 比所有元素都小時，`right` 會減到 -1，所以需要在最後防止越界：

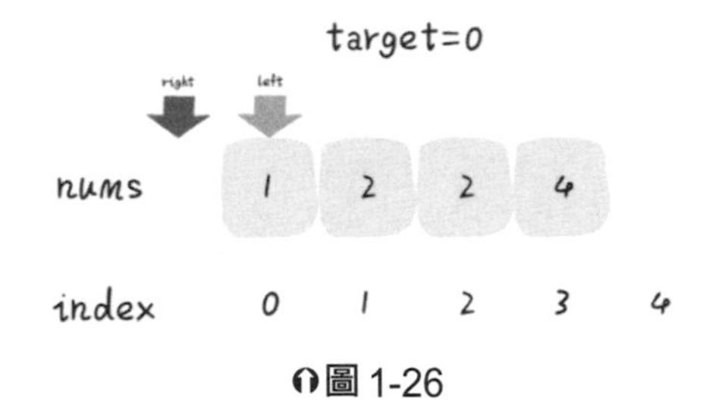

圖 1-26

至此，就已完成搜尋右側邊界的二分搜尋的兩種寫法，其實將「搜尋區間」統一成兩端都閉，反而更容易記憶，對吧？

1.6.5 邏輯統一

本小節整理一下這些細節差異的因果邏輯。

第一個，最基本的二分搜尋演算法：

```
因為初始化 right = nums.length - 1
所以決定了「搜尋區間」是 [left, right]
所以決定了 while (left <= right)
同時也決定了 left = mid+1 和 right = mid-1

因為只需找到一個 target 的索引即可
所以當 nums[mid] == target 時可以立即返回
```

第二個，尋找左側邊界的二分搜尋：

```
因為初始化 right = nums.length
所以決定了「搜尋區間」是 [left, right)
所以決定了 while (left < right)
同時也決定了 left = mid + 1 和 right = mid

因為需要找到 target 的最左側索引
所以當 nums[mid] == target 時不要立即返回
而是收縮右側邊界以鎖定左側邊界
```

第三個，尋找右側邊界的二分搜尋：

```
因為初始化 right = nums.length
```

```
所以決定了「搜尋區間」是 [left, right)
所以決定了 while (left < right)
同時也決定了 left = mid + 1 和 right = mid

因為需要找到 target 的最右側索引
所以當 nums[mid] == target 時不要立即返回
而是收縮左側邊界以鎖定右側邊界

又因為收縮左側邊界時必須 left = mid + 1
所以最後無論返回 left 還是 right，必須減 1
```

對於尋找左右邊界的二分搜尋，常見的方式是採用左閉右開的「搜尋區間」。**文內還根據邏輯將「搜尋區間」全都統一成兩端都閉，以便於記憶，只要修改兩處即可變化出三種寫法：**

```
int binary_search(int[] nums, int target) {
    int left = 0, right = nums.length - 1;
    while(left <= right) {
        int mid = left + (right - left) / 2;
        if (nums[mid] < target) {
            left = mid + 1;
        } else if (nums[mid] > target) {
            right = mid - 1;
        } else if(nums[mid] == target) {
            // 直接返回
            return mid;
        }
    }
    // 直接返回
    return -1;
}

int left_bound(int[] nums, int target) {
    int left = 0, right = nums.length - 1;
    while (left <= right) {
        int mid = left + (right - left) / 2;
        if (nums[mid] < target) {
            left = mid + 1;
        } else if (nums[mid] > target) {
            right = mid - 1;
        } else if (nums[mid] == target) {
            // 別返回，收縮右邊界，以鎖定左側邊界
            right = mid - 1;
```

```
        }
    }
    // 最後要檢查 left 越界的情況
    if (left >= nums.length || nums[left] != target)
        return -1;
    return left;
}

int right_bound(int[] nums, int target) {
    int left = 0, right = nums.length - 1;
    while (left <= right) {
        int mid = left + (right - left) / 2;
        if (nums[mid] < target) {
            left = mid + 1;
        } else if (nums[mid] > target) {
            right = mid - 1;
        } else if (nums[mid] == target) {
            // 別返回，收縮左側邊界，以鎖定右側邊界
            left = mid + 1;
        }
    }
    // 最後要檢查 right 越界的情況
    if (right < 0 || nums[right] != target)
        return -1;
    return right;
}
```

如果以上內容都能理解，那麼恭喜你，二分搜尋演算法的細節不過如此。

透過本節內容，學會了：

1. 分析二分搜尋程式碼時，不要出現 else，全部展開成 else if，以便於理解。
2. 注意「搜尋區間」和 while 的終止條件，弄清楚「搜尋區間」的開閉情況非常重要。`left` 和 `right` 的更新完全取決於「搜尋區間」，如果有漏掉的元素，記得在最後檢查。
3. 若需定義左閉右開的「搜尋區間」搜尋左、右邊界，只要在 `nums[mid] == target` 時動手腳即可，搜尋右側邊界時必須減 1。
4. 如果將「搜尋區間」全都統一成兩端都閉，比較好記，只要稍改 `nums[mid] == target` 條件處的程式碼，以及函數返回的邏輯即可。**建議拿個本子記下這些內容，以作為二分搜尋範本。**

1.7 我寫了一個範本，把滑動視窗演算法變成了默寫題

有鑒於**「1.6　我寫了首詩，保證閉著眼睛都能寫出二分搜尋演算法」**的《二分搜尋範本歌》很受好評，並於網路廣為流傳，成為安睡助眠的一劑良方。如今在滑動視窗演算法框架中，筆者再次編寫一首小詩，以歌頌滑動視窗演算法的偉大：

滑動視窗防滑記

串列字串陣列題，用雙指標別猶豫。雙指標家三兄弟，各個都是萬人迷。

快慢指標最神奇，串列操作無壓力。合併排序找中點，串列成環作判定。

左右指標最常見，左右兩端相向行。反轉陣列要靠它，二分搜尋是弟弟。

滑動視窗最困難，字串問題全靠它。左右指標滑視窗，一前一後齊頭進。

labuladong 穩若「狗」，一套框架不翻車。一路漂移帶閃電，演算法變默寫題。

關於雙指標的快慢指標和左右指標的用法，詳見**「1.5　雙指標技巧範本框架」**。本節準備解決一項最難掌握的雙指標技巧：滑動視窗技巧。總結出一套框架，有利於輕鬆寫出正確的解法。

說起滑動視窗演算法，很多人都會頭痛。這個演算法技巧的思路非常簡單，就是維護一個視窗，不斷滑動，然後更新答案。LeetCode 有起碼 10 道運用滑動視窗演算法的題目，難度都是中等和困難。該演算法的大致邏輯如下：

```
int left = 0, right = 0;

while (right < s.size()) {
    // 增大視窗
    window.add(s[right]);
    right++;

    while (window needs shrink) {
        // 縮小視窗
        window.remove(s[left]);
        left++;
    }
}
```

本演算法技巧的時間複雜度是 $O(N)$，比字串暴力演算法要有效得多。

其實，困擾的不是演算法的思路，而是各種細節問題。諸如該如何讓視窗增加新元素，如何縮小視窗，在視窗滑動的哪個階段更新結果。即使明白這些細節，也很容易有 bug，找 bug 還不知道怎麼找，真的挺讓人煩心。

所以，現在就撰寫一套滑動視窗演算法的程式碼框架，包括在哪裡輸出 debug。以後遇到相關的問題時，建議默寫出下列框架，然後改兩個地方就行，還不會有 bug：

```
/* 滑動視窗演算法框架 */
void slidingWindow(string s, string t) {
    unordered_map<char, int> need, window;
    for (char c : t) need[c]++;

    int left = 0, right = 0;
    int valid = 0;
    while (right < s.size()) {
        // c 是即將移入視窗的字元
        char c = s[right];
        // 右移視窗
        right++;
        // 進行視窗內資料的一系列更新
        ...

        /*** debug 輸出的位置 ***/
        printf("window: [%d, %d)\n", left, right);
        /********************/

        // 判斷左側視窗是否要收縮
        while (window needs shrink) {
            // d 是即將移出視窗的字元
            char d = s[left];
            // 左移視窗
            left++;
            // 進行視窗內資料的一系列更新
            ...
        }
    }
}
```

其中兩處…表示更新視窗資料的地方，到時候直接填入具體的邏輯就行。而且，這兩處…的操作，分別是由右移和左移視窗更新，稍後會發現它們的操作完全對稱。

說句題外話，希望讀者多去探求問題的本質，而不要執著於表象。例如網路有很多人評論筆者框架，說什麼雜湊表速度慢，不如改用陣列代替雜湊表。還有很多人喜歡把程式碼寫得特別短小，說書裡寫的程式碼太多餘，影響編譯速度，在某些平台上提交的執行速度不夠快……

演算法看的是時間複雜度，儘量確保自己的時間複雜度最佳就行。至於某些平台所謂的執行速度，這點很難評論，只要不是慢得離譜就沒啥問題，根本不值得從編譯層面最佳化，不要捨本逐末。

本書的重點在於演算法觀念，將概念框架了然於心即可。

言歸正傳，下文就直接看**四道** LeetCode 原題，以套用這個框架。其中第一道題會詳細說明滑動視窗演算法的原理，後面幾道便可直接閉眼睛完成。

這裡提醒一下，C++ 可以使用中括號 `map[key]` 存取雜湊表中鍵對應的值。請注意，如果該 `key` 不存在，C++ 會自動建立，並把 `map[key]` 設為 0。

所以，程式碼多次出現的 `map[key]++`，相當於 Java 的 `map.put(key, map.getOrDefault(key, 0) + 1)`。

1.7.1 最小覆蓋字串

「最小覆蓋字串」問題，難度為 Hard，題目如下：

給定兩個字串 `S` 和 `T`，**請在 `S` 中找到包含 `T` 全部字母的最短字串。如果 `S` 沒有這樣的子字串**，則演算法返回空字串，如果存在，則可認為是唯一的答案。

例如輸入 `S = "ADBECFEBANC", T = "ABC"`，演算法應該返回 `"BANC"`。

如果使用暴力解法，程式碼大致如下：

```
for (int i = 0; i < s.size(); i++)
    for (int j = i + 1; j < s.size(); j++)
        if s[i:j] 包含 t 的所有字母:
            更新答案
```

思路很簡單直接，但顯然這個演算法的複雜度肯定大於 $O(N^2)$，這並不理想。

滑動視窗演算法的觀念如下：

1. 在字串 `S` 中使用雙指標的左、右指標技巧，初始化 `left = right = 0`，把索引**左閉右開**區間 `[left, right)` 稱為一個「視窗」。
2. 先不斷地增加 `right` 指標擴大視窗 `[left, right)`，直到視窗中的字串符合要求（包含 `T` 的所有字元）。
3. 此時，停止增加 `right`，轉而不斷增加 `left` 指標縮小視窗 `[left, right)`，直到視窗中的字串不再符合要求（不包含 `T` 的所有字元）。同時，每次增加 `left`，都要更新一輪結果。
4. 重覆第 2 和第 3 步，直到 `right` 到達字串 `S` 的盡頭。

前述觀念其實也不難，**第 2 步相當於尋找一個「可行解」，然後第 3 步則最佳化此「可行解」，最終找到最佳解**，也就是最短的覆蓋字串。左、右指標輪流前進，視窗大小增增減減，而且不斷向右滑動，這就是「滑動視窗」一詞的由來。

下面用圖解來說明上述概念。`needs` 和 `window` 相當於計數器，分別記錄 `T` 中字元的出現次數，以及「視窗」中對應字元的出現次數。

初始狀態：

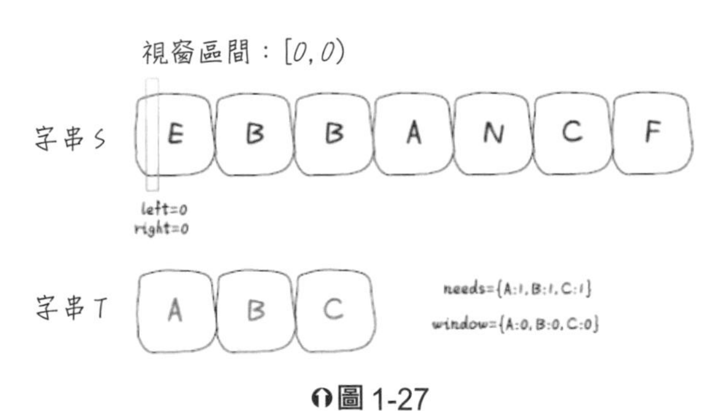

圖 1-27

增加 right，直到視窗 [left, right) 包含 T 的所有字元：

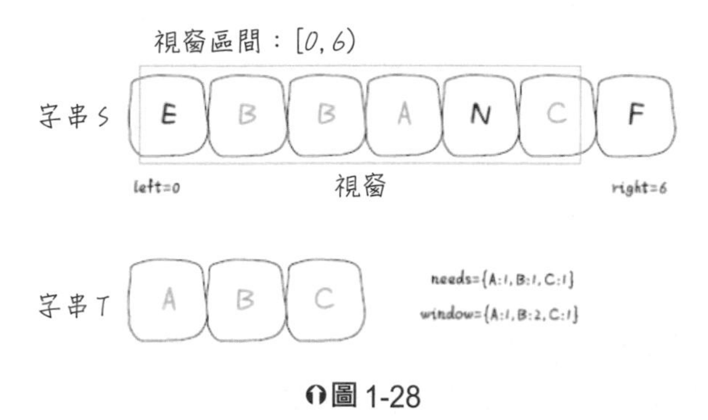

圖 1-28

現在開始增加 left，縮小視窗 [left, right)：

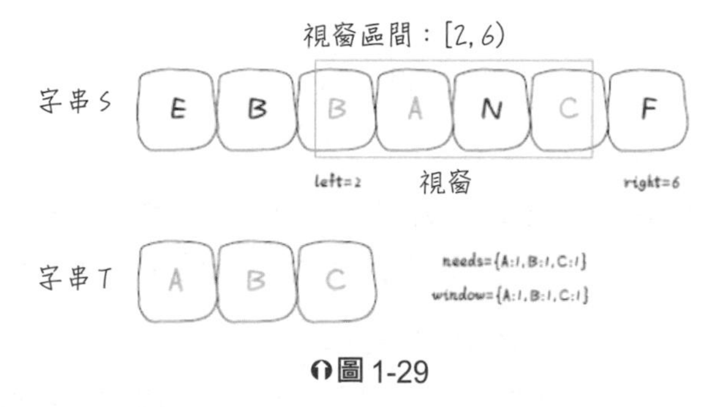

圖 1-29

直到視窗中的字串不再符合要求，left 便不再繼續移動：

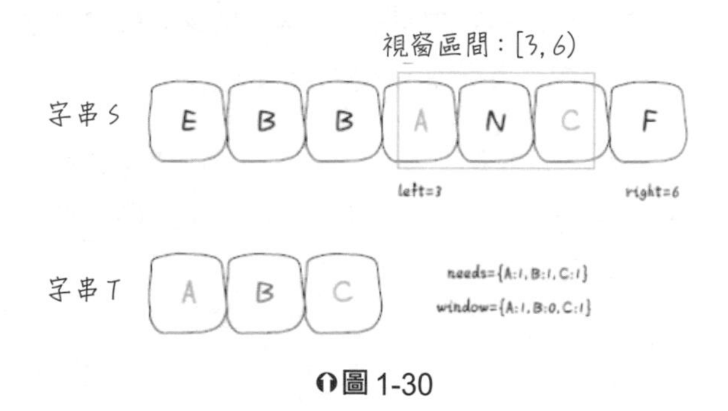

圖 1-30

之後重覆上述過程，先移動 right，再移動 left……直到 right 指標到達字串 S 的末端，演算法結束。

如果能夠理解上述過程，恭喜你，已經完全掌握滑動視窗演算法概念。現在看看怎麼應用這個滑動視窗程式碼框架。

首先，初始化 window 和 need 兩個雜湊表，記錄視窗中的字元和需要湊齊的字元：

```
unordered_map<char, int> need, window;
for (char c : t) need[c]++;
```

然後，使用 left 和 right 變數初始化視窗的兩端，不要忘了，區間 [left, right) 是左閉右開，因此初始情況下視窗沒有包含任何元素：

```
int left = 0, right = 0;
int valid = 0;
while (right < s.size()) {
    // 開始滑動
}
```

其中 valid 變數表示視窗中滿足 need 條件的字元個數，如果 valid 和 need.size 的大小相同，說明視窗已滿足條件，完全覆蓋字串 T。

現在開始套用範本，只需思考以下 4 個問題：

1. 當移動 right 擴大視窗，亦即加入字元時，應該更新哪些資料？
2. 什麼條件下，視窗應該暫停擴大，開始移動 left 縮小視窗？
3. 當移動 left 縮小視窗，亦即移出字元時，應該更新哪些資料？
4. 結果應該在擴大視窗，還是縮小視窗時進行更新？

一般來說，如果一個字元進入視窗，應該增加 window 計數器；如果從視窗移出一個字元，則應減少 window 計數器。當 valid 滿足 need 時應該收縮視窗，收縮視窗時應該更新最終結果。

下面是完整程式碼：

```
string minWindow(string s, string t) {
    unordered_map<char, int> need, window;
    for (char c : t) need[c]++;

    int left = 0, right = 0;
    int valid = 0;
```

```
    // 記錄最小覆蓋字串的起始索引及長度
    int start = 0, len = INT_MAX;
    while (right < s.size()) {
        // c是即將移入視窗的字元
        char c = s[right];
        // 右移視窗
        right++;
        // 進行視窗內資料的一系列更新
        if (need.count(c)) {
            window[c]++;
            if (window[c] == need[c])
                valid++;
        }

        // 判斷左側視窗是否要收縮
        while (valid == need.size()) {
            // 在這裡更新最小覆蓋字串
            if (right - left < len) {
                start = left;
                len = right - left;
            }
            // d是即將移出視窗的字元
            char d = s[left];
            // 左移視窗
            left++;
            // 進行視窗內資料的一系列更新
            if (need.count(d)) {
                if (window[d] == need[d])
                    valid--;
                window[d]--;
            }
        }
    }
    // 返回最小覆蓋字串
    return len == INT_MAX ?
        "" : s.substr(start, len);
}
```

請注意，當發現某個字元在`window`裡的數量滿足`need`的需求，就要更新`valid`，表示有一個字元已經滿足條件。而且，兩次對視窗內資料的更新操作，完全是對稱的。

當 `valid == need.size()` 時，說明已經覆蓋 `T` 中所有字元，得到一個可行的覆蓋字串。接下來應該開始收縮視窗，以便得到「最小覆蓋字串」。

移動 `left` 收縮視窗時，視窗內的字元都是可行解，所以應該在收縮視窗的階段，進行最小覆蓋字串的更新，以便從可行解中找到長度最短的最終結果。

至此，可說已完全理解這套框架，滑動視窗演算法不困難，就是細節問題讓人心煩。**以後遇到滑動視窗演算法，建議按照此框架撰寫程式碼，包準沒 bug，還省事。**

下面就直接利用這套框架解決幾道試題，基本上一眼就能看出思路。

1.7.2 字串排列

「字串的排列」難度為 Medium：

輸入兩個字串 `S` 和 `T`，請利用演算法判斷 `S` 是否包含 `T` 的排列，也就是 `S` 是否存在一個子字串是 `T` 的一種全排列。

例如輸入 `S = "helloworld", T = "oow"`，演算法返回 True，因為 `S` 包含一個子字串 `"owo"` 是 `T` 的排列。

肯定不可能把所有 `T` 的排列列舉出來，然後到 `S` 中尋找，因為計算全排列要求階乘級別的時間複雜度，實在太慢了。

這明顯是關於滑動視窗演算法的題目，**假設給定一個 `S` 和一個 `T`，請問 `S` 是否存在一個子字串，包含 `T` 的所有字元且不包含其他字元？**

首先，複製貼上之前的演算法框架程式碼，然後確認剛才提出的 4 個問題，即可寫出本道題的答案：

```
/* 判斷 s 是否存在 t 的排列 */
bool checkInclusion(string t, string s) {
    unordered_map<char, int> need, window;
    for (char c : t) need[c]++;

    int left = 0, right = 0;
    int valid = 0;
    while (right < s.size()) {
        char c = s[right];
```

```
        right++;
        // 進行視窗內資料的一系列更新
        if (need.count(c)) {
            window[c]++;
            if (window[c] == need[c])
                valid++;
        }

        // 判斷左側視窗是否要收縮
        while (right - left >= t.size()) {
            // 在這裡判斷是否找到合法的子字串
            if (valid == need.size())
                return true;
            char d = s[left];
            left++;
            // 進行視窗內資料的一系列更新
            if (need.count(d)) {
                if (window[d] == need[d])
                    valid--;
                window[d]--;
            }
        }
    }
    // 未找到符合條件的子字串
    return false;
}
```

這道題的解法，基本上和最小覆蓋字串一樣，只是根據之前的程式碼改變兩個地方：

1. 移動 `left` 縮小視窗的時機，是視窗大小大於 `t.size()` 時，因為各種排列的長度顯然要一樣。
2. 當發現 `valid == need.size()` 時，說明視窗中的資料是一個合法的排列，所以立即返回 `true`。

至於如何處理視窗的擴大和縮小，則和最小覆蓋字串的相關處理方式完全相同。

1.7.3 找所有字母異位詞

「找到字串中所有字母異位詞」的難度為 Medium，看一下題目：

給定一個字串 `S` 和一個非空字串 `T`，找到 `S` 中所有是 `T` 的字母異位詞的字串，並返回這些字串的起始索引。

所謂的字母異位詞，其實就是全排列，原題目相當於讓找尋 `S` 中所有 `T` 的排列，並返回它們的起始索引。

例如輸入 `S = "cbaebabacd", T = "abc"`，演算法返回 `[0, 6]`，因為 `S` 中有兩個子字串 `"cba"` 和 `"bac"` 是 `T` 的排列，它們的起始索引是 0 和 6。

直接套用框架，確認剛才講的 4 個問題，即可解出這道題：

```
vector<int> findAnagrams(string s, string t) {
    unordered_map<char, int> need, window;
    for (char c : t) need[c]++;

    int left = 0, right = 0;
    int valid = 0;
    vector<int> res; // 記錄結果
    while (right < s.size()) {
        char c = s[right];
        right++;
        // 進行視窗內資料的一系列更新
        if (need.count(c)) {
            window[c]++;
            if (window[c] == need[c])
                valid++;
        }
        // 判斷左側視窗是否要收縮
        while (right - left >= t.size()) {
            // 當視窗符合條件時，將起始索引加入 res
            if (valid == need.size())
                res.push_back(left);
            char d = s[left];
            left++;
            // 進行視窗內資料的一系列更新
            if (need.count(d)) {
                if (window[d] == need[d])
```

```
                valid--;
            window[d]--;
        }
    }
  }
  return res;
}
```

和尋找字串的排列一樣，只要找到一個合法異位詞（排列）之後，將起始索引加入 `res` 即可。

1.7.4 最長無重覆字串

「無重覆字元的最長字串」，難度為 Medium，看一下題目：

輸入一個字串 `s`，請計算 `s` 中不包含重覆字元的最長字串長度。

例如，輸入 `s = "aabab"`，演算法返回 2，因為無重覆的最長字串是 `"ab"` 或者 `"ba"`，長度為 2。

這道題終於有點新意，不是一套框架就有答案，不過反而更簡單了，稍微修改一下框架就行：

```
int lengthOfLongestSubstring(string s) {
  unordered_map<char, int> window;
  int left = 0, right = 0;
  int res = 0; // 記錄結果
  while (right < s.size()) {
    char c = s[right];
    right++;
    // 進行視窗內資料的一系列更新
    window[c]++;
    // 判斷左側視窗是否要收縮
    while (window[c] > 1) {
      char d = s[left];
      left++;
      // 進行視窗內資料的一系列更新
      window[d]--;
    }
    // 在這裡更新答案
```

```
        res = max(res, right - left);
    }
    return res;
}
```

邏輯變簡單了，連 need 和 valid 都不需要，而且更新視窗內資料，也只需要簡單更新計數器 window 即可。

當 window[c] 值大於 1 時，說明視窗存在重覆字元，不符合條件，於是就該移動 left 縮小視窗。

唯一需要注意的是，在哪裡更新結果 res 呢？題目要的是最長無重覆字串，哪一個階段可以保證視窗中的字串沒有重覆？這裡和之前不一樣，必須在收縮視窗完成後更新 res，因為收縮的 while 條件是存在重覆元素。換句話說，收縮完成後一定保證視窗中沒有重覆字元。

建議背誦並默寫這套框架，包括本節開頭的那首詩。以後就再也不怕字串、子陣列問題了。

Chapter 02

動態規劃系列

動態規劃問題有難度且有意思，或許因為它是面試常考題型。不管之前是否害怕這個主題，這一章的內容將改變你的想法，甚至愛上動態規劃問題。

動態規劃主要分為下列幾步：**找到「狀態」和「選擇」-> 確定 dp 陣列 / 函數的定義 -> 尋找「狀態」之間的關係。**

這就是思維模式的框架，**本章會按照以上模式解決問題，協助讀者養成這種思維習慣。**有了方向後遇到問題便不會手忙腳亂，大部分的動態規劃問題也就不成問題了。

2.1 動態規劃設計：最長遞增子序列

各位看了**「1.2　動態規劃解題範本框架」**，應該已經學會動態規劃的思路：找到問題的「狀態」，確認 dp 陣列 / 函數的涵義，定義 base case。但是，不知道如何確定「選擇」，亦即不清楚狀態轉移的關係，依然寫不出動態規劃解法，這該怎麼辦？

不要擔心，動態規劃的難處，本來就是在尋找正確的狀態轉移方程。本節藉助經典的「最長遞增子序列問題」，講解設計動態規劃的通用技巧：**數學歸納概念**。

最長遞增子序列（Longest Increasing Subsequence，簡寫 LIS）是一個非常經典的演算法問題，比較容易想到的是動態規劃解法，時間複雜度為 $O(n^2)$。文內透過這個問題由淺入深地講解如何尋找狀態轉移方程，進而寫出動態規劃解法。比較難想到的是二分搜尋，時間複雜度為 $O(n\log n)$，我們可以利用一種簡單的紙牌遊戲輔助理解這種巧妙的解法。

題目很容易理解，輸入一個無序的整數陣列，請找出其中最長遞增子序列的長度。函數簽章如下：

```
int lengthOfLIS(int[] nums);
```

例如，輸入 `nums=[10, 9, 2, 5, 3, 7, 101, 18]`，其中最長的遞增子序列是 `[2, 3, 7, 101]`，所以演算法的輸出是4。

注意「子序列」和「子字串」這兩個名詞的區別，子字串一定是連續的，子序列則不一定。下面先來設計動態規劃演算法。

2.1.1 動態規劃解法

動態規劃的核心設計概念是數學歸納法。

相信大家對數學歸納法都不陌生，高中就學過，而且觀念很簡單。假如想證明一個數學結論，便**先假設這個結論在 `k<n` 時成立，然後根據這個假設，想辦法推導證明 `k=n` 時此結論也成立。**如果能夠證明出來，便説明此結論對於任何數的k都成立。

同樣的，設計動態規劃演算法時，一般需要一個dp陣列，可先假設 `dp[0...i-1]` 已經被計算出來，然後問自己：怎麼透過這些結果算出 `dp[i]` ？

直接拿最長遞增子序列舉例就明白了。不過，首先要定義清楚 `dp` 陣列的涵義，亦即 `dp[i]` 的值到底代表什麼？

這裡的定義為：`dp[i]` 表示以 `nums[i]` 結尾的最長遞增子序列的長度。

> TIPS 為什麼這樣定義呢？此為解決子序列問題的一種技巧，**「2.7 子序列問題解題範本：最長迴文子序列」**總結了幾種常見範本。讀完本章所有的動態規劃問題後，就能發現 dp 陣列的定義方法也只有那幾種。

根據前述定義，便可推出base case：`dp[i]` 初始值為1，因為以 `nums[i]` 結尾的最長遞增子序列，起碼要包含它自己。

舉兩個例子：

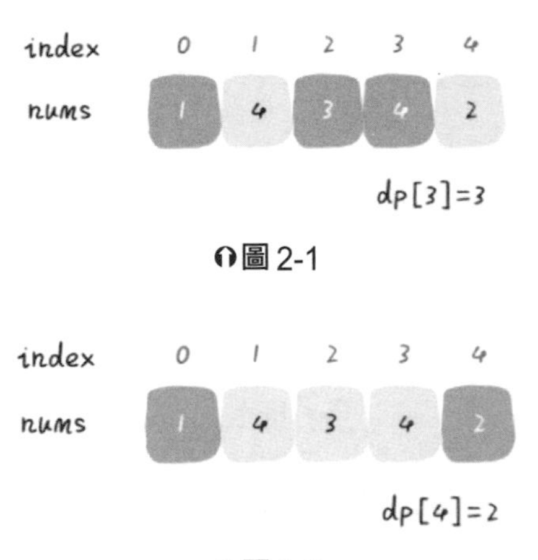

圖 2-1

圖 2-2

演算法推演的過程，就是從 `i = 0` 開始巡訪 `dp` 陣列，並透過 `dp[0..i-1]` 推導出 `dp[i]`：

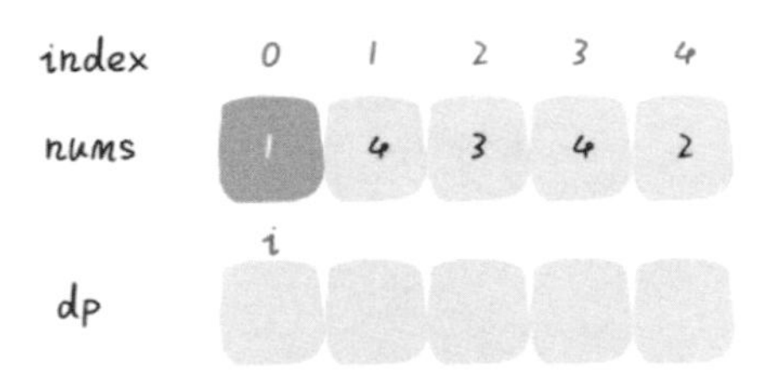

圖 2-3

根據這個定義，最終結果（子序列的最大長度）應該是 dp 陣列的最大值。

```
int res = 0;
for (int i = 0; i < dp.size(); i++) {
   res = Math.max(res, dp[i]);
}
return res;
```

讀者也許會問，剛才的演算法推演過程中，肉眼可以看得出來每個 `dp[i]` 的結果，但應該怎麼設計演算法邏輯，以便正確計算每個 `dp[i]` 呢？

此即為動態規劃的重頭戲，必須思考如何設計演算法邏輯進行狀態轉移，才能正確運行呢？這裡可以利用數學歸納的概念。

假設已經知道 `dp[0..4]` 的所有結果，如何透過這些結果推導出 `dp[5]` 呢？

圖 2-4

根據剛才對 `dp` 陣列的定義，現在想求 `dp[5]` 的值，也就是以 `nums[5]` 為結尾的最長遞增子序列。

`nums[5] = 3`**，既然是遞增子序列，只要找到前面那些結尾比 3 小的子序列，然後把 3 放到最後，就能形成一個新的遞增子序列，而且這個新的子序列長度加一。**

顯然，有可能形成很多種新的子序列，但只選最長的那一個，將其長度作為 `dp[5]` 的值即可。

```
for (int j = 0; j < i; j++) {
    if (nums[i] > nums[j])
        dp[i] = Math.max(dp[i], dp[j] + 1);
}
```

當 `i = 5` 時，程式碼的邏輯就可算出 `dp[5]`。其實到這裡，基本上已做完這道演算法題目。

讀者也許會問，剛才只是算出 `dp[5]`，`dp[4]`、`dp[3]` 這些怎麼算？套用數學歸納法，既然可以算出 `dp[5]`，其他的就不成問題：

```
for (int i = 0; i < nums.length; i++) {
    for (int j = 0; j < i; j++) {
        if (nums[i] > nums[j])
            dp[i] = Math.max(dp[i], dp[j] + 1);
    }
}
```

結合剛才提及的 base case，下面列出完整程式碼：

```java
int lengthOfLIS(int[] nums) {
    int[] dp = new int[nums.length];
    // base case：dp 陣列全都初始化為 1
    Arrays.fill(dp, 1);
    for (int i = 0; i < nums.length; i++) {
        for (int j = 0; j < i; j++) {
            if (nums[i] > nums[j])
                dp[i] = Math.max(dp[i], dp[j] + 1);
        }
    }

    int res = 0;
    // 重新巡訪一遍陣列，找到最長的遞增子序列長度
    for (int i = 0; i < dp.length; i++) {
        res = Math.max(res, dp[i]);
    }
    return res;
}
```

至此就解決這道題，時間複雜度為 $O(n^2)$。下面總結一下如何找到動態規劃的狀態轉移關係：

1. 確認 dp 陣列所存資料的涵義。這一步對於任何動態規劃問題都很重要，如果不得當或者不夠清晰，便會阻礙之後的步驟。
2. 根據 dp 陣列的定義，運用數學歸納法的概念。假設 dp[0..i-1] 都已知，先想辦法求出 dp[i]，一旦完成這一步，基本上就解決整個題目。

但是，如果無法完成這一步，很可能是 dp 陣列的定義不恰當，需要重新定義；或者是 dp 陣列儲存的資訊還不夠，不足以推導出下一步的答案，必須把 dp 陣列擴大成二維陣列甚至三維陣列。

2.1.2 二分搜尋解法

此解法的時間複雜度為 $O(n\log n)$，但是說實話，一般想不到這種解法（也許玩過某些紙牌遊戲的人可以）。所以大家瞭解一下就好，正常情況下能夠寫出動態規劃解法，就已經很不錯了。

根據本節題目的意思，很難想像最長遞增子序列問題，竟然能和二分搜尋有關聯。實際上，最長遞增子序列和一種名為 patience game 的紙牌遊戲有關，甚至有一種排序方法就叫作 patience sorting（耐心排序）。

為了說明方便，這裡跳過所有數學證明，透過一個簡化的例子理解演算法思路。

首先，給出一排撲克牌，比照巡訪陣列那樣，從左到右、一張一張處理這些撲克牌，最終要把這些牌分成若干堆。

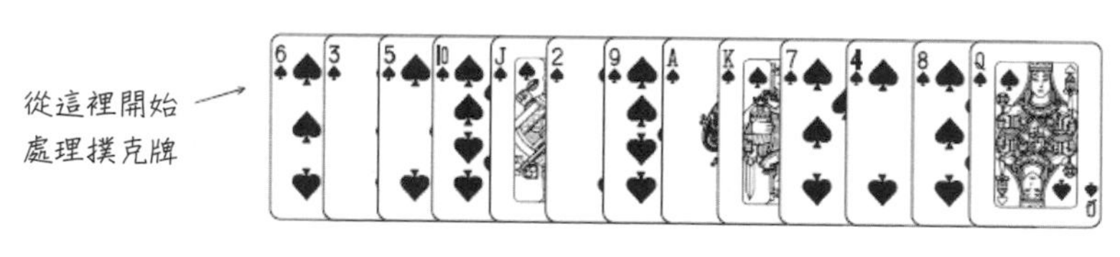

圖 2-5

處理這些撲克牌要遵循以下規則：

只能把點數小的牌，壓到點數比它大或者相等的牌上。如果目前牌的點數較大，沒有可以放置的牌堆，則新建一個，再把這張牌放進去。如果目前的牌有多個牌堆可供選擇，則選擇最左邊的那一堆擺放。

例如，上述撲克牌最終會分成 5 堆（紙牌 A 的牌面視為最大，紙牌 2 的牌面視為最小）。

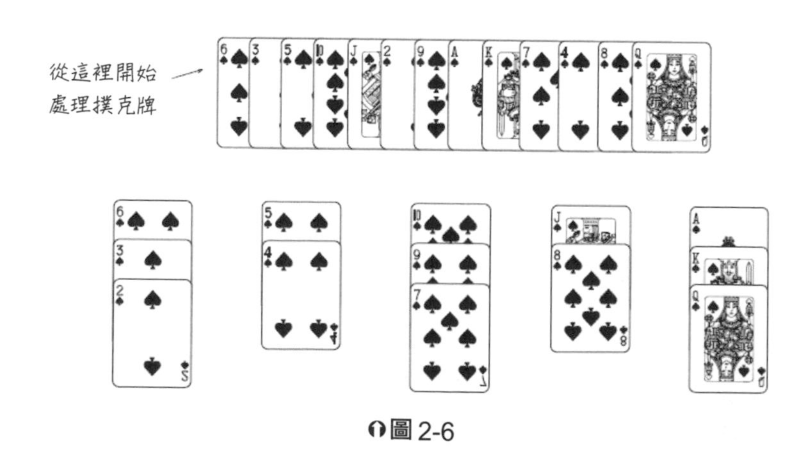

圖 2-6

為什麼遇到多個可選牌堆的時候，要放到最左邊那堆呢？因為這樣可以確保牌堆頂的牌是有順序的（2, 4, 7, 8, Q），證明略。

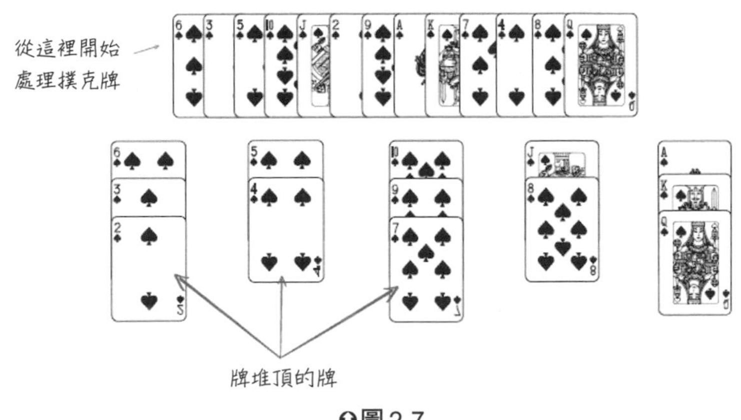

圖 2-7

按照上述規則執行，便可算出最長遞增子序列。牌的堆數就是最長遞增子序列的長度，證明略。

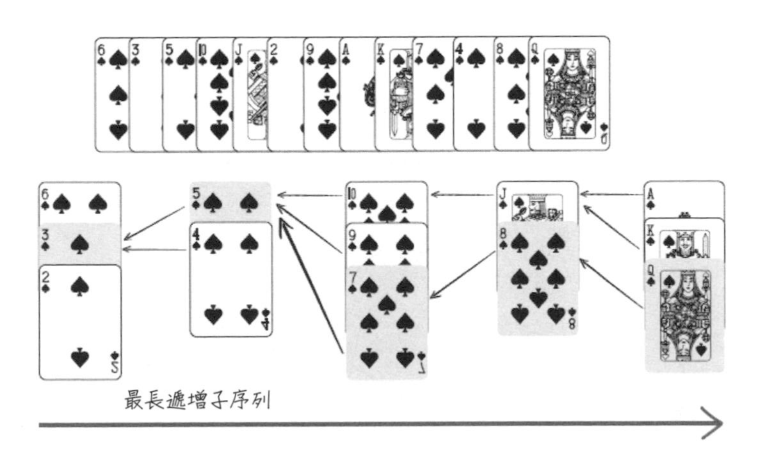

圖 2-8

我們只要把處理撲克牌的過程，以程式設計出來即可。每次處理一張撲克牌時，要先找一個合適的牌堆來放，而牌堆頂的牌**有序**，如此就能使用二分搜尋：透過它搜尋目前的牌應擺放的位置。

在**「1.6　我寫了一首詩，保證你閉著眼睛都能寫出二分搜尋演算法」**詳細介紹二分搜尋的細節及變形，這裡便完美地應用。

```java
int lengthOfLIS(int[] nums) {
    int[] top = new int[nums.length];
    // 牌堆數初始化為 0
    int piles = 0;
    for (int i = 0; i < nums.length; i++) {
        // 待處理的撲克牌
        int poker = nums[i];

        /***** 搜尋左側邊界的二分搜尋 *****/
        int left = 0, right = piles;
        while (left < right) {
            int mid = (left + right) / 2;
            if (top[mid] > poker) {
                right = mid;
            } else if (top[mid] < poker) {
                left = mid + 1;
            } else {
                right = mid;
            }
        }
        /*******************************/

        // 沒有找到合適的牌堆，則新建一堆
        if (left == piles) piles++;
        // 把這張牌放到牌堆頂
        top[left] = poker;
    }
    // 牌堆數就是 LIS 長度
    return piles;
}
```

至此，二分搜尋的解法講解完畢。

這個解法確實很難想到。首先涉及數學證明，誰能想到按照這些規則執行，就能得到最長遞增子序列呢？其次還有二分搜尋的運用，若是對二分搜尋的細節不清楚，有了想法也很難寫對。

所以，這個方法就作為思維拓展好了。但應該完全理解動態規劃的設計方法：假設之前的答案已知，利用數學歸納的概念正確進行狀態的推演轉移，最終得到答案。

2.2 二維遞增子序列：信封嵌套問題

很多演算法問題都要求排序技巧，難處不在於排序本身，而是得巧妙地進行預處理，將演算法問題進行轉換，為之後的操作打下基礎。

實際上，**信封嵌套問題是最長遞增子序列問題上升到二維**，解法是先按特定的規則排序，接著轉換為一個一維的**最長遞增子序列問題**，最後利用**「1.6.1　二分搜尋框架」**的技巧來解決。

2.2.1　題目概述

「俄羅斯娃娃信封」就是一個信封嵌套問題，讓我們先看看題目：

給出一些信封，每個信封的寬度和高度以整數對形式 `(w, h)` 表示。當一個信封 `A` 的寬度和高度，都比另一個信封 `B` 大的時候，`B` 就可以放進 `A` 裡，如同「俄羅斯娃娃」一樣。請計算最多有多少個信封能組成一組「俄羅斯娃娃」信封（即最多能嵌套幾層）。

函數簽章如下：

```
int maxEnvelopes(int[][] envelopes);
```

例如輸入 `envelopes = [[5, 4], [6, 4], [6, 7], [2, 3]]`，演算法返回 3，表示最多能夠套 3 個信封，它們是 `[2, 3] => [5, 4] => [6, 7]`。

這道題目其實是最長遞增子序列（Longest Increasing Subsequence，簡寫為 LIS）的一個變形。很顯然，**每次合法的嵌套是大套小，相當於找一個最長遞增的子序列，其長度就是最多能嵌套的信封個數。**

但是，標準的 LIS 演算法只能在一維陣列尋找最長子序列，而信封是由 `(w, h)` 的二維陣列形式表示，如何運用 LIS 演算法呢？

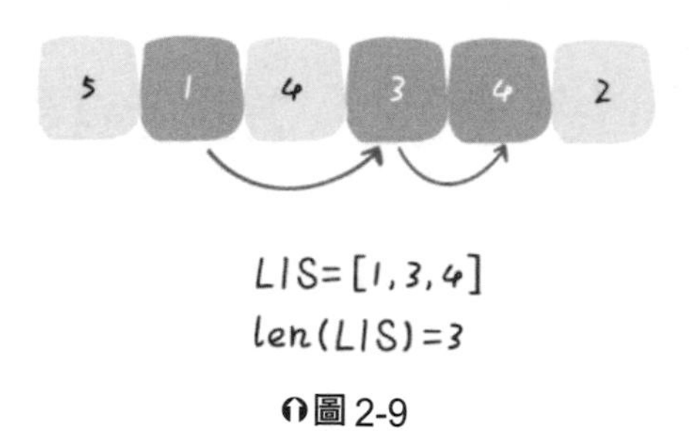

圖 2-9

一個直接的想法，就是透過 `w × h` 計算面積，然後對面積進行標準的 LIS 演算法。但是，稍加思考後就會發現不行，例如 `1 × 10` 大於 `3 × 3`，不過顯然這兩個信封無法互相嵌套。

2.2.2 思路分析

這道題目的解法比較巧妙：

先對寬度 `w` 進行昇冪排序，如果遇到 `w` 相同的情況，則按照高度 `h` 降冪排序。之後把所有的 `h` 作為一個陣列，在此陣列計算出的 LIS 的長度就是答案。

仔細想一想不難理解，畫個圖說明一下，先對這些二維陣列進行排序：

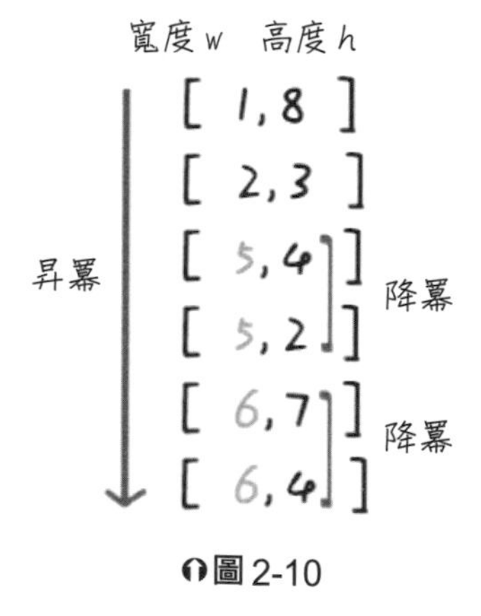

圖 2-10

然後在 h 上尋找最長遞增子序列：

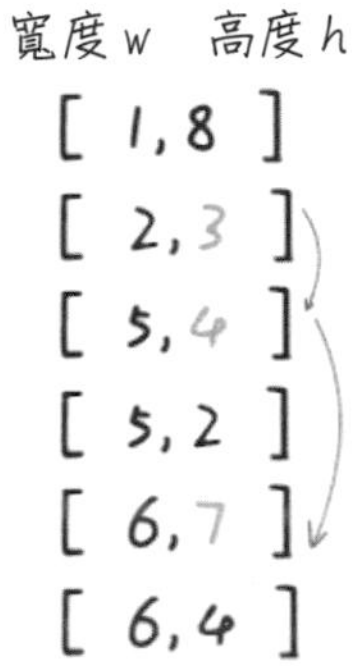

寬度w 高度h
[1,8]
[2,3]
[5,4]
[5,2]
[6,7]
[6,4]

圖 2-11

這個子序列就是最佳的嵌套方案。關鍵在於，對於寬度 w 相同的陣列，要對其高度 h 進行降冪排序。

因為兩個 w 相同的信封不能相互包含，w 相同時將 h 降冪排序，則這些降冪 h 中，最多只會有一個選入遞增子序列，確保最終的信封序列不會出現 w 相同的情況。

當然，反過來也行，先對高度 h 排序，h 相同時按寬度 w 降冪排列，最後在 w 上找出遞增子序列，和之前的做法一樣。

下面是程式碼：

```
// envelopes = [[w1, h1], [w2, h2]...]
int maxEnvelopes(int[][] envelopes) {
    int n = envelopes.length;
    Arrays.sort(envelopes, new Comparator<int[]>()
    {
        // 按寬度昇冪排列，如果寬度一樣，則按高度降冪排列
        public int compare(int[] a, int[] b) {
            return a[0] == b[0] ?
                b[1] - a[1] : a[0] - b[0];
        }
    });
    // 對高度陣列尋找 LIS
    int[] height = new int[n];
    for (int i = 0; i < n; i++)
```

```
        height[i] = envelopes[i][1];

    return lengthOfLIS(height);
}
```

關於 `lengthOfLIS` 函數尋找最長遞增子序列的過程，在**「2.1　動態規劃設計：最長遞增子序列」**已詳細介紹動態規劃解法和二分搜尋解法，這裡就不詳述。

為了清晰起見，文內將程式碼分成兩個函數，也可以合併，以便省下 `height` 陣列的空間。

此演算法的時間複雜度為 $O(n\log n)$，因為排序和計算 LIS 各需要 $O(n\log n)$ 的時間。空間複雜度為 $O(n)$，因為計算 LIS 的函數需要一個 `top` 陣列。

2.2.3　最後總結

這個問題是 Hard 級別的題目，難處在於排序。正確地排序後，此問題就轉化成一個標準的 LIS 問題，比較容易解決。

這種問題還可以擴展到三維，例如現在不是要嵌套信封，而是嵌套箱子，每個箱子有長、寬、高三個維度，請計算最多能嵌套幾個箱子？

一般人可能會這樣想，先把前兩個維度（長和寬）按照信封嵌套的做法，求出一個嵌套序列，最後在這個序列的第三個維度（高度）找到 LIS，應該能算出答案。

實際上，這種想法是錯的。這類問題叫作「偏序問題」，上升到三維會使難度大幅提升，需要藉助一種進階資料結構「樹狀陣列」，有興趣的讀者可以自行瞭解。

有很多演算法問題都需要排序後再處理，當對問題無從下手的時候，不妨試一試陣列的排序，說不定就會「柳暗花明又一村」。

2.3 最大子陣列問題

最大子陣列問題和**「2.1　動態規劃設計：最長遞增子序列」**提及的解題技巧非常相似，代表一類比較特殊的動態規劃問題的做法。

題目很簡單：

輸入一個整數陣列 `nums`，請在其中找一個和最大的子陣列，然後返回其和。

函數簽章如下：

```
int maxSubArray(int[] nums);
```

例如輸入 `nums = [-3, 1, 3, -1, 2, -4, 2]`，演算法返回 5，因為最大子陣列 `[1, 3, -1, 2]` 的和為 5。

2.3.1　思路分析

其實第一次看到這道題，首先想到的是 1.7 節介紹的**滑動視窗演算法**。因為前文說過，滑動視窗演算法就是專門用來處理子字串 / 子陣列，這題不就是子陣列問題嗎？

但是，稍加分析後就會發現，**這道題還不能運用滑動視窗演算法，因為陣列中的數字可能是負數**。

滑動視窗演算法無非就是以雙指標形成的視窗，掃描整個陣列 / 字串，但關鍵是，必須先清楚地知道什麼時候移動右側指標擴大視窗，什麼時候該移動左側指標縮小視窗。

對於這道題目，試想一下，當視窗擴大時可能遇到負數，視窗中的值既可能增加或減少。這種情況下，不知道什麼時機收縮左側視窗，也就無法求出「最大子陣列和」。

解題需要動態規劃技巧，但是 `dp` 陣列的定義比較特殊。按照常規的動態規劃想法，一般是這樣定義 `dp` 陣列：

`nums[0..i]` 中的**「最大子陣列和」為** `dp[i]`。

如果這樣定義，整個 nums 陣列的「最大子陣列和」就是 dp[n-1]。如何找出狀態轉移方程呢？按照數學歸納法，假設已知 dp[i-1]，怎麼推導出 dp[i]？

如下圖所示，依照剛才 dp 陣列的定義，dp[i] = 5，亦即等於 nums[0..i] 中的最大子陣列和：

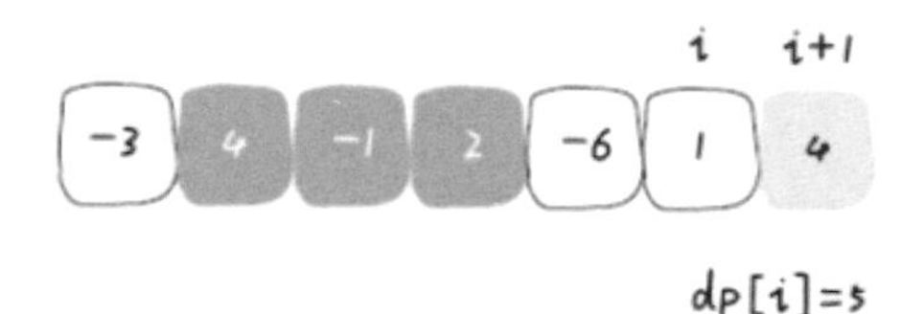

圖 2-12

在上圖的情況中，利用數學歸納法，能用 dp[i] 推出 dp[i+1] 嗎？

實際上不行，因為子陣列一定是連續的，按照目前 dp 陣列的定義，並不能保證 nums[0..i] 中的最大子陣列與 nums[i+1] 相鄰，也就沒辦法從 dp[i] 推導出 dp[i+1]。

所以，這樣定義 dp 陣列並不正確，無法得到合適的狀態轉移方程。對於這類子陣列問題，必須重新定義 dp 陣列：

以 nums[i] 為結尾的「最大子陣列和」為 dp[i]。

在這種定義之下，若想得到整個 nums 陣列的「最大子陣列和」，不能直接返回 dp[n-1]，需要巡訪整個 dp 陣列：

```
int res = Integer.MIN_VALUE;
for (int i = 0; i < n; i++) {
    res = Math.max(res, dp[i]);
}
return res;
```

依然使用數學歸納法尋找狀態轉移關係：假設已經算出 dp[i-1]，如何推導出 dp[i] 呢？

dp[i] 有兩種「選擇」，一是與前面的相鄰子陣列連接，以形成一個和更大的子陣列；另一是不與前面的子陣列連接，自成一派，自己作為一個子陣列。

該如何選擇呢？既然要求「最大子陣列和」，當然選擇結果更大的那個：

```
// 一是自成一派，另一是和前面的子陣列合併
dp[i] = Math.max(nums[i], nums[i] + dp[i - 1]);
```

綜合前言，我們已經寫出狀態轉移方程，下面直接寫出解法：

```
int maxSubArray(int[] nums) {
    int n = nums.length;
    if (n == 0) return 0;
    int[] dp = new int[n];
    // base case
    // 第一個元素前面沒有子陣列
    dp[0] = nums[0];
    // 狀態轉移方程
    for (int i = 1; i < n; i++) {
        dp[i] = Math.max(nums[i], nums[i] + dp[i - 1]);
    }
    // 得到 nums 的最大子陣列
    int res = Integer.MIN_VALUE;
    for (int i = 0; i < n; i++) {
        res = Math.max(res, dp[i]);
    }
    return res;
}
```

上述解法的時間複雜度是 $O(n)$，空間複雜度也是 $O(n)$，相較暴力解法已經十分優秀，**但不難發現 `dp[i]` 僅和 `dp[i-1]` 的狀態有關**，建議進行「狀態壓縮」，將空間複雜度降低：

```
int maxSubArray(int[] nums) {
    int n = nums.length;
    if (n == 0) return 0;
    // base case
    int dp_0 = nums[0];
    int dp_1 = 0, res = dp_0;

    for (int i = 1; i < n; i++) {
        // dp[i] = max(nums[i], nums[i] + dp[i-1])
        dp_1 = Math.max(nums[i], nums[i] + dp_0);
```

```
        dp_0 = dp_1;
        // 順便計算最大的結果
        res = Math.max(res, dp_1);
    }
    return res;
}
```

2.3.2 最後總結

雖說由動態規劃推導狀態轉移方程，確實比較有技巧性，但大部分還是有規律可循。

本節這題「最大子陣列和」與「最長遞增子序列」非常相似，`dp` 陣列的定義是「以 `nums[i]` 為結尾的最大子陣列和 / 最長遞增子序列為 `dp[i]`」。因為只有這樣的定義，才能將 `dp[i+1]` 和 `dp[i]` 關聯起來，並利用數學歸納法寫出狀態轉移方程。

2.4 動態規劃解疑：最佳子結構及 dp 巡訪方向

本節主要講明兩個問題：

1. 到底什麼才叫「最佳子結構」，它和動態規劃是什麼關係？
2. 為什麼動態規劃巡訪 dp 陣列的方式五花八門，有的正向巡訪，有的反向巡訪，有的斜向巡訪？

2.4.1 最佳子結構詳解

「最佳子結構」是某些問題的一種特定性質，並非動態規劃問題專有。換句話說，很多問題其實都有最佳子結構，只是大部分不具有重疊子問題，所以不把它們歸納為動態規劃系列問題。

先舉一個很容易理解的例子：假設學校有 10 個班，而且已經計算出每個班的最高考試成績。那麼，現在要求計算全校最高的成績，會不會計算？當然會，而且不用重新巡訪全校學生的分數進行比較，只要在這 10 個最高成績中取出最大的，就是全校的最高成績。

這個問題就**符合最佳子結構**：可從子問題的最佳結果，推導出更大規模問題的最佳結果。計算**每個班**的最佳成績就是子問題，當知道所有子問題的答案後，便能藉此找出**全校**學生的最佳成績，亦即這個規模更大問題的答案。

想想看，這麼簡單的問題都有最佳子結構性質，只因為明顯沒有重疊子問題，所以簡單地求極值肯定用不著動態規劃。

再舉個例子：假設學校有 10 個班，已知每個班的最大分數差（最高分和最低分的差值）。那麼，現在計算全校學生的最大分數差，會不會算？可以想辦法，但是肯定不能透過已知這 10 個班的最大分數差推導出來。因為這 10 個班的最大分數差，不一定包含全校學生的最大分數差，例如全校的最大分數差，可能是 3 班的最高分和 6 班的最低分之差。

這次提出的問題就**不符合最佳子結構**，因為沒辦法透過每個班的最佳值推出全校的最佳值，亦即無法以子問題的最佳值，推出規模更大問題的最佳值。前面**動態**

規劃解題範本框架講過，若想滿足最佳子結構，子問題之間必須互相獨立。全校的最大分數差可能出現在兩個班之間，顯然子問題不獨立，因此這個問題本身不符合最佳子結構。

那麼，遇到這種最佳子結構失效的情況，該怎麼辦呢？策略是：改造問題。對於最大分數差的問題，既然沒辦法利用已知每個班的分數差，就只能撰寫一段暴力程式碼：

```
int result = 0;
for (Student a : school) {
    for (Student b : school) {
        if (a is b) continue;
        result = max(result, |a.score - b.score|);
    }
}
return result;
```

改造問題，亦即把問題等價轉化：最大分數差，不就等價於最高分數和最低分數的差嗎？這不就表示要求最高和最低分數，和我們討論的第一個問題一樣，然後具有最佳子結構了？現在改變想法，藉助最佳子結構解決極值問題，再回過頭解決最大分數差問題，是不是就有效率多了？

當然，上面這個例子太簡單，不過請讀者回想一下，當處理動態規劃問題，是不是一直在求各種極值，本質和這裡舉的例子沒什麼區別，無非需要處理重疊子問題。

後面的**不同的定義產生不同的解法**和**經典動態規劃：高樓扔雞蛋**便示範了如何改造問題，不同的最佳子結構，可能導致不一樣的解法和效率。

再舉一個常見但也十分簡單的例子，求一棵二元樹的最大值，不難吧（簡化起見，假設節點中的值都是非負數）：

```
int maxVal(TreeNode root) {
    if (root == null)
        return -1;
    int left = maxVal(root.left);
    int right = maxVal(root.right);
    return max(root.val, left, right);
}
```

這個問題也符合最佳子結構，以 `root` 為根的樹的最大值，可以透過兩邊子樹（子問題）的最大值推導出來。結合剛才學校和班級的例子，應該很容易理解吧？

當然這也不是動態規劃問題，上述內容旨在說明，最佳子結構並不是動態規劃獨有的一種性質，舉凡能求極值的問題，大部分都具有這個性質。**反過來，最佳子結構性質作為動態規劃問題的必要條件，一定是要求極值。**以後碰到這類題目，先思考一下暴力列舉的複雜度，如果複雜度「爆炸」的話，思路往動態規劃想就對了，這就是範本。

動態規劃就是從最簡單的 base case 往後推導，可以想像成一個鏈式反應，以小博大。但只有符合最佳子結構的問題，才具備發生這種鏈式反應的性質。

找最佳子結構的過程，其實就是證明狀態轉移方程正確性的過程。只要符合最佳子結構，就可以撰寫暴力解法，寫出後便能看出有沒有重疊子問題，有則最佳化。這也是一種模式，經常刷題的朋友應該能體會。

此處就不舉那些正宗動態規劃的例子，建議翻翻之後的章節，查看狀態轉移如何遵循最佳子結構。這個話題就聊到這裡，下面再來看一個動態規劃方面的內容。

2.4.2 dp 陣列的巡訪方向

相信讀者做動態規劃問題時，會對 `dp` 陣列的巡訪順序有些頭痛。以二維 `dp` 陣列為例，有時候是正向巡訪：

```
int[][] dp = new int[m][n];
for (int i = 0; i < m; i++)
    for (int j = 0; j < n; j++)
        dp[i][j] = ...
```

有時候是反向巡訪：

```
for (int i = m - 1; i >= 0; i--)
    for (int j = n - 1; j >= 0; j--)
        dp[i][j] = ...
```

有時候可能會斜向巡訪：

```
// 斜著巡訪陣列
for (int l = 2; l <= n; l++) {
```

```
    for (int i = 0; i <= n - l; i++) {
        int j = l + i - 1;
        dp[i][j] = ...
    }
}
```

甚至更讓人迷惑的是，有時候發現正向、反向巡訪都能得到正確答案。那麼，如果仔細觀察，便可發現其中的原因。你只要把握住兩點就行了：

1. **巡訪的過程中，所需的狀態必須已經計算出來。**
2. **巡訪的終點，必須是儲存結果的那個位置。**

下文具體解釋這兩個原則的意思。

例如編輯距離這個經典的問題，說明見後文**編輯距離詳解**。透過對 dp 陣列的定義，確定了 base case 是 dp[..][0] 和 dp[0][..]，最終答案是 dp[m][n]；而且藉由狀態轉移方程，知道 dp[i][j] 需要從 dp[i-1][j], dp[i][j-1], dp[i-1][j-1] 轉移而來，如下圖：

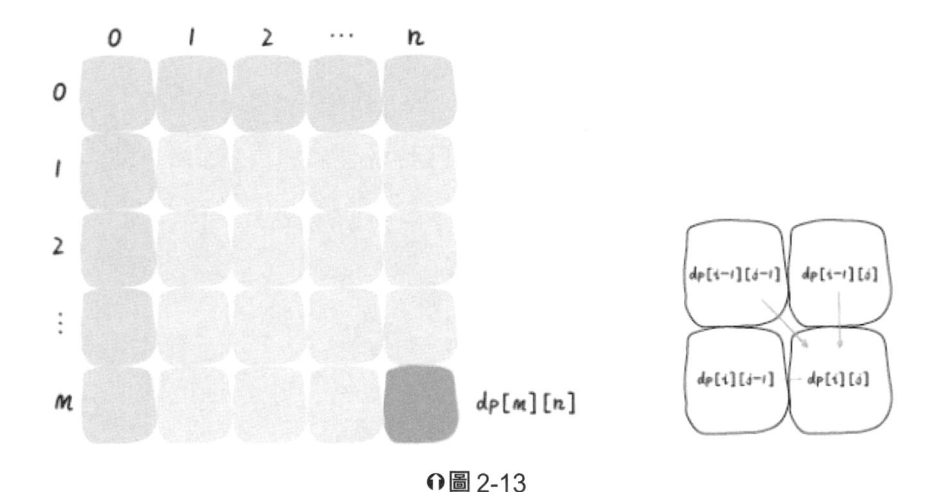

圖 2-13

那麼，參考剛才說的兩條原則，該怎麼巡訪 dp 陣列呢？肯定是正向巡訪：

```
for (int i = 1; i < m; i++)
    for (int j = 1; j < n; j++)
        // 透過 dp[i-1][j], dp[i][j-1], dp[i-1][j-1]
        // 計算 dp[i][j]
```

因為如此一來，每一步迭代的左邊、上邊、左上邊的位置，都是 base case 或者之前計算過，而且最終結束在想要的答案 `dp[m][n]`。

再舉一例，迴文子序列問題，詳見**「2.7　子序列問題解題範本：最長迴文子序列」**，透過對 `dp` 陣列的定義，確定了 base case 處在中間的對角線。`dp[i][j]` 需要從 `dp[i+1][j]`, `dp[i][j-1]`, `dp[i+1][j-1]` 轉移而來，要求的最終答案是 `dp[0][n-1]`，如下圖：

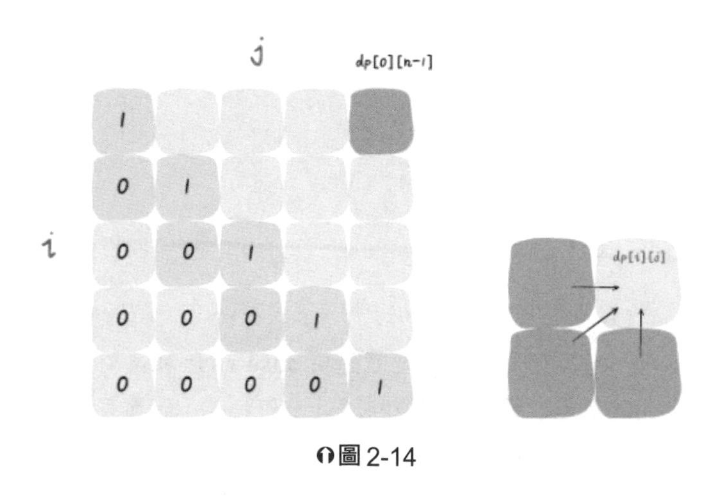

圖 2-14

根據剛才的兩個原則，這種情況就有兩種正確的巡訪方式：

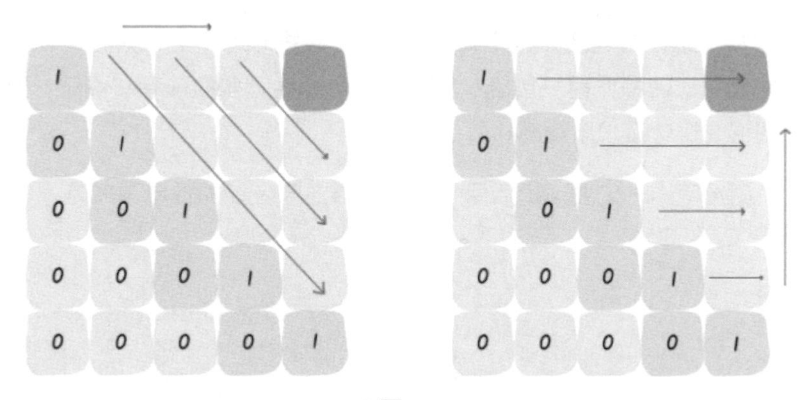

圖 2-15

要嘛從左至右斜著巡訪，要嘛從下向上、從左到右巡訪，這樣才能確保每次 `dp[i][j]` 的左邊、下邊、左下邊已經計算完畢，以得到正確結果。

例如倒向巡訪的程式碼如下所示：

```
for (int i = n - 2; i >= 0; i--)
    for (int j = i + 1; j < n; j++)
        // 透過 dp[i+1][j], dp[i][j-1], dp[i+1][j-1]
        // 計算 dp[i][j]
```

如果希望斜向巡訪陣列，那麼程式碼如下所示：

```
// 變數 l 用來協助斜向巡訪
for (int l = 2; l <= n; l++) {
    for (int i = 0; i <= n - l; i++) {
        int j = l + i - 1;
        // 透過 dp[i+1][j], dp[i][j-1], dp[i+1][j-1]
        // 計算 dp[i][j]
    }
}
```

現在，應該理解這兩個原則，**主要就是看 base case 和最終結果的儲存位置，確保巡訪過程使用的都是計算完畢的資料就行。**有時候，確實存在多種方法能夠得到正確答案，可根據個人喜好自行選擇。

動態規劃問題最困難的，就是推導狀態轉移方程，base case 和最終狀態的位置都比較容易看出來。那麼，也可以反向思考，對於比較困難的問題，如果暫時想不出狀態轉移方程，建議先確定 base case 和最終狀態，然後透過它們的相對位置，進而猜測狀態轉移方程，包括 `dp[i][j]` 可能從哪些狀態轉移而來，想法往這方面靠，就很有機會發現狀態轉移關係。

總之，對於範本一定要活學活用，不管黑貓白貓，能抓住老鼠就是好貓。

2.5 經典動態規劃：最長公用次序列

最長公用次序列（Longest Common Subsequence，簡稱 LCS）是一道非常經典的面試題目，因為它的解法是典型的二維動態規劃，大部分比較困難的字串問題都和這個問題同一種模式，例如編輯距離。此外，稍加改造這個演算法就能用來解決其他問題，所以說值得掌握 LCS 演算法。

「最長公用次序列」問題，就是求兩個字串的 LCS 長度。

例如輸入 `str1 = "abcde", str2 = "aceb"`，演算法應該輸出 3，因為 `str1` 和 `str2` 的最長公用次序列是 `"ace"`，它的長度是 3。

有讀者會問，為什麼這個問題是以動態規劃解決呢？因為子序列類型的問題，不容易列舉出所有可能的結果，而動態規劃演算法做的便是列舉 + 剪枝，它們是天生一對。所以，只要是涉及子序列問題，十之八九需要動態規劃來解決，往這方面考慮就對了。

動態規劃思路

第一步，一定要確定 `dp` 陣列的涵義。

對於兩個字串的動態規劃問題，模式是通用的，一般都需要一個二維 `dp` 陣列。

例如以字串 `s1` 和 `s2` 來說，一般得建構這樣的 DP table：

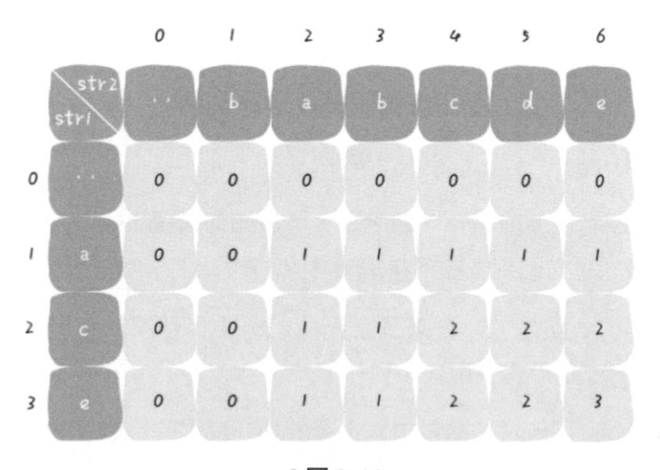

str1 \ str2	""	b	a	b	c	d	e
""	0	0	0	0	0	0	0
a	0	0	1	1	1	1	1
c	0	0	1	1	2	2	2
e	0	0	1	1	2	2	3

▲圖 2-16

其中，`dp[i][j]` 的涵義是：**對於 `s1[0..i-1]` 和 `s2[0..j-1]`，它們的 LCS 長度是 `dp[i][j]`。**

以上圖為例，`dp[2][4] = 2` 的涵義就是：對於 `"ac"` 和 `"babc"`，它們的 LCS 長度是 2。根據這個定義，最終得到的答案應該是 `dp[3][6]`。

第二步，定義 base case。

專門讓索引為 0 的行和列表示空字串，`dp[0][..]` 和 `dp[..][0]` 都應該初始化為 0，這就是 base case。

例如按照剛才 `dp` 陣列的定義，`dp[0][3]=0` 的涵義是：對於空字串 `""` 和 `"bab"`，其 LCS 的長度為 0。因為有一個字串是空字串，它們的最長公用次序列的長度，顯然應該是 0。

第三步，找狀態轉移方程。

這其實就是之前在動態規劃範本中，所說的做「選擇」。具體到這個問題，變成是求 `s1` 和 `s2` 的最長公用次序列，不妨稱此子序列為 `lcs`。那麼，對於 `s1` 和 `s2` 的每個字元，有什麼選擇？

很簡單，**兩種選擇，要嘛在 lcs 中，要嘛不在。**

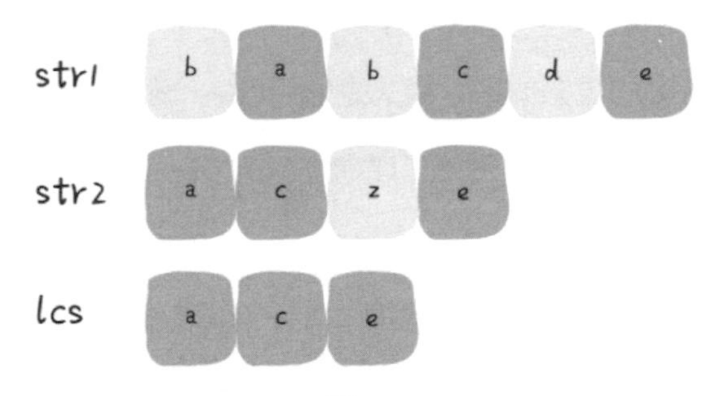

圖 2-17

「在」和「不在」就是選擇，關鍵是，應該如何選擇？換句話說，對於 `s1[i]` 和 `s2[j]`，怎麼知道它們到底在不在 `lcs` 中？

很容易想到的一點是，如果某個字元在 `lcs` 中，那麼該字元肯定同時存在於 `s1` 和 `s2`，因為 `lcs` 是最長公用次序列。

建議先寫一個遞迴解法，參考前文定義的 `dp` 陣列設計 `dp` 函數。

dp(i, j) **表示** s1[0..i] **和** s2[0..j] **中最長公用次序列的長度**，這樣一來就能找到狀態轉移關係：

如果 s1[i] == s2[j]，説明這個公用字元一定在 lcs 中。如果已知 s1[0..i-1] 和 s2[0..j-1] 中的 lcs 長度，再加 1 就是 s1[0..i] 和 s2[0..j] 中 lcs 的長度。根據 dp 函數的定義，便是以下的邏輯：

```
if str1[i] == str2[j]:
    dp(i, j) = dp(i - 1, j - 1) + 1
```

如果 s1[i] != s2[j]，説明 s1[i] 和 s2[j] 這兩個字元**至少有一個不在 lcs 中**，到底是哪個字元不在 lcs 中？建議都試一下，根據 dp 函數的定義，就是以下的邏輯：

```
if str1[i] != str2[j]:
    dp(i, j) = max(dp(i - 1, j), dp(i, j -1))
```

確認狀態轉移方程後，便可直接寫出解法：

```
def longestCommonSubsequence(str1, str2) -> int:
    def dp(i, j):
        # 空字串的base case
        if i == -1 or j == -1:
            return 0

        if str1[i] == str2[j]:
            # 這邊找到一個 lcs 中的元素
            return dp(i - 1, j - 1) + 1
        else:
            # 至少有一個字元不在 lcs 中
            # 都試一下，誰能讓 lcs 最長，就挑誰
            return max(dp(i-1, j), dp(i, j-1))

    # 計算 str1[0..end] 和 str2[0..end] 中的 lcs 長度
    return dp(len(str1)-1, len(str2)-1)
```

上述程式碼就是暴力解法，可透過備忘錄或 DP table 最佳化時間複雜度，例如以前文描述的 DP table 來解決：

```
int longestCommonSubsequence(string str1, string str2) {
    int m = str1.size(), n = str2.size();
```

```
    // 定義：對於 s1[0..i-1] 和 s2[0..j-1]，它們的 lcs 長度是 dp[i][j]
    vector<vector<int>> dp(m + 1, vector<int>(n + 1, 0));
    // base case：dp[0][..] = dp[..][0] = 0，已初始化

    for (int i = 1; i <= m; i++) {
        for (int j = 1; j <= n; j++) {
            // 狀態轉移邏輯
            if (str1[i - 1] == str2[j - 1]) {
                dp[i][j] = dp[i - 1][j - 1] + 1;
            } else {
                dp[i][j] = max(dp[i][j - 1], dp[i - 1][j]);
            }
        }
    }
    return dp[m][n];
}
```

由於陣列索引從 0 開始，所以 dp 陣列的定義和 dp 函數略有區別，不過狀態轉移做法完全一樣。

可能會有讀者問：**對於 s1[i] 和 s2[j] 不相等的情況，表示至少有一個字元不在 lcs 中，但會不會兩個字元都不在呢？**例如下面這種情況：

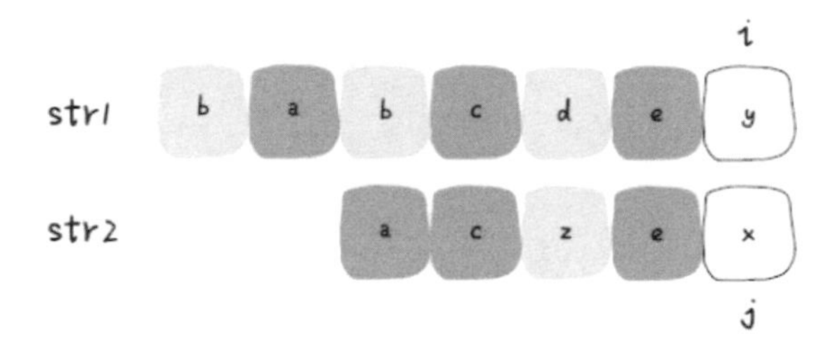

圖 2-18

所以，狀態轉移程式碼是不是應該考慮這種情況，改成這樣：

```
if str1[i - 1] == str2[j - 1]:
    dp[i][j] = 1 + dp[i-1][j-1]
else:
    dp[i][j] = max(
        dp[i-1][j], # s1[i] 不在 lcs 中
        dp[i][j-1], # s2[j] 不在 lcs 中
        dp[i-1][j-1] # 都不在 lcs 中
    )
```

完全可以這樣修改，改完也能得到正確答案。但其實多此一舉，因為 `dp[i-1][j-1]` 永遠是三者之中最小，max 根本不可能取到它。

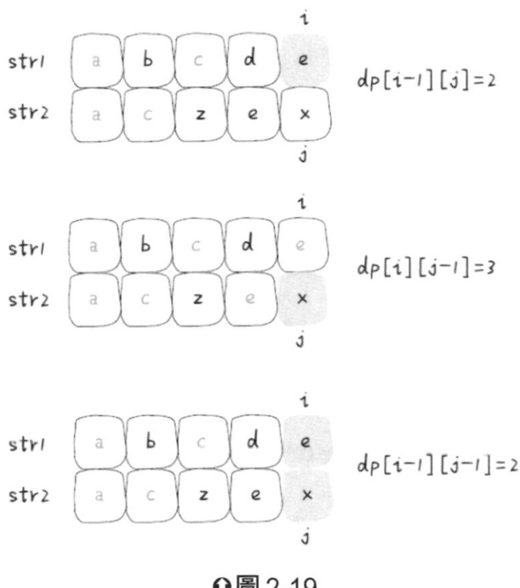

圖 2-19

由此得知，`dp[i-1][j-1]` 對應的 `s1` 和 `s2` 是最短的，這種情況下 `lcs` 的長度就不可能比前兩種情況大，所以取最大值便沒有必要參與比較。

對於兩個字串的動態規劃問題，一般來說都是像本節一樣定義 DP table，然後透過之前的狀態推導出 `dp[i][j]` 的狀態：

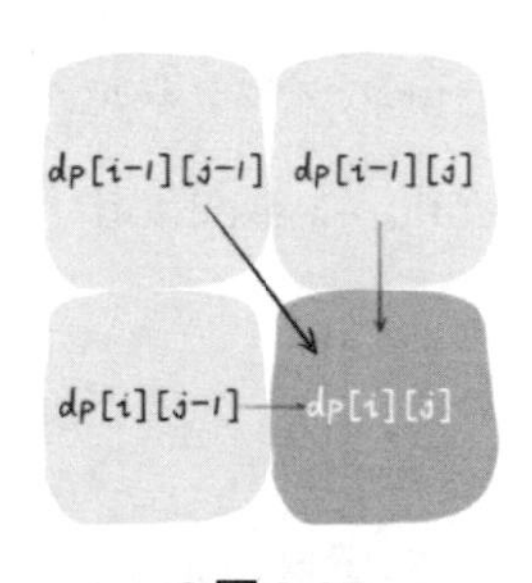

圖 2-20

對於這種狀態轉移情況，其實可以把二維 `dp` 陣列進行狀態壓縮，最佳化成一維，後面將講解狀態壓縮的技巧。

尋找狀態轉移方程的方法，乃是思考每個狀態有哪些「選擇」，只要能以正確的邏輯做出正確的選擇，演算法就能夠正確執行。

2.6 經典動態規劃：編輯距離

之前看過一份某大廠的面試題，演算法部分一大半是動態規劃，最後一題就是寫出一個計算編輯距離的函數，本節便專門探討這個問題。

個人很喜歡編輯距離的問題，因為它看起來十分困難，解法卻出奇的簡單漂亮，而且它是少數比較實用的演算法（是的，筆者承認很多演算法問題都不太實用）。

「編輯距離問題」在刷題平台上的難度是 Hard，底下是題目：

可對一個字串進行三種操作：**插入**一個字元，**刪除**一個字元，**替換**一個字元。

現在給定兩個字串 `s1` 和 `s2`，請計算將 `s1` 轉換成 `s2`，**最少**需要多少次操作，函數簽章如下：

```
def minDistance(s1: str, s2: str) -> int:
```

例如輸入 `s1 = "intention", s2 = "execution"`，那麼演算法應該返回 5，因為**最少**需要 5 步才能將 `s1` 替換成 `s2`：

第一步刪除 't'，intention-> inention

第二步將 'i' 替換為 'e'，inention-> enention

第三步將 'n' 替換為 'x'，enention-> exention

第四步將 'n' 替換為 'c'，exention-> exection

第五步插入 'u'，exection-> execution

這樣一來，`s1` 就變成 `s2`。

如果不熟悉動態規劃，那麼本題確實讓人手足無措，望而生畏。

為什麼説它實用呢？因為前幾天在日常生活用到了這個演算法。之前有一篇用公司帳號發的文章，由於疏忽而寫錯了一段內容，當下便決定修改好讓邏輯通順。但是已發送的文章最多只能修改 20 個字，且只支援插入、刪除、替換操作（跟編輯距離問題一模一樣），於是就以演算法求出一個最佳方案，只用了 16 步便完成修改。

再舉「進階」一點的應用。DNA 是由 `A, G, C, T` 組成的核酸序列，可以模擬成字串。編輯距離用來衡量兩個 DNA 序列的相似度，編輯距離越小，代表這兩段 DNA 越相似，說不定兩個 DNA 的主人是遠古近親之類。

下文言歸正傳，詳細講解該怎麼計算編輯距離，相信會讓你有所收穫。

2.6.1 思路分析

編輯距離問題就是給定兩個字串 `s1` 和 `s2`，只能用三種操作把 `s1` 變成 `s2`，求最少的步數。順帶一提的是，不管是把 `s1` 變成 `s2` 還是反過來，結果都是一樣，所以下面就以 `s1` 變成 `s2` 為例。

解決兩個字串的動態規劃問題，一般都是以兩個指標 `i,j` 分別指向字串的最後，然後一步步往前走，以縮小問題的規模。

假設兩個字串分別為 "rad" 和 "apple"，為了把 `s1` 變成 `s2`，演算法會這樣進行：

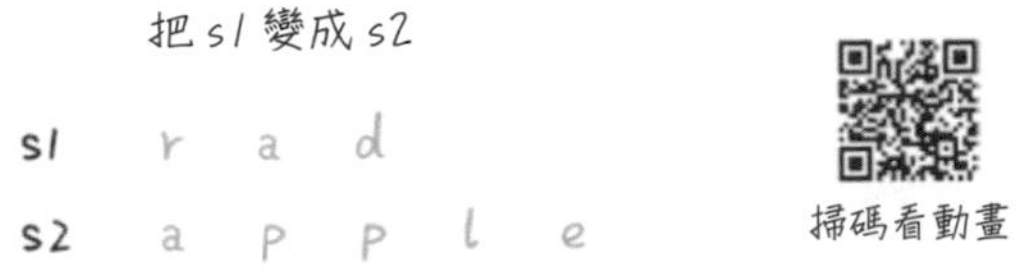

把 s1 變成 s2

s1 r a d

s2 a p p l e

掃碼看動畫

圖 2-21

請記住前述過程，如此就能算出編輯距離。關鍵在於如何做出正確的操作，詳述於後文。

根據上面的步驟，便可發現操作不只三個，其實還有第四個操作，就是什麼都不要做（skip）。例如這種情況：

圖 2-22

因為這兩個字元本來就相同，為了使編輯距離最小，顯然不用對它們有任何操作，直接往前移動 `i,j` 即可。

還有一個很容易處理的情況，就是 j 走完 s2 時，如果 i 還沒走完 s1，那麼只能以刪除操作，把 s1 縮短為 s2。例如這個情況：

圖 2-23

同樣的，如果 i 走完 s1 時，j 還沒走完 s2，就只能以插入操作，把 s2 剩下的字元全部插入 s1。下文將提及，這兩種情況就是演算法的 base case。

接下來詳解如何將想法轉換成程式碼，坐穩，準備發車了。

2.6.2 程式碼詳解

先整理一下之前的概念：

base case 是 i 走完 s1 或 j 走完 s2，直接返回另一個字串剩下的長度。

對於每對字元 s1[i] 和 s2[j]，允許有 4 種操作：

```
if s1[i] == s2[j]:
    什麼都不做（skip）
    i, j 同時向前移動
else:
    三選一：
        插入（insert）
        刪除（delete）
        替換（replace）
```

有了這個框架，問題便已解決。根據前文介紹動態規劃的模式，動態規劃問題不就是找「狀態」和「選擇」嗎？

「狀態」是演算法在推進過程中變化的變數，顯然就是指標 i 和 j 的位置。

「選擇」是針對每一個狀態，可以做出的選擇。剛才已經分析得很清楚，亦即 skip, insert, delete, replace 這 4 種操作。

直接列出程式碼，解法要求遞迴，詳述於後文：

```
def minDistance(s1, s2) -> int:
    # dp 函數的定義：
    # s1[0..i] 和 s2[0..j] 的最小編輯距離是 dp(i, j)
    def dp(i, j) -> int:
        # base case
        if i == -1: return j + 1
        if j == -1: return i + 1
        # 做選擇
        if s1[i] == s2[j]:
            return dp(i - 1, j - 1) # 什麼都不做
        else:
            return min(
                dp(i, j - 1) + 1, # 插入
                dp(i - 1, j) + 1, # 刪除
                dp(i - 1, j - 1) + 1 # 替換
            )
    # i，j 初始化指向最後一個索引
    return dp(len(s1) - 1, len(s2) - 1)
```

下面詳細解釋遞迴程式碼，base case 可以略過，主要說明一下遞迴部分。

一般都說遞迴程式碼有很好的可解釋性，這是有道理的。只要瞭解函數的定義，便能清楚地理解演算法的邏輯。`dp(i, j)` 函數的定義如下：

`dp(i, j)` 的返回值，就是 `s1[0..i]` 和 `s2[0..j]` 的最小編輯距離。

記住此定義之後，先來看這段程式碼：

```
if s1[i] == s2[j]:
    return dp(i - 1, j - 1) # 什麼都不做
# 解釋：
# 本來就相等，因此不需要任何操作
# s1[0..i] 和 s2[0..j] 的最小編輯距離等於
# s1[0..i-1] 和 s2[0..j-1] 的最小編輯距離
# 也就是說，dp(i, j) 等於 dp(i-1, j-1)
```

如果 `s1[i]!=s2[j]`，就要對三個操作遞迴，稍微需要一些思考：

```
dp(i, j - 1) + 1, # 插入
# 解釋：
```

```
# 直接在 s1[i] 中插入一個和 s2[j] 一樣的字元
# 那麼 s2[j] 就相符了，前移 j，繼續和 i 比較
# 別忘了步數加一
```

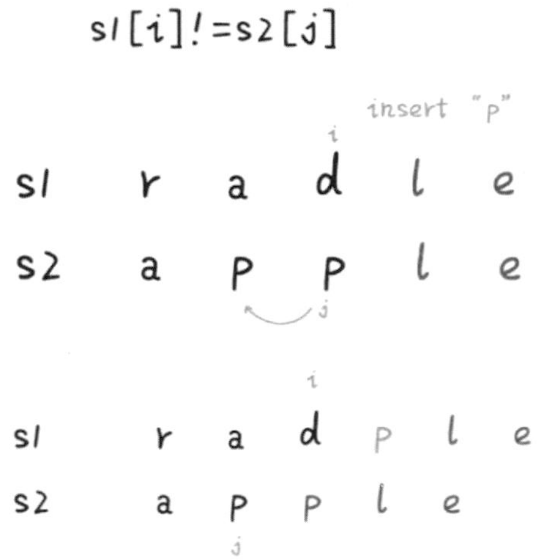

s1[i]!=s2[j]

insert "p"

s1 r a d l e
s2 a p p l e

s1 r a d p l e
s2 a p p l e

圖 2-24

```
dp(i - 1, j) + 1, # 刪除
# 解釋：
# 直接刪掉 s[i] 這個字元
# 前移 i，繼續和 j 比較
# 步數加一
```

s2 走完了

delete

s1 r a p p l e
s2 a p p l e

圖 2-25

s1 r a p p l e
s2 a p p l e

圖 2-26

```
dp(i - 1, j - 1) + 1 # 替換
# 解釋：
# 直接把 s1[i] 替換成 s2[j]，這樣兩個就相符了
# 同時前移 i，j 繼續比較
# 步數加一
```

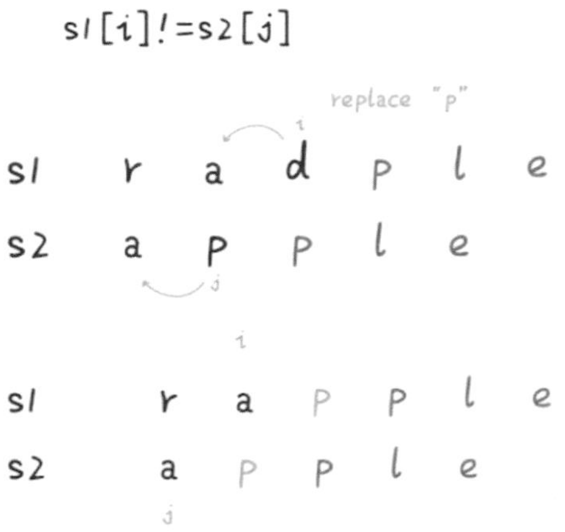

s1[i]!=s2[j]

replace "p"

s1 r a d p l e

s2 a p p l e

s1 r a p p l e

s2 a p p l e

圖 2-27

現在能夠完全理解這段短小精悍的程式碼吧？不過它還有點小問題。上述解法是暴力解法，存在重疊子問題，需要以動態規劃技巧最佳化。

怎麼能一眼看出存在重疊子問題呢？需要抽象出演算法的遞迴框架：

```
def dp(i, j):
    dp(i - 1, j - 1) #1
    dp(i, j - 1) #2
    dp(i - 1, j) #3
```

對於子問題 `dp(i-1, j-1)`，如何透過原問題 `dp(i, j)` 得到呢？存在不止一條路徑，例如 `dp(i, j) -> #1` 和 `dp(i, j) -> #2 -> #3`。**只要發現一條重覆路徑，說明一定存在大量重覆路徑，亦即有重疊子問題。**

2.6.3 動態規劃最佳化

對於重疊子問題來說，前文的「動態規劃詳解」已詳細介紹過，最佳化方法無非是備忘錄或者 DP table。

備忘錄很好加，稍加修改原來的程式碼即可：

```
def minDistance(s1, s2) -> int:

    memo = dict() # 備忘錄
    def dp(i, j):
        # 先查備忘錄，避免重覆計算
        if (i, j) in memo:
            return memo[(i, j)]
        # base case
        if i == -1: return j + 1
        if j == -1: return i + 1

        if s1[i] == s2[j]:
            memo[(i, j)] = dp(i - 1, j - 1)
        else:
            memo[(i, j)] = min(
                dp(i, j - 1) + 1, # 插入
                dp(i - 1, j) + 1, # 刪除
                dp(i - 1, j - 1) + 1 # 替換
            )
        return memo[(i, j)]

    return dp(len(s1) - 1, len(s2) - 1)
```

下面主要說明 DP table 的解法。

首先確認 dp 陣列的涵義，dp 陣列是一個二維陣列，如下圖所示：

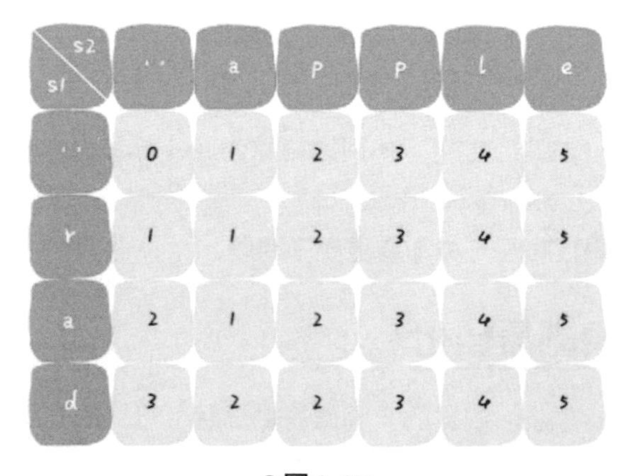

s1 \ s2	" "	a	p	p	l	e
" "	0	1	2	3	4	5
r	1	1	2	3	4	5
a	2	1	2	3	4	5
d	3	2	2	3	4	5

⮉圖 2-28

有了之前遞迴解法的基礎，應該很容易理解上述內容。dp[..][0] 和 dp[0][..] 對應 base case，dp[i][j] 的涵義和之前的 dp 函數類似：

```
def dp(i, j) -> int
# 返回 s1[0..i] 和 s2[0..j] 的最小編輯距離

dp[i][j]
# 儲存 s1[0..i-1] 和 s2[0..j-1] 的最小編輯距離
```

dp 函數的 base case 是 i, j 等於 -1，而陣列索引至少是 0，所以 dp 陣列會偏移一位。

既然 dp 陣列和遞迴 dp 函數的涵義一樣，就可直接套用之前的想法撰寫程式碼。**唯一不同的是，DP table 是自下而上求解，遞迴解法則是自上而下求解：**

```
int minDistance(String s1, String s2) {
    int m = s1.length(), n = s2.length();
    int[][] dp = new int[m + 1][n + 1];
    // base case
    for (int i = 1; i <= m; i++)
        dp[i][0] = i;
    for (int j = 1; j <= n; j++)
        dp[0][j] = j;
    // 自下而上求解
    for (int i = 1; i <= m; i++)
        for (int j = 1; j <= n; j++)
            if (s1.charAt(i-1) == s2.charAt(j-1))
                dp[i][j] = dp[i - 1][j - 1];
            else
                dp[i][j] = min(
                    dp[i - 1][j] + 1,
                    dp[i][j - 1] + 1,
                    dp[i-1][j-1] + 1
                );
    // 儲存整個 s1 和 s2 的最小編輯距離
    return dp[m][n];
}

int min(int a, int b, int c) {
    return Math.min(a, Math.min(b, c));
}
```

2.6.4 擴展延伸

一般來說，處理兩個字串的動態規劃問題，都是按照本節的模式進行：建立 DP table。為什麼呢？因為這樣容易找出狀態轉移的關係，例如編輯距離的 DP table：

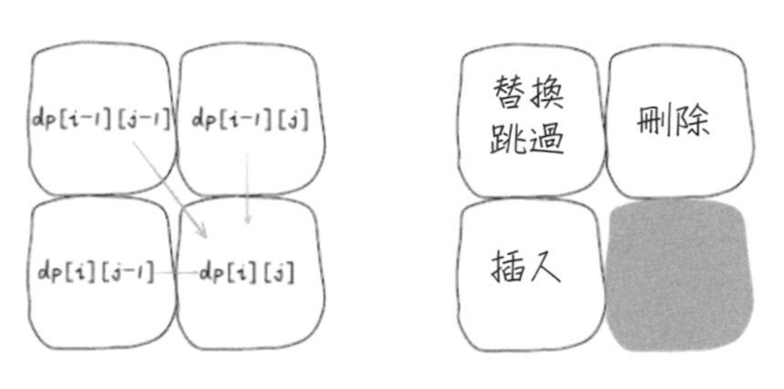

圖 2-29

還有一個細節，既然每個 `dp[i][j]` 只和它左側、上面、左上的三個狀態有關，空間複雜度便可壓縮成 $O(\min(M, N))$，M、N 是兩個字串的長度，但是可解釋性降低，建議自己嘗試最佳化。

有人可能還會問，**這裡只求出最小的編輯距離，具體的操作是什麼？**只有一個最小編輯距離肯定不夠，還需要知道具體怎麼修改才行。

動作其實很簡單，稍加修改程式碼，對 dp 陣列增加額外的資訊即可：

```
// int[][] dp;
Node[][] dp;

class Node {
    int val;
    int choice;
    // 0 代表什麼都不做
    // 1 代表插入
    // 2 代表刪除
    // 3 代表替換
}
```

`val` 屬性就是之前 dp 陣列的數值，`choice` 屬性代表操作。在做最佳選擇時，順便把操作記錄下來，然後從結果反推具體操作。

最終的結果不是 `dp[m][n]` 嗎？ `val` 儲存最小編輯距離，`choice` 則是最後一個操作，例如插入操作，於是便可左移一格：

圖 2-30

重覆此過程，一步步回到起點 `dp[0][0]`，以形成一條路徑。按照這條路徑上的操作進行編輯，就是最佳方案。

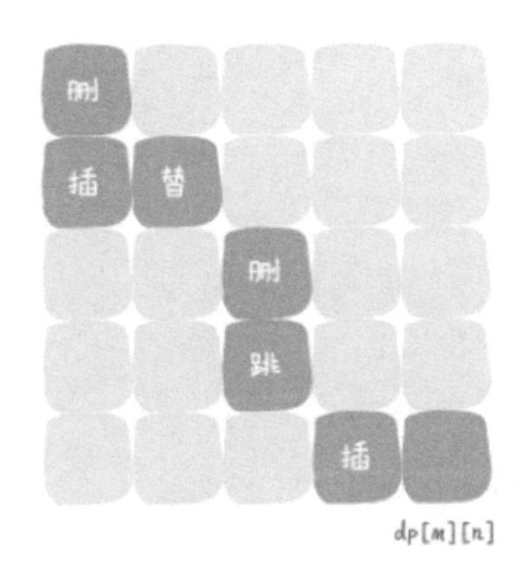

圖 2-31

明白概念後，接著具體看一下程式碼。首先不能簡單地定義 int 類型的 `dp` 陣列，新建一個 `Node` 結構，用來記錄到 `dp[i][j]` 的最小編輯距離和目前的選擇：

```
/*
val 記錄到目前的操作次數；
choice 記錄這一次的選擇是什麼，其中：
    0 代表什麼都不做
    1 代表插入
    2 代表刪除
    3 代表替換
*/
```

```java
class Node {
    int val;
    int choice;
    Node(int val, int choice) {
        this.val = val;
        this.choice = choice;
    }
}
```

然後，稍微修改前面的解法，將 `int[][] dp` 升級成 `Node[][] dp`：

```java
int minDistance(String s1, String s2) {
    int m = s1.length(), n = s2.length();
    Node[][] dp = new Node[m + 1][n + 1];
    // base case
    for (int i = 0; i <= m; i++) {
        // s1 轉化成 s2，只需要刪除一個字元
        dp[i][0] = new Node(i, 2);
    }
    for (int j = 1; j <= n; j++) {
        // s1 轉化成 s2，只需要插入一個字元
        dp[0][j] = new Node(j, 1);
    }
    // 狀態轉移方程
    for (int i = 1; i <= m; i++)
        for (int j = 1; j <= n; j++)
            if (s1.charAt(i-1) == s2.charAt(j-1)){
                // 如果兩個字元相同，則什麼都不做
                Node node = dp[i - 1][j - 1];
                dp[i][j] = new Node(node.val, 0);
            } else {
                // 否則，記錄代價最小的操作
                dp[i][j] = minNode(
                    dp[i - 1][j],
                    dp[i][j - 1],
                    dp[i-1][j-1]
                );
                // 並且將編輯距離加一
                dp[i][j].val++;
            }
    // 根據 dp table 反推具體操作過程並列印
```

```java
    printResult(dp, s1, s2);
    return dp[m][n].val;
}
```

其中，請自行撰寫 `minNode` 方法，返回三個 `Node` 中最小的 `val`，並記錄其 `choice`：

```java
// 計算delete, insert, replace中代價最小的操作
Node minNode(Node a, Node b, Node c) {
    Node res = new Node(a.val, 2);

    if (res.val > b.val) {
        res.val = b.val;
        res.choice = 1;
    }
    if (res.val > c.val) {
        res.val = c.val;
        res.choice = 3;
    }
    return res;
}
```

最後，`printResult` 函數反推結果，並輸出具體的操作：

```java
void printResult(Node[][] dp, String s1, String s2) {
    int rows = dp.length;
    int cols = dp[0].length;
    int i = rows - 1, j = cols - 1;
    System.out.println("Change s1=" + s1 + " to s2=" + s2 + ":\n");
    while (i != 0 && j != 0) {
        char c1 = s1.charAt(i - 1);
        char c2 = s2.charAt(j - 1);
        int choice = dp[i][j].choice;
        System.out.print("s1[" + (i - 1) + "]:");
        switch (choice) {
            case 0:
                // 跳過，則兩個指標同時前進
                System.out.println("skip '" + c1 + "'");
                i--; j--;
                break;
            case 1:
```

```java
                // 將 s2[j] 插入 s1[i]，則 s2 指標前進
                System.out.println("insert '" + c2 + "'");
                j--;
                break;
            case 2:
                // 將 s1[i] 刪除，則 s1 指標前進
                System.out.println("delete '" + c1 + "'");
                i--;
                break;
            case 3:
                // 將 s1[i] 替換成 s2[j]，則兩個指標同時前進
                System.out.println(
                    "replace '" + c1 + "'" + " with '" + c2 + "'");
                i--; j--;
                break;
        }
    }
    // 如果 s1 還沒有走完，則剩下的都需要刪除
    while (i > 0) {
        System.out.print("s1[" + (i - 1) + "]:");
        System.out.println("delete '" + s1.charAt(i - 1) + "'");
        i--;
    }
    // 如果 s2 還沒有走完，則剩下的都需要插入 s1
    while (j > 0) {
        System.out.print("s1[0]:");
        System.out.println("insert '" + s2.charAt(j - 1) + "'");
        j--;
    }
}
```

至此，編輯距離的全部問題都解決了。不妨思考一下，如果每個操作有不同的編輯距離權重，如刪除和插入的操作權重為 2，替換操作的權重為 1，應如何計算編輯距離？

如果新增一些操作，像是允許交換兩個相鄰字元，那麼應如何計算編輯距離？

2.7 子序列問題解題範本：最長迴文子序列

子序列問題是常見的演算法問題，而且不好解決。

首先，子序列問題本身，相對比子字串、子陣列更困難一些，因為前者是不連續的序列，後兩者是連續的。即使列舉都不一定會，更別說求解相關的演算法問題。

此外，子序列問題可能涉及兩個字串，如前文**最長公用次序列**，如果沒有一定的處理經驗，真的不容易想出來。所以，本節準備講解子序列問題的模式，其實就有兩種範本，相關問題只要往這兩種思路上想想，便可十拿九穩。

一般來說，這類問題都是求一個**最長子序列**，因為最短子序列就是一個字元，沒什麼好問的。一旦涉及子序列和極值，幾乎可以肯定，**考察的是動態規劃技巧，時間複雜度通常都是** $O(n^2)$。

原因很簡單，以一個字串為例，它的子序列有多少種可能？起碼是指數級，這種情況下，若不利用動態規劃技巧，還想怎麼樣？

既然要用動態規劃，便得定義 `dp` 陣列，尋找狀態轉移關係。底下說的兩種思路範本，就是 `dp` 陣列的定義模式。不同的問題，可能需要不同的 `dp` 陣列定義來解決。

2.7.1 兩種思路

1 第一種思路範本是一個一維的 `dp` 陣列：

```
int n = array.length;
int[] dp = new int[n];

for (int i = 1; i < n; i++) {
    for (int j = 0; j < i; j++) {
        dp[i] = 極值(dp[i], dp[j] + ...)
    }
}
```

舉個先前的例子**「最長遞增子序列」**，在這個模式中，`dp` 陣列的定義是：

在子陣列 `array[0..i]` 中，以 `array[i]` 為結尾的最長遞增子序列，其長度為 `dp[i]`。

為什麼最長遞增子序列需要這種做法呢？前文已講得很清楚，因為這樣符合歸納法，較易找到狀態轉移的關係，這裡就不具體展開。

2 第二種思路範本是一個二維的 dp 陣列：

```
int n = arr.length;
int[][] dp = new dp[n][n];

for (int i = 0; i < n; i++) {
    for (int j = 0; j < n; j++) {
        if (arr[i] == arr[j])
            dp[i][j] = dp[i][j] + ...
        else
            dp[i][j] = 極值(...)
    }
}
```

這種做法運用得相對多一些，尤其是涉及兩個字串 / 陣列的子序列，例如前文講的「最長公用次序列」和「編輯距離」。本模式中 `dp` 陣列的涵義，又分為「只涉及一個字串」和「涉及兩個字串」兩種情況。

2a 涉及兩個字串 / 陣列時（如最長公用次序列），dp 陣列的涵義如下：

在子陣列 `arr1[0..i]` 和子陣列 `arr2[0..j]` 中，要求的子序列（最長公用次序列）長度為 `dp[i][j]`。

2b 只涉及一個字串 / 陣列時（如下一節要講的最長迴文子序列），dp 陣列的涵義如下：

在子陣列 `arr[i..j]` 中，要求的子序列（最長迴文子序列）的長度為 `dp[i][j]`。

下面就透過最長迴文子序列的問題，詳解第二種情況下如何使用動態規劃。

2.7.2 最長迴文子序列

關於「迴文串」的問題，是常見的面試題，本節提升難度，講解「最長迴文子序列」問題，題目很好理解：

輸入一個字串 `s`，請找出 `s` 中最長迴文子序列的長度。

例如輸入 `s = "aecda"`，演算法返回 3，因為最長迴文子序列是 `"aca"`，長度為 3。

本問題對 `dp` 陣列的定義是：**在子字串 `s[i..j]` 中，最長迴文子序列的長度為 `dp[i][j]`**。一定要記住這個定義，才能理解演算法。

為什麼這個問題要定義二維的 `dp` 陣列呢？前文曾多次提到，**找狀態轉移需要歸納思維，說白了就是如何從已知的結果推導出未知的部分**。這種定義容易歸納，並發現狀態轉移關係。

具體來說，如果想求 `dp[i][j]`，假設已知子問題 `dp[i+1][j-1]` 的結果（`s[i+1..j-1]` 中最長迴文子序列的長度），是否能想辦法算出 `dp[i][j]` 的值（`s[i..j]` 中最長迴文子序列的長度）呢？

圖 2-32

可以！取決於 `s[i]` 和 `s[j]` 的字元：

如果兩者相等，將其加上 `s[i+1..j-1]` 中的最長迴文子序列，就是 `s[i..j]` 的最長迴文子序列：

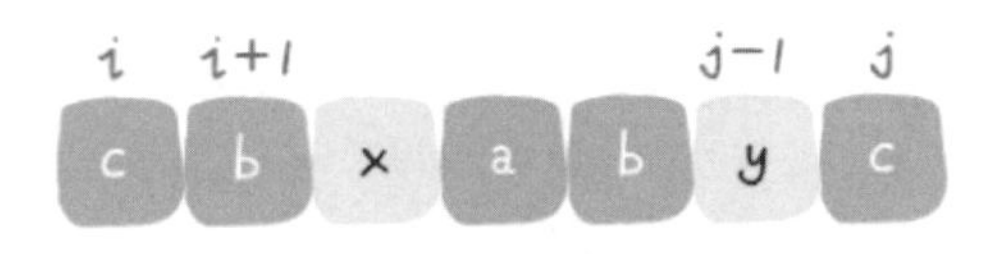

圖 2-33

如果兩者不相等，說明**不可能同時**出現在 `s[i..j]` 的最長迴文子序列，那麼將其分別加入 `s[i+1..j-1]` 中，看看哪個子字串產生的迴文子序列更長即可：

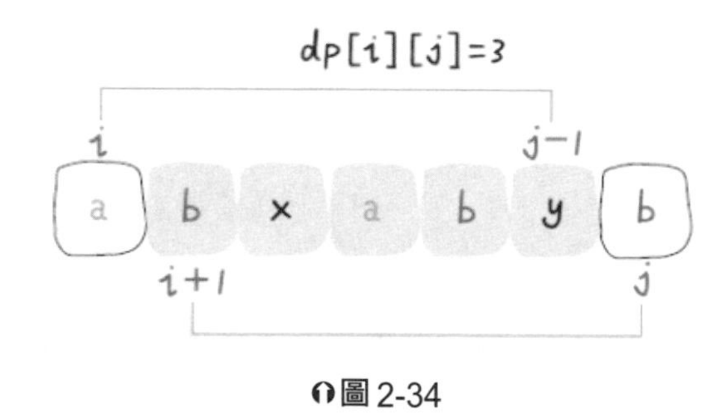

圖 2-34

上述兩種情況寫成程式碼，就是這樣：

```
if (s[i] == s[j])
    // 兩者一定在最長迴文子序列中
    dp[i][j] = dp[i + 1][j - 1] + 2;
else
    // s[i+1..j] 和 s[i..j-1]，誰的迴文子序列更長？
    dp[i][j] = max(dp[i + 1][j], dp[i][j - 1]);
```

至此，狀態轉移方程已完成，根據 dp 陣列的定義，待求的就是 `dp[0][n-1]`，也就是整個 `s` 的最長迴文子序列的長度。

2.7.3 程式碼實作

首先確認基本情況，如果只有一個字元，顯然最長迴文子序列長度是 1，也就是 `dp[i][j] = 1 (i == j)`。

因為 `i` 肯定小於或等於 `j`，所以對於那些 `i > j` 的位置，根本不存在什麼子序列，應該初始化為 0。

另外，查看剛才的狀態轉移方程，想求 `dp[i][j]` 前，需先知道 `dp[i+1][j-1]`、`dp[i+1][j]` 和 `dp[i][j-1]` 這三個位置；再回顧方才確認的基本情況，填入 dp 陣列之後如下：

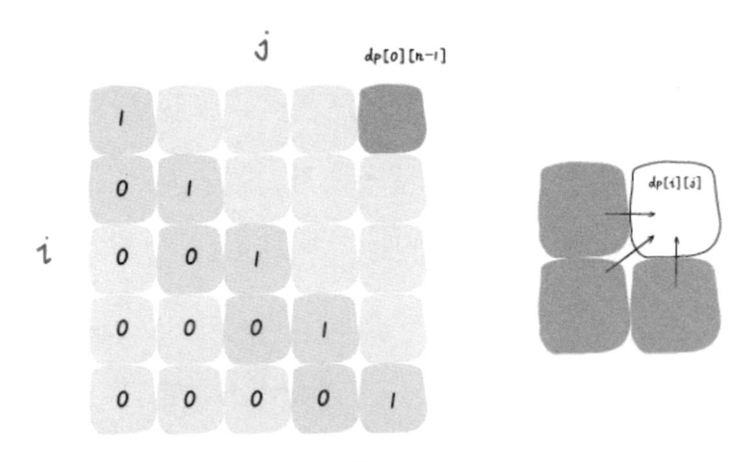

圖 2-35

為了確保每次計算 `dp[i][j]`，已經計算出左 / 下 / 右方向的位置，因此只能斜向或者反向巡訪：

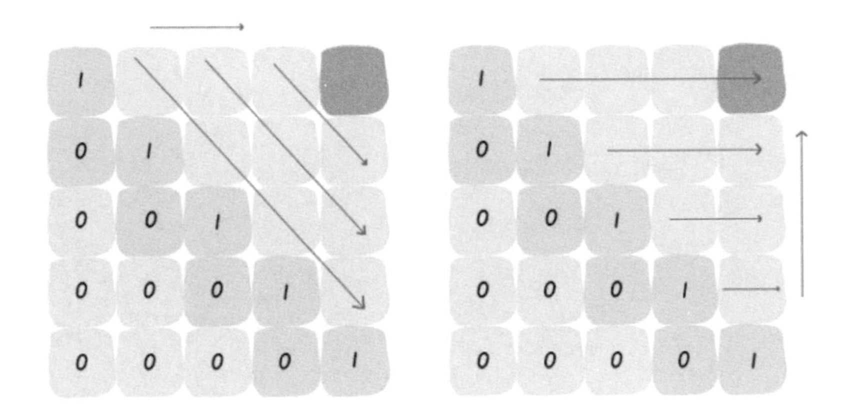

圖 2-36

這裡選擇反向巡訪，程式碼如下：

```
int longestPalindromeSubseq(string s) {
    int n = s.size();
    // dp 陣列全部初始化為 0
    vector<vector<int>> dp(n, vector<int>(n, 0));
    // base case
    for (int i = 0; i < n; i++)
        dp[i][i] = 1;
    // 反向巡訪確保正確的狀態轉移
```

```
    for (int i = n - 2; i >= 0; i--) {
        for (int j = i + 1; j < n; j++) {
            // 狀態轉移方程
            if (s[i] == s[j])
                dp[i][j] = dp[i + 1][j - 1] + 2;
            else
                dp[i][j] = max(dp[i + 1][j], dp[i][j - 1]);
        }
    }
    // 整個 s 的最長迴文子序列長度
    return dp[0][n - 1];
}
```

至此，解決了最長迴文子序列的問題。

2.8 狀態壓縮：對動態規劃進行降維操作

動態規劃技巧對於演算法效率的提升非常可觀，一般來説，都能把指數級和階乘級時間複雜度的演算法最佳化成 $O(N^2)$，堪稱演算法界的二向箔（三體用語之一，科幻小説中一種降維打擊神器）。

但是，動態規劃本身也允許進行階段性最佳化，例如常聽到的「狀態壓縮」技巧，就能夠進一步降低很多動態規劃解法的空間複雜度。

能夠使用狀態壓縮技巧的動態規劃，都是二維 DP 問題。**觀察它的狀態轉移方程，如果計算狀態 `dp[i][j]` 需要的都是 `dp[i][j]` 相鄰的狀態，就能使用狀態壓縮技巧**，將二維的 `dp` 陣列轉化成一維，並把空間複雜度由 $O(N^2)$ 降低到 $O(N)$。

什麼叫「和 `dp[i][j]` 相鄰的狀態」呢？例如在**「2.7　子序列問題解題範本：最長迴文子序列」**中，最終的程式碼如下：

```
int longestPalindromeSubseq(string s) {
    int n = s.size();
    // dp 陣列全部初始化為 0
    vector<vector<int>> dp(n, vector<int>(n, 0));
    // base case
    for (int i = 0; i < n; i++)
        dp[i][i] = 1;
    // 反向巡訪，以確保正確的狀態轉移
    for (int i = n - 2; i >= 0; i--) {
        for (int j = i + 1; j < n; j++) {
            // 狀態轉移方程
            if (s[i] == s[j])
                dp[i][j] = dp[i + 1][j - 1] + 2;
            else
                dp[i][j] = max(dp[i + 1][j], dp[i][j - 1]);
        }
    }
    // 整個 s 的最長迴文子序列長度
    return dp[0][n - 1];
}
```

本節不探討如何推導狀態轉移方程，只對二維 DP 問題講解狀態壓縮的技巧。如果對狀態轉移方程有疑問，建議閱讀前文。

根據 for 迴圈的巡訪順序，查看針對 `dp[i][j]` 的更新，其實只依賴於 `dp[i+1][j-1]`、`dp[i][j-1]` 和 `dp[i+1][j]` 三個狀態：

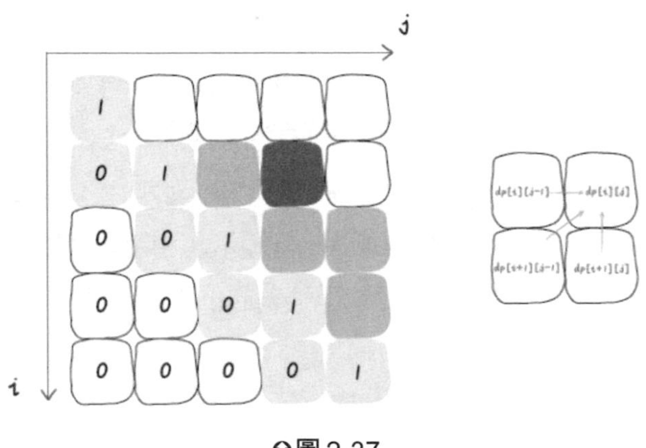

圖 2-37

此即為和 `dp[i][j]` 相鄰，反正計算 `dp[i][j]` 時，只需要這三個相鄰狀態，其實根本不用那麼大一個二維的 dp table。**狀態壓縮的核心概念就是，將二維陣列降維「投影」到一維陣列：**

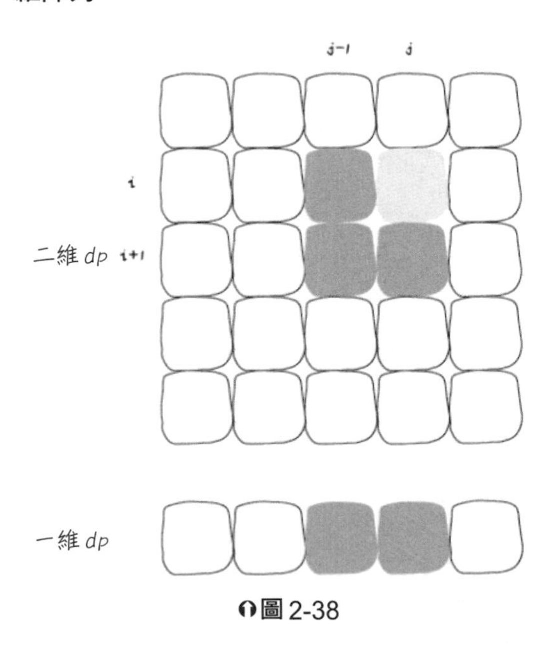

圖 2-38

想法很直觀，但是有一個明顯的問題。圖中 dp[i][j-1] 和 dp[i+1][j-1] 兩個狀態處在同一行，而一維陣列只能容下一個，當計算 dp[i][j] 時，兩者必然有一個會被另一個覆蓋掉，怎麼辦？

這就是狀態壓縮的難處，下面就來分析與解決此問題。還是以「最長迴文子序列」問題為例，它的狀態轉移方程的主要邏輯如下：

```
for (int i = n - 2; i >= 0; i--) {
    for (int j = i + 1; j < n; j++) {
        // 狀態轉移方程
        if (s[i] == s[j])
            dp[i][j] = dp[i + 1][j - 1] + 2;
        else
            dp[i][j] = max(dp[i + 1][j], dp[i][j - 1]);
    }
}
```

若想把二維 dp 陣列壓縮成一維，一般來說是將第一個維度，亦即 i 這個維度去掉，只剩下 j 這個維度。**壓縮後的一維 dp 陣列，就是之前二維 dp 陣列的 dp[i][..] 那一列。**

先改造上述程式碼，直接去掉 i 這個維度，把 dp 陣列變成一維：

```
for (int i = n - 2; i >= 0; i--) {
    for (int j = i + 1; j < n; j++) {
        // 在這裡，一維 dp 陣列中的數字是什麼？
        if (s[i] == s[j])
            dp[j] = dp[j - 1] + 2;
        else
            dp[j] = max(dp[j], dp[j - 1]);
    }
}
```

上述程式碼的一維 dp 陣列，只能表示二維 dp 陣列的一列 dp[i][..]，怎麼才能得到 dp[i+1][j-1]、dp[i][j-1] 和 dp[i+1][j] 等必要的值，進行狀態轉移呢？

程式碼註解的位置，代表將要進行狀態轉移、更新 dp[j]。接著要思考兩個問題：

1. 設定 dp[j] 的新值之前，dp[j] 對應到二維 dp 陣列的什麼位置？
2. dp[j-1] 對應到二維 dp 陣列的什麼位置？

對於問題 1，在設定 `dp[j]` 的新值之前，`dp[j]` 的值就是外層 for 迴圈上一次迭代算出來的值，也就是對應至二維 `dp` 陣列 `dp[i+1][j]` 的位置。

對於問題 2，`dp[j-1]` 的值就是內層 for 迴圈上一次迭代算出來的值，也就是對應至二維 `dp` 陣列 `dp[i][j-1]` 的位置。

那麼問題已經解決一大半，只剩下二維 `dp` 陣列的 `dp[i+1][j-1]` 狀態，目前不能直接從一維 `dp` 陣列取得：

```
for (int i = n - 2; i >= 0; i--) {
    for (int j = i + 1; j < n; j++) {
        if (s[i] == s[j])
            // dp[i][j] = dp[i+1][j-1] + 2;
            dp[j] = ?? + 2;
        else
            // dp[i][j] = max(dp[i+1][j], dp[i][j-1]);
            dp[j] = max(dp[j], dp[j - 1]);
    }
}
```

因為 for 迴圈巡訪 `i` 和 `j` 的順序是從左向右，從下向上，因此可以發現，在更新一維 `dp` 陣列時，`dp[i+1][j-1]` 會被 `dp[i][j-1]` 覆蓋，圖中標出這四個位置被巡訪的順序：

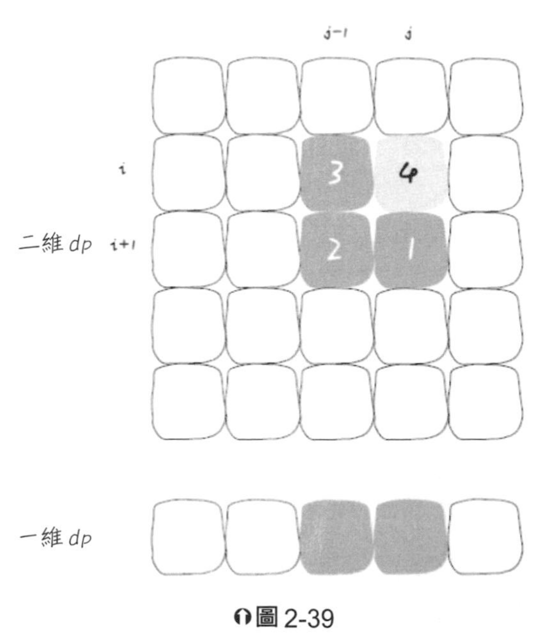

圖 2-39

如果想得到 dp[i+1][j-1]，就得在覆蓋之前以一個臨時變數 temp 儲存起來，並且保留到計算 dp[i][j] 的時候。為了達到這個目的，結合上圖 2-39，程式碼如下：

```
for (int i = n - 2; i >= 0; i--) {
    // 儲存 dp[i+1][j-1] 的變數
    int pre = 0;
    for (int j = i + 1; j < n; j++) {
        int temp = dp[j];
        if (s[i] == s[j])
            // dp[i][j] = dp[i+1][j-1] + 2;
            dp[j] = pre + 2;
        else
            dp[j] = max(dp[j], dp[j - 1]);
        // 到下一輪迴圈，pre 就是 dp[i+1][j-1] 了
        pre = temp;
    }
}
```

別小看這段程式碼，這是一維 dp 最精妙的地方，會者不難，難者不會。為了清晰起見，下面利用具體的數值拆解這個邏輯：

假設 i = 5, j = 7 且 s[5] == s[7]，那麼現在會進入下面的邏輯：

```
if (s[5] == s[7])
    // dp[5][7] = dp[i+1][j-1] + 2;
    dp[7] = pre + 2;
```

其中的 pre 變數是什麼？是內層 for 迴圈上一次迭代的 temp 值。

而內層 for 迴圈上一次迭代的 temp 值是什麼？是 dp[j-1]，也就是 dp[6]，但此為外層 for 迴圈上一次迭代對應的 dp[6]，亦即二維 dp 陣列的 dp[i+1][6]=dp[6][6]。

換句話說，pre 變數便是 dp[i+1][j-1] = dp[6][6]，這也是最後想要的結果。

現在成功地對狀態轉移方程進行降維操作，算是解決最困難的地方了，但請注意，還有 base case 要處理呀：

```
// 二維 dp 陣列全部初始化為 0
vector<vector<int>> dp(n, vector<int>(n, 0));
// base case
for (int i = 0; i < n; i++)
    dp[i][i] = 1;
```

如何把 base case 也降成一維呢？很簡單，記住狀態壓縮就是投影，先將 base case 投影到一維看看：

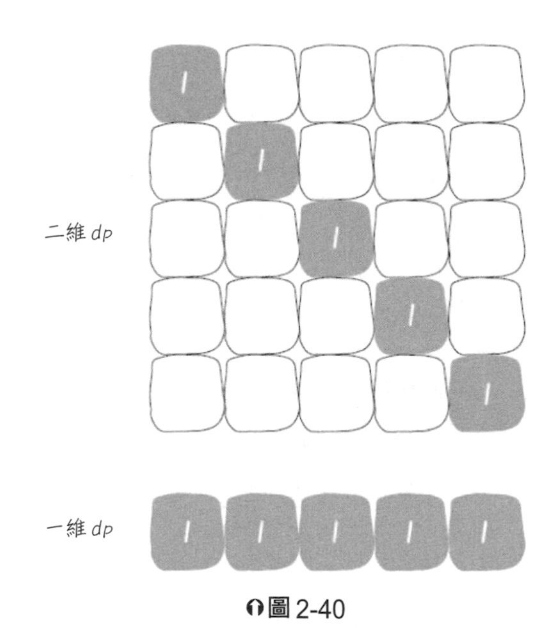

圖 2-40

二維 dp 陣列的 base case 全都落入一維 dp 陣列，不存在衝突和覆蓋，因此直接這樣撰寫程式碼就行了：

```
// 一維 dp 陣列全部初始化為 1
vector<int> dp(n, 1);
```

至此，文內把 base case 和狀態轉移方程都做了降維，實際上已經寫出完整程式碼：

```
int longestPalindromeSubseq(string s) {
    int n = s.size();
    // base case：一維 dp 陣列全部初始化為 1
    vector<int> dp(n, 1);
```

```
    for (int i = n - 2; i >= 0; i--) {
        int pre = 0;
        for (int j = i + 1; j < n; j++) {
            int temp = dp[j];
            // 狀態轉移方程
            if (s[i] == s[j])
                dp[j] = pre + 2;
            else
                dp[j] = max(dp[j], dp[j - 1]);
            pre = temp;
        }
    }
    return dp[n - 1];
}
```

本節結束，不過狀態壓縮技巧再神，也是根據常規動態規劃思路。

由此得知，以狀態壓縮技巧對二維 dp 陣列進行降維操作之後，程式碼的可讀性變得非常差，如果直接查看內容，任何人都是一頭霧水。演算法的最佳化就是一個過程，先寫出可讀性很好的暴力遞迴演算法，然後運用動態規劃技巧最佳化重疊子問題，最後嘗試以狀態壓縮技巧最佳化空間複雜度。

換句話說，最起碼先能夠熟練運用在**「1.2　動態規劃解題範本框架」**的範本找出狀態轉移方程，撰寫一個正確的動態規劃解法，才有可能觀察狀態轉移的情況，分析是否可能使用狀態壓縮技巧最佳化。

希望讀者能夠穩紮穩打，層層遞進，對於這種比較極限的最佳化，不做也罷。畢竟解題技巧存於心，走遍天下都不怕！

2.9 以最小插入次數建構迴文串

迴文串代表正著、反著讀都一樣的字元，本書涉及迴文問題的內容，大都是有關判斷迴文串或者尋找最長迴文串/子序列。本節就來研究一道建構迴文串的問題：求解讓字串成為迴文串的最少插入次數：

輸入一個字串 s，允許在字串的任意位置插入任意字元。如果要把 s 變成迴文串，請計算最少要多少次插入？

函數簽章如下：

```
int minInsertions(string s);
```

例如輸入 s = "abcea"，演算法返回 2，因為可以對 s 插入 2 個字元，變成迴文串 "abeceba" 或者 "aebcbea"。如果輸入 s = "aba"，則演算法返回 0，因為 s 已經是迴文串，不用插入任何字元。

2.9.1 思路分析

首先，若想找出最少的插入次數，肯定是要列舉。如果以暴力演算法列舉所有的插入方法，時間複雜度是多少？

每次都能在兩個字元的中間插入任意一個字元，外加判斷字串是否為迴文串，它的時間複雜度肯定暴增，而且是指數級別。

那麼，這個問題肯定需要以動態規劃技巧來解決。迴文問題一般都是從字串的中間向兩端擴散，建構迴文串也類似。

定義一個二維的 dp 陣列，dp[i][j] 的定義如下：對字串 s[i..j] 而言，最少需要進行 dp[i][j] 次插入才能變成迴文串。

如果想求整個 s 的最少插入次數，根據上述定義，亦即求 dp[0][n-1] 的大小（n 為 s 的長度）。

同時，base case 也很容易想到，當 i == j 時 dp[i][j] = 0，因為當 i == j 時，s[i..j] 就是一個字元，本身就是迴文串，所以不需要進行任何插入操作。

接下來就是動態規劃的重頭戲，利用數學歸納法思考狀態轉移方程。

2.9.2 狀態轉移方程

狀態轉移是從小規模問題的答案，推導出更大規模問題的答案，例如從 base case 向其他狀態推導。**如果現在想計算 `dp[i][j]` 的值，而且假設已經算出子問題 `dp[i+1][j-1]` 的值，能不能想辦法推出 `dp[i][j]` 的值呢？**

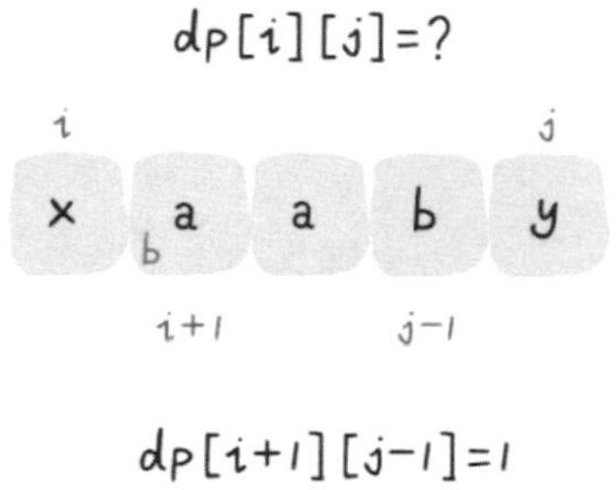

dp[i][j]=?

i j

x a a b y

b

i+1 j-1

dp[i+1][j-1]=1

圖 2-41

既然已經算出 `dp[i+1][j-1]`，亦即知道 `s[i+1..j-1]` 成為迴文串的最小插入次數，**代表可以認為 `s[i+1..j-1]` 是一個迴文串。所以，透過 `dp[i+1][j-1]` 推導 `dp[i][j]` 的關鍵，就在於 `s[i]` 和 `s[j]` 這兩個字元。**

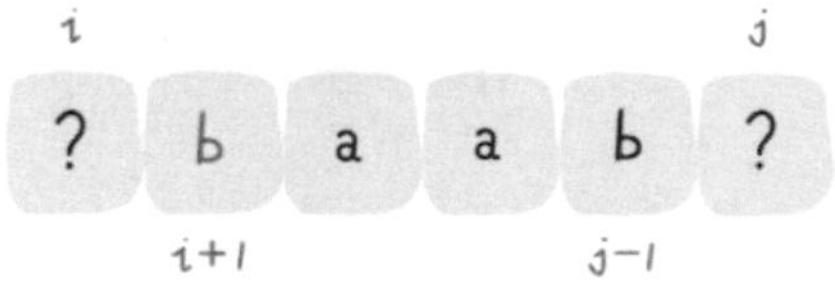

i j

? b a a b ?

i+1 j-1

圖 2-42

這個要分情況討論，**如果 `s[i] == s[j]`**，便不需要進行任何插入，只要知道如何把 `s[i+1..j-1]` 變成迴文串即可：

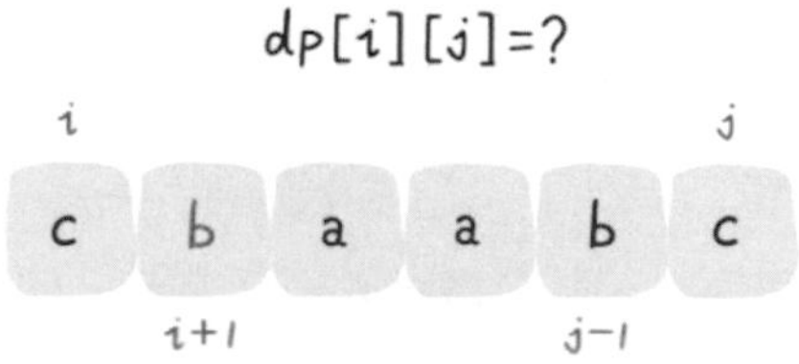

dp[i][j]=?

i j

c b a a b c

i+1 j-1

圖 2-43

翻譯成程式碼就是這樣：

```
if (s[i] == s[j]) {
    dp[i][j] = dp[i + 1][j - 1];
}
```

如果 `s[i] != s[j]`，就比較麻煩，例如下面這種情況：

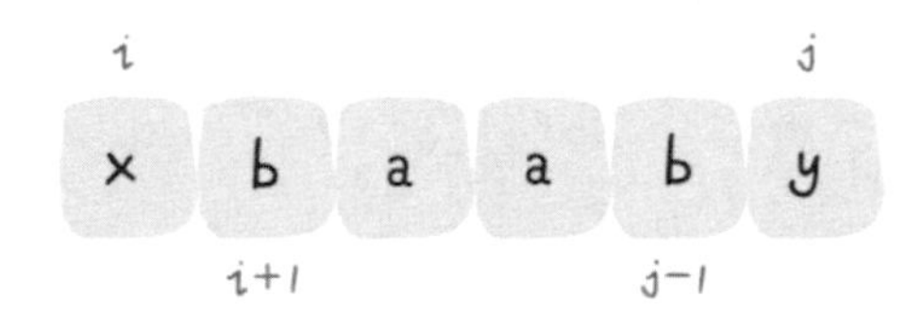

圖 2-44

最簡單的想法是，先把 `s[j]` 插入 `s[i]` 右邊，同時把 `s[i]` 插入 `s[j]` 右邊，這樣建構出來的一定是迴文串：

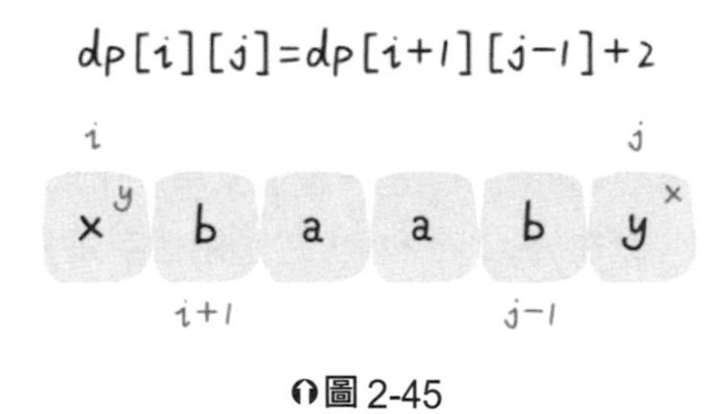

圖 2-45

當然，把 s[j] 插到 s[i] 左邊，然後把 s[i] 插到 s[j] 左邊也是一樣，詳述於後文。

不過，這是不是意謂著可以直接撰寫程式碼呢？

```
if (s[i] != s[j]) {
    // 把 s[j] 插到 s[i] 右邊，把 s[i] 插到 s[j] 右邊
    dp[i][j] = dp[i + 1][j - 1] + 2;
}
```

不對，例如下列這兩種情況，只需插入一個字元，即可使得 `s[i..j]` 變成迴文串：

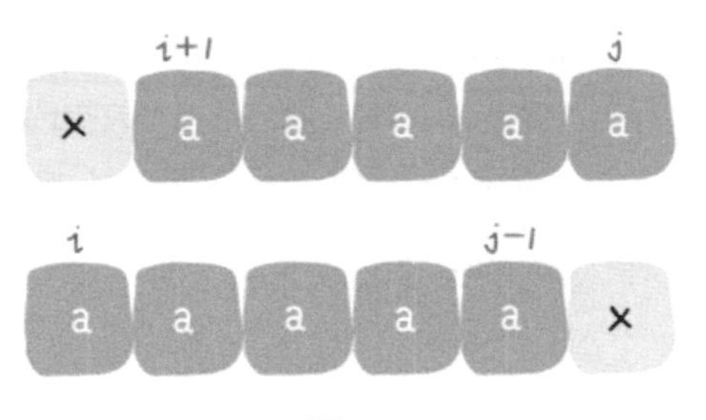

圖 2-46

因此，當 `s[i] != s[j]` 時，插入兩次肯定可讓 `s[i..j]` 變成迴文串，但不一定是插入次數最少。最佳的插入方案應該拆解成下列流程：

步驟一，做選擇，先將 `s[i..j-1]` 或 `s[i+1..j]` 變成迴文串。怎麼做選擇呢？誰變成迴文串的插入次數少，就選它。

例如圖 2-46 上圖的情況，將 `s[i+1..j]` 變成迴文串的代價小，因為它本身就是迴文串，根本不需要插入。同理，對於圖 2-46 下圖，將 `s[i..j-1]` 變成迴文串的代價更小。

然而，如果 `s[i+1..j]` 和 `s[i..j-1]` 都不是迴文串，表示至少需要插入一個字元才能變成迴文串，那麼選擇哪個都一樣：

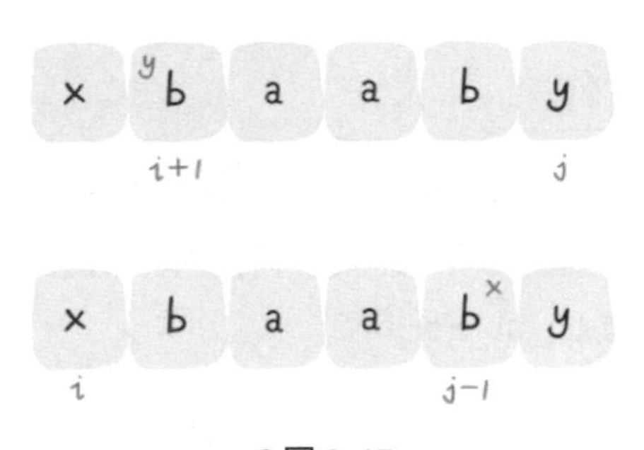

圖 2-47

怎麼知道 `s[i+1..j]` 和 `s[i..j-1]`，二者變成迴文串的代價更小呢？

回頭看看 `dp` 陣列的定義，`dp[i+1][j]` 和 `dp[i][j-1]` 不就是它們變成迴文串的代價嗎？

步驟二，根據步驟一的選擇，將 `s[i..j]` 變成迴文串。

如果在步驟一選擇把 s[i+1..j] 變成迴文串，那麼在其右邊插入一個字元 s[i]，一定可以將 s[i..j] 變成迴文串。同理，如果在步驟一選擇把 s[i..j-1] 變成迴文串，在其左邊插入一個字元 s[j]，一定可以將 s[i..j] 變成迴文串。

因此，根據剛才對 dp 陣列的定義及以上的分析，當 s[i] != s[j] 時，程式碼邏輯如下：

```
if (s[i] != s[j]) {
    // 步驟一選擇代價較小的
    // 步驟二必然要進行一次插入
    dp[i][j] = min(dp[i + 1][j], dp[i][j - 1]) + 1;
}
```

綜合起來，狀態轉移方程如下：

```
if (s[i] == s[j]) {
    dp[i][j] = dp[i + 1][j - 1];
} else {
    dp[i][j] = min(dp[i + 1][j], dp[i][j - 1]) + 1;
}
```

此即為動態規劃演算法的核心，現在可以直接寫出解法程式碼。

2.9.3 程式碼實作

首先想想 base case 是什麼，當 i == j 時 dp[i][j] = 0，因為此時 s[i..j] 就是單個字元，本身就是迴文串，不需要任何插入。最終的答案是 dp[0][n-1]（n 是字串 s 的長度）。那麼 dp table 長這樣：

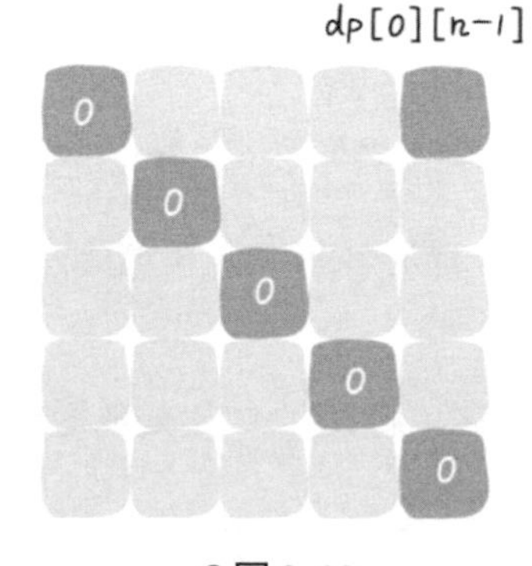

圖 2-48

又因為狀態轉移方程中，dp[i][j] 和 dp[i+1][j]、dp[i]-1]、dp[i+1][j-1] 三個狀態有關，為了確保每次計算 dp[i][j] 時，都已經算出這三個狀態，一般選擇從下向上，從左到右巡訪 dp 陣列：

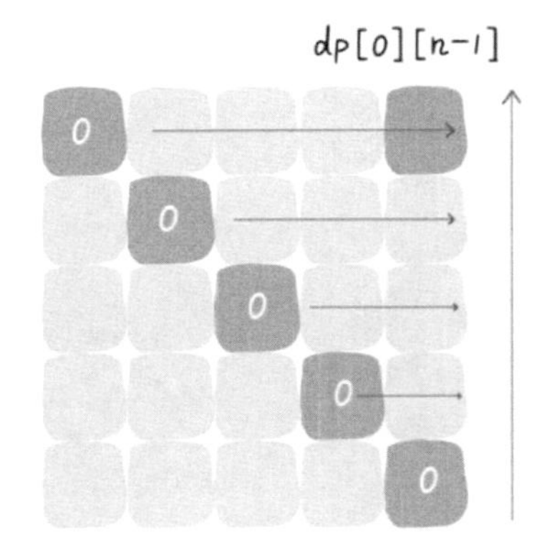

圖 2-49

完整的程式碼如下：

```
int minInsertions(string s) {
    int n = s.size();
    // 定義：對 s[i..j] 而言，最少需要插入 dp[i][j] 次，才能變成迴文串
    vector<vector<int>> dp(n, vector<int>(n, 0));
    // base case：i == j 時 dp[i][j] = 0，單個字元本身就是迴文串
    // dp 陣列已經全部初始化為 0，base case 已初始化

    // 從下向上巡訪
    for (int i = n - 2; i >= 0; i--) {
        // 從左向右巡訪
        for (int j = i + 1; j < n; j++) {
            // 根據 s[i] 和 s[j] 進行狀態轉移
            if (s[i] == s[j]) {
                dp[i][j] = dp[i + 1][j - 1];
            } else {
                dp[i][j] = min(dp[i + 1][j], dp[i][j - 1]) + 1;
            }
        }
    }
    // 根據 dp 陣列的定義，題目要求的答案是 dp[0][n-1]
    return dp[0][n - 1];
}
```

現在解決這道題了，時間和空間複雜度都是 $O(n^2)$。還能進行改善，由前文得知，dp 陣列的狀態之和與它相鄰的狀態有關，所以 dp 陣列允許壓縮成一維：

```
int minInsertions(string s) {
    int n = s.size();
    vector<int> dp(n, 0);

    int temp = 0;
    for (int i = n - 2; i >= 0; i--) {
        // 記錄 dp[i+1][j-1]
        int pre = 0;
        for (int j = i + 1; j < n; j++) {
            temp = dp[j];

            if (s[i] == s[j]) {
                // dp[i][j] = dp[i+1][j-1];
                dp[j] = pre;
            } else {
                // dp[i][j] = min(dp[i+1][j], dp[i][j-1]) + 1;
                dp[j] = =min(dp[j], dp[j - 1]) + 1;
            }

            pre = temp;
        }
    }
    return dp[n - 1];
}
```

至於怎麼處理狀態壓縮，在「**2.8　狀態壓縮：對動態規劃進行降維操作**」已詳細介紹過，這裡就不展開了。

2.10 動態規劃之正規運算式

正規運算式是一種非常強力的工具，本節準備實作一個簡單的正規比對演算法，包括「.」萬用字元和「*」萬用字元。這兩個是最常用的萬用字元，其中小數點「.」可以匹配任意一個字元，星號「*」則是讓之前的字元重覆任意次數（包括0次）。

例如模式串 `".a*b"` 表示匹配文字 `"zaaab"`，或者是 `"ab"`；模式串 `"a..b"` 則可匹配文字 `"amnb"`；而模式串 `".*"` 比較神奇，它可以匹配任何文字。

題目會輸入兩個字串 `s` 和 `p`，`s` 代表文字，`p` 為模式串，判斷模式串 `p` 是否能夠匹配文字 `s`。首先假設模式串只包含小寫字母、上述兩種萬用字元，且一定合法，不會出現 `*a` 或者 `b**` 這種不合法的模式串。

函數簽章如下：

```
bool isMatch(string s, string p);
```

其實，小數點萬用字元很好實作，`s` 的任何字元，只要遇到 `.` 萬用字元，直接比對就了事。主要的麻煩是星號萬用字元，一旦遇到 `*` 萬用字元，代表前面的字元可以選擇重覆一次、重覆多次，或者一次都不出現，這該怎麼辦？

2.10.1 思路分析

首先思考一下，`s` 和 `p` 相互比對的過程大致是，兩個指標 `i` 和 `j` 分別在 `s` 和 `p` 上移動，如果最後兩個指標都能移動到字串的末尾，表示比對成功，反之則失敗。

如果不考慮 `*` 萬用字元，面對兩個待比對字元 `s[i]` 和 `p[j]`，唯一能做的就是看它自是否相符：

```
bool isMatch(string s, string p) {
    int i = 0, j = 0;
    while (i < s.size() && j < p.size()) {
        // 「.」萬用字元就是萬金油
        if (s[i] == p[j] || p[j] == '.') {
            // 相符，接著比對 s[i+1..] 和 p[j+1..]
```

```
            i++; j++;
        } else {
            // 不相符
            return false;
        }
    }
    return i == j;
}
```

接著考慮一下，如果加入 * 萬用字元，情況就會稍微複雜一些。但只要依情況來分析，也不難理解。

當 p[j + 1] 為 * 萬用字元時，分成幾種情況：

1. 如果 s[i] == p[j]，那麼有兩種情況：

   1-1 p[j] 有可能匹配多個字元，例如 s = "aaa", p = "a*"，那麼 p[0] 會透過 * 比對 3 個字元 "a"。

   1-2 p[i] 也有可能匹配 0 個字元，例如 s = "aa", p = "a*aa"，由於後面的字元可以比對 s，所以 p[0] 只能匹配 0 次。

2. 如果 s[i] != p[j]，只有一種情況：

p[j] 只能匹配 0 次，然後看下一個字元是否能和 s[i] 比對。例如 s = "aa", p = "b*aa"，此時 p[0] 只能匹配 0 次。

綜合前言，可以針對 * 萬用字元改造之前的程式碼：

```
if (s[i] == p[j] || p[j] == '.') {
    // 比對
    if (j < p.size() - 1 && p[j + 1] == '*') {
        // 有 * 萬用字元，可以比對 0 次或多次
    } else {
        // 無 * 萬用字元，老老實實比對 1 次
        i++; j++;
    }
} else {
    // 不比對
    if (j < p.size() - 1 && p[j + 1] == '*') {
        // 有 * 萬用字元，只能比對 0 次
    } else {
        // 無 * 萬用字元，比對無法進行下去
```

```
        return false;
    }
}
```

整體的思路已經很清晰，現在的問題是，遇到 * 萬用字元時，到底應該比對 0 次還是多次？多次是幾次？

由此可知，這就是一個做「選擇」的問題，要把所有可能的選擇都列舉一遍才能得出結果。動態規劃演算法的核心便是「狀態」和「選擇」，**「狀態」指的是 i 和 j 兩個指標的位置，「選擇」則是 p[j] 選擇比對幾個字元。**

2.10.2 動態規劃解法

根據「狀態」，可以設計一個 dp 函數：

```
bool dp(string& s, int i, string& p, int j);
```

此 dp 函數的涵義如下：

若 dp(s, i, p, j) = true，表示 s[i..] 可以匹配 p[j..]；若 dp(s, i, p, j) = false，則表示 s[i..] 無法匹配 p[j..]。

根據這個定義，想要的答案就是 i = 0, j = 0 時 dp 函數的結果，因此可以這樣使用 dp 函數：

```
bool isMatch(string s, string p) {
    // 指標 i，j 從索引 0 開始移動
    return dp(s, 0, p, 0);
```

接著根據之前的程式碼，寫出 dp 函數的主要邏輯：

```
bool dp(string& s, int i, string& p, int j) {
    if (s[i] == p[j] || p[j] == '.') {
        // 比對
        if (j < p.size() - 1 && p[j + 1] == '*') {
            // 1-1 萬用字元比對 0 次或多次
            return dp(s, i, p, j + 2) || dp(s, i + 1, p, j);
        } else {
            // 1-2 常規比對 1 次
            return dp(s, i + 1, p, j + 1);
```

```
        }
    } else {
        // 不比對
        if (j < p.size() - 1 && p[j + 1] == '*') {
            // 2-1 萬用字元比對 0 次
            return dp(s, i, p, j + 2);
        } else {
            // 2-2 無法繼續比對
            return false;
        }
    }
}
```

根據 dp 函數的定義，這幾種情況都很容易解釋：

1-1　萬用字元比對 0 次或多次

將 j 加 2，i 不變，意思就是直接跳過 p[j] 和之後的萬用字元，亦即萬用字元比對 0 次：

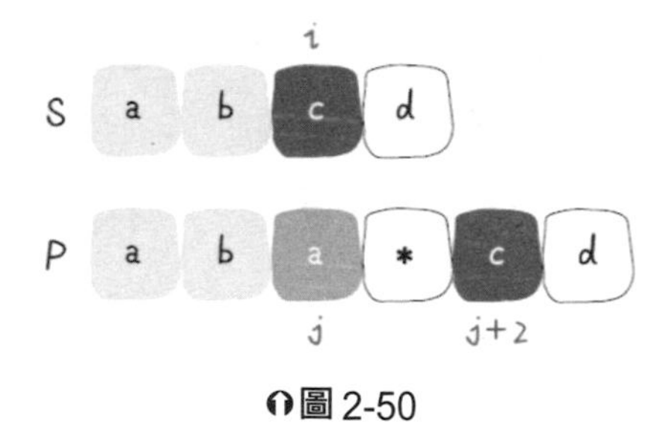

圖 2-50

將 i 加 1，j 不變，意思就是 p[j] 匹配 s[i]，但還可以繼續比對，亦即萬用字元比對多次的情況：

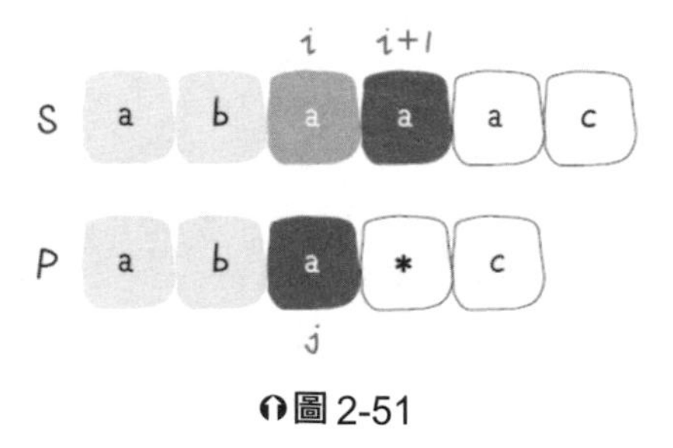

圖 2-51

只要有一種情況完成匹配即可，所以對上面兩種情況做或運算。

1-2　常規比對 1 次

由於這個條件分支是無 `*` 的常規比對，如果 `s[i] == p[j]`，就是 `i` 和 `j` 分別加 1：

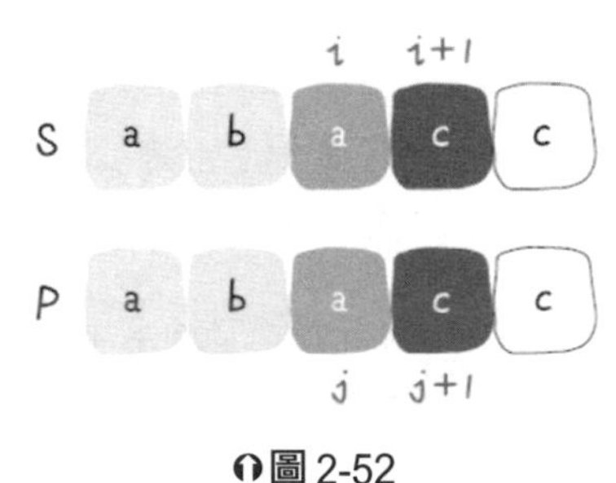

圖 2-52

2-1　萬用字元比對 0 次

類似情況 1-1，將 `j` 加 2，`i` 不變：

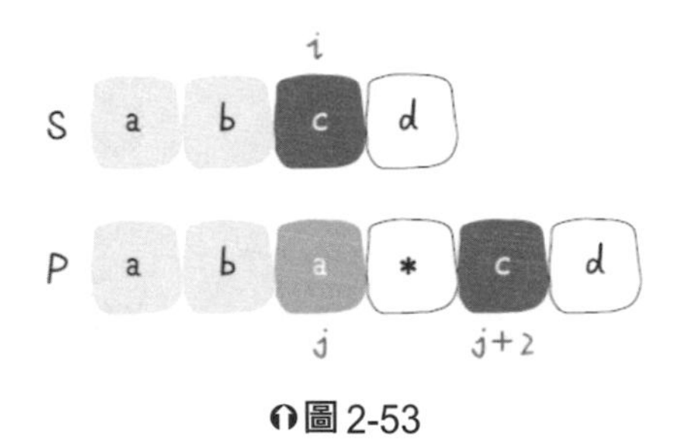

圖 2-53

2-2　如果沒有 * 萬用字元，也無法比對，只能說明比對失敗：

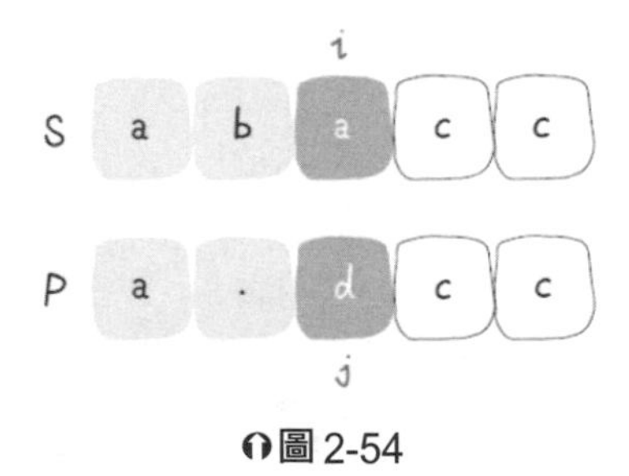

圖 2-54

看圖應該很容易理解，現在思考一下 `dp` 函數的 base case：

一個 base case 是 `j == p.size()` 時，按照 `dp` 函數的定義，意謂著模式串 `p` 已經比對完成，接下來應該看看文字串 `s` 比對到哪裡。如果 `s` 也恰好比對完，則說明匹配成功：

```
if (j == p.size()) {
    return i == s.size();
}
```

另一個 base case 是 `i == s.size()` 時，按照 `dp` 函數的定義，意謂著文字串 `s` 已經全部被比對，但是此時並不能根據 `j` 是否等於 `p.size()`，進而判斷是否完成比對。只要 `p[j..]` 能夠匹配空字串，就算完成比對。

例如 `s = "a", p = "ab*c*"`，當 `i` 走到 `s` 的末尾時，`j` 並未走到 `p` 的末尾，但是 `p` 依然可以比對 `s`，因此可寫出下列程式碼：

```
if (i == s.size()) {
    // 如果能匹配空字串，一定是字元和 * 成對出現
    if ((p.size() - j) % 2 == 1) {
        return false;
    }
    // 檢查是否為 x*y*z* 這種形式
    for (; j + 1 < p.size(); j += 2) {
        if (p[j + 1] != '*' ) {
            return false;
        }
    }
    return true;
}
```

根據以上思路，便可寫出完整的程式碼：

```
/* 計算 p[j..] 是否匹配 s[i..] */
bool dp(string& s, int i, string& p, int j) {
    int m = s.size(), n = p.size();
    // base case
    if (j == n) {
        return i == m;
    }
    if (i == m) {
        if ((n - j) % 2 == 1) {
            return false;
        }
        for (; j + 1 < n; j += 2) {
            if (p[j + 1] != '*' ) {
```

```
            return false;
        }
    }
    return true;
}

// 記錄狀態 (i, j)，消除重疊子問題
string key = to_string(i) + "," + to_string(j);
if (memo.count(key)) return memo[key];

bool res = false;
if (s[i] == p[j] || p[j] == '.') {
    if (j < n - 1 && p[j + 1] == '*') {
        res = dp(s, i, p, j + 2)
            || dp(s, i + 1, p, j);
    } else {
        res = dp(s, i + 1, p, j + 1);
    }
} else {
    if (j < n - 1 && p[j + 1] == '*') {
        res = dp(s, i, p, j + 2);
    } else {
        res = false;
    }
}
// 將目前結果記到備忘錄
memo[key] = res;

return res;
}
```

動態規劃的時間複雜度為「狀態的總數」×「每次遞迴花費的時間」，本題中狀態的總數當然就是 `i` 和 `j` 的組合，亦即 `M * N`（`M` 為 `s` 的長度，`N` 為 `p` 的長度）；遞迴函數 `dp` 中沒有迴圈（不考慮 base case 中，因為它的觸發次數有限），所以一次遞迴歸花費的時間為常數。

二者相乘，整體的時間複雜度為 $O(MN)$，空間複雜度是備忘錄 `memo` 的大小，即 $O(MN)$。

2.11 不同的定義產生不同的解法

四鍵鍵盤問題很有意思，而且從中明顯感受到：對 dp 陣列的不同定義，需要完全不一樣的邏輯，進而產生完全不同的解法。

首先描述一下題目：

假設有一個特殊的鍵盤，上面只有四個按鍵，分別是：

1. `A` 鍵：在螢幕顯示一個 `A`。
2. `Ctrl-A` 鍵：選中整個螢幕。
3. `Ctrl-C` 鍵：將選中的區域複製到緩衝區。
4. `Ctrl-V` 鍵：將緩衝區的內容輸出到游標所在的螢幕位置。

這不是和平時使用的全選、複製、貼上功能完全相同？只不過題目把 `Ctrl` 的組合鍵視為一個按鍵。現在要求只能進行 `N` 次操作，請計算螢幕上最多能顯示多少個 `A`？

```
int maxA(int N);
```

例如輸入 `N = 3`，演算法返回 3，因為連按 3 次 `A` 鍵是最佳的方案。

如果輸入 `N = 7`，則演算法返回 9，最佳的操作序列如下：

```
A, A, A, Ctrl-A, Ctrl-C, Ctrl-V, Ctrl-V
```

可以得到 9 個 `A`。

如何在 `N` 次操作後得到最多的 `A` 呢？腦海浮現的第一個想法便是列舉，對於每次操作，只有四種可能，十分明顯就是一個動態規劃問題。

2.11.1 第一種思路

這種思路很容易理解，但是效率不高，直接走流程：**對於動態規劃問題，首先要明白有哪些「狀態」，以及有哪些「選擇」。**

具體到這個問題，對於每次按鍵，有哪些「選擇」很明顯：4 種，亦即題目提到的 4 個按鍵，分別是 `A`、`C-A`、`C-C`、`C-V`（`Ctrl` 簡寫為 `C`）。

接下來，思考針對這個問題有哪些「狀態」？**換句話說，隨著鍵盤的敲擊，什麼量在改變？**

顯然，螢幕上 A 的個數會增加，剩餘的敲擊次數會減少，剪貼簿中 A 的個數也會改變。那麼便可這樣定義三個狀態：

第一個狀態是剩餘的按鍵次數，以 `n` 表示；第二個狀態是目前螢幕上字元 A 的數量，以 `a_num` 表示；第三個狀態是剪貼簿中字元 A 的數量，以 `copy` 表示。

如此定義「狀態」，就可知道 base case：當剩餘次數 `n` 為 0 時，`a_num` 就是想要的答案。

結合剛才說的 4 種「選擇」，透過狀態轉移呈現出來：

```
dp(n - 1, a_num + 1, copy), # A
解釋：按下 A 鍵，螢幕上多一個字元
同時消耗 1 個運算元

dp(n - 1, a_num + copy, copy), # C-V
解釋：按下 C-V 貼上，剪貼簿中的字元加入螢幕
同時消耗 1 個運算元

dp(n - 2, a_num, a_num) # C-A C-C
解釋：全選和複製必然是一起使用，
剪貼簿中 A 的數量變為螢幕上 A 的數量
同時消耗 2 個運算元
```

這樣一來，問題的規模 `n` 不斷減小，肯定可以到達 `n = 0` 的 base case，所以這是正確的思路：

```
def maxA(N: int) -> int:

    # 對於 (n, a_num, copy) 這個狀態，
    # 螢幕上最終最多能有 dp(n, a_num, copy) 個 A
    def dp(n, a_num, copy):
        # base case
        if n <= 0: return a_num
        # 幾種選擇全試一遍，選擇最大的結果
```

```
        return max(
            dp(n - 1, a_num + 1, copy), # A
            dp(n - 1, a_num + copy, copy), # C-V
            dp(n - 2, a_num, a_num) # C-A C-C
        )
    # 可以按 N 次按鍵，螢幕和剪貼簿裡都還沒有 A
    return dp(N, 0, 0)
```

應該很容易理解這個解法，因為語義明確。下面繼續走流程，利用備忘錄消除重疊子問題：

```
def maxA(N: int) -> int:
    # 備忘錄
    memo = dict()
    def dp(n, a_num, copy):
        if n <= 0: return a_num
        # 避免計算重疊子問題
        if (n, a_num, copy) in memo:
            return memo[(n, a_num, copy)]

        memo[(n, a_num, copy)] = max(
            dp(n - 1, a_num + 1, copy), # A
            dp(n - 1, a_num + copy, copy), # C-V
            dp(n - 2, a_num, a_num) # C-A C-C
        )
        return memo[(n, a_num, copy)]
    return dp(N, 0, 0)
```

最佳化程式碼之後，子問題雖然沒有重覆，但數量仍然很多。

嘗試分析此演算法的時間複雜度，就會發現不容易分析。現將這個 `dp` 函數寫成 `dp` 陣列：

```
dp[n][a_num][copy]
# 狀態的總數（時空複雜度）就是三維陣列的體積
```

已知變數 `n` 最多為 `N`，但是很難計算最多的 `a_num` 和 `copy`，複雜度起碼也有 $O(N^3)$。所以上述演算法並不好，複雜度太高，而且已經無法最佳化。

換句話說，依此定義「狀態」不太適當，下文更換一種定義 dp 的思路。

2.11.2 第二種思路

這種思路稍微有點複雜，但是效率高。繼續走流程，還是那 4 個「選擇」，但此次只定義一個「狀態」，也就是剩餘的敲擊次數 `n`。

本演算法根據底下的事實，**最佳按鍵序列一定只有兩種情況：**

一直按 `A`：A,A,...,A（當 `N` 比較小時）。

不然就是這種形式：A,A,...,C-A,C-C,C-V,C-V,...,C-A,C-C,C-V,C-V...（當 `N` 比較大時）。

因為字元數量少（`N` 比較小）時，`C-A C-C C-V` 這一套操作的代價相對較高，可能不如一個個按 `A`。當 `N` 比較大時，後期 `C-V` 的收穫肯定更大，所以操作序列一定是開頭連按幾個 `A`，然後 `C-A`、`C-C` 組合接上若干 `C-V`，然後再 `C-A`、`C-C` 接著若干 `C-V`，一直重覆下去。

換句話說，最後一次按鍵不是 `A` 便是 `C-V`。確定這點之後，便可將「選擇」減少為兩個：

```
int[] dp = new int[N + 1];
// 定義：dp[i] 表示 i 次操作後，最多能顯示多少個 A
for (int i = 0; i <= N; i++)
    dp[i] = max(
        這次按 A 鍵，
        這次按 C-V
    )
```

對於第 `i` 次按鍵，如果是按 `A` 鍵，就是狀態 `i - 1` 的螢幕上新增一個 A 而已，很容易得到結果：

```
// 按 A 鍵，就比上次多一個 A 而已
dp[i] = dp[i - 1] + 1;
```

對於第 `i` 次按鍵，如果選擇按 `C-V`，就是把剪貼簿裡面的資料貼到螢幕。但是剪貼簿的資料是什麼呢？不確定，取決於上次按 `C-A`、`C-C` 的時機。

這些時機有哪些呢？利用一個變數 `j` 表示**上一次按完** `C-A`、`C-C` 的時機，此時剪貼簿中 `A` 的個數就是 `dp[j - 2]`：

```
for (int i = 1; i <= N; i++) {
    // 按 A 鍵，就比上次多一個 A 而已
    dp[i] = dp[i - 1] + 1;
    // 按 C-V，列舉按完 C-A、C-C 的時機
    for (int j = 2; j < i; j++) {
        // 如果此時按完 C-A、C-C 的話
        // 第 i 次按鍵盤時，剪貼簿中 A 的數量為 dp[j - 2]
    }
}
```

題目既然要求計算螢幕上最多的 A 的個數，而且也已經列出所有剪貼簿的情況，因此就能列舉取最大值了：

```
public int maxA(int N) {
    int[] dp = new int[N + 1];
    dp[0] = 0;
    for (int i = 1; i <= N; i++) {
        // 這次按 A 鍵
        dp[i] = dp[i - 1] + 1;
        // 這次按 C-V 鍵
        for (int j = 2; j < i; j++) {
            // 全選並複製 dp[j - 2]，連續貼上 i - j 次
            // 螢幕上共 dp[j - 2] * (i - j + 1) 個 A
            dp[i] = Math.max(dp[i], dp[j - 2] * (i - j + 1));
        }
    }
    // N 次按鍵之後最多有幾個 A ？
    return dp[N];
}
```

看張圖就明白了：

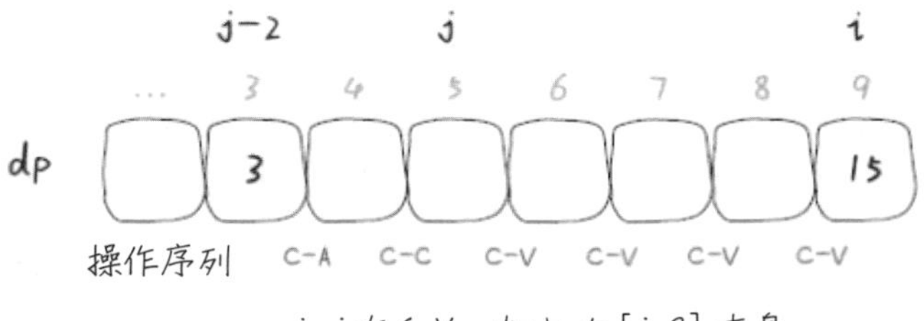

圖 2-55

這樣一來，演算法就完成了。時間複雜度為 $O(N^2)$，空間複雜度為 $O(N)$，這種解法應該比較有效。

2.11.3 最後總結

動態規劃的困難處就是尋找狀態轉移，不同的定義可以產生不同的狀態轉移邏輯。雖然最後都能得到正確的結果，但是效率可能天差地別。

回顧第一種解法，儘管消除了重疊子問題，但是效率還是低，到底低在哪裡呢？下面抽象出遞迴框架：

```
def dp(n, a_num, copy):
    dp(n - 1, a_num + 1, copy), # A
    dp(n - 1, a_num + copy, copy), # C-V
    dp(n - 2, a_num, a_num) # C-A C-C
```

上述的列舉邏輯，有可能出現 `C-A C-C，C-A C-C...` 或者 `C-V,C-V,...` 這樣的操作序列。顯然這不是最佳的結果，但是我們並沒有規避這些情況，進而增加很多沒必要的子問題計算。

當然，可以想辦法規避上述情況，但就筆者的經驗而言，漏洞永遠補不完。因為這種解法思路，從邏輯上來看就有缺陷。一般對於這種情況，應該嘗試改變想法，試著重新定義狀態轉移方程，說不定就能規避這些問題，柳暗花明又一村。

回顧第二種解法，稍加思考便可想到，最佳的序列應該是這種形式：`A, A, ..., C-A, C-C, C-V, C-V, ..., C-A, C-C, C-V...`。根據這個事實，可重新定義狀態，重新尋找狀態轉移，從邏輯上來看減少無效的子問題個數，進而提高演算法的效率。

2.12 經典動態規劃：高樓扔雞蛋

本節講解一個很經典的演算法問題，有若干層的高樓和幾個雞蛋，請計算最少的嘗試次數，找到雞蛋恰好摔不破的那層樓。國內大廠以及 Google、Facebook 面試都經常出現這道題目，只不過他們覺得扔雞蛋太浪費，改成扔杯子、扔破碗之類的。

具體的問題等會兒再說，但是這道題有很多解法技巧，僅動態規劃就好幾種效率不同的做法，最後還有一種極為有效的數學解法。秉持書裡一貫的作風，拒絕過度詭異的技巧，因為這些技巧無法舉一反三，學了也不划算。

「雞蛋掉落」屬於 Hard 難度的問題，下面就以一直強調的動態規劃通用思路來研究。

2.12.1 解析題目

理解題目需要一點耐心：

假設面前有一棟從 1 到 `N` 共 `N` 層的大樓，然後提供 `K` 個雞蛋（`K` 至少為 1）。現在確定這棟樓存在樓層 `0 <= F <= N`，在這層樓將雞蛋扔下去，雞蛋**恰好沒摔破**（高於 `F` 的樓層都會破，低於 `F` 的樓層則不會）。現在問題來了，**最壞**情況下，**至少**要扔幾次雞蛋，才能**確定**這個樓層 `F` 呢？

當然，雞蛋如果摔破，就不能再用了，如果沒破，還可撿回來繼續試驗。題目就是找尋摔不破雞蛋的最高樓層 `F`，但什麼叫「最壞情況」下「至少」要扔幾次呢？底下分別舉個例子。

現在先不管雞蛋個數的限制，假設有 7 層樓，怎麼去找雞蛋恰好摔破的那層樓？

最原始的方式就是線性掃描：先在 1 樓扔一下，沒破；再去 2 樓扔一下，沒破；再去 3 樓……

依照這種策略，**最壞**情況應該是試到第 7 層雞蛋也沒破（`F = 7`），也就是扔了 7 次雞蛋。

現在應該理解什麼叫作「最壞情況」下了，**雞蛋破碎一定發生在搜尋區間窮盡時**。不會說在第 1 層摔一下雞蛋就破了，這表示運氣好，不是最壞情況。

現在再來理解什麼叫作「至少」要扔幾次。依然不考慮雞蛋個數限制，同樣是 7 層樓，可以最佳化策略。

最好的策略是使用二分搜尋法，先去第 `(1 + 7) / 2 = 4` 層扔一下。

如果破了，說明 `F` 小於 4，於是便去第 `(1 + 3) / 2 = 2` 層扔一下……

如果沒破，說明 `F` 大於等於 4，於是便去第 `(5 + 7) / 2 = 6` 層扔一下……

依照這種策略，**最壞**情況應該是試到第 7 層雞蛋還沒破（`F = 7`），或者雞蛋一直破到第 1 層（`F = 0`）。然而無論哪種最壞情況，只需要試驗 `log7` 向上取整等於 3 次，比剛才嘗試 7 次要少，此即為所謂的**至少**要扔幾次。

實際上，如果不限制雞蛋個數的話，二分法顯然可以得到最少的嘗試次數。但問題是，**現在給定雞蛋個數的限制 `K`，直接採用二分法就行不通了。**

例如只給 1 個雞蛋，7 層樓，你敢用二分法嗎？直接去第 4 層扔一下，如果雞蛋沒破還好，一旦破了就沒有雞蛋可以繼續測試，因此也無法確定雞蛋恰好摔不破的樓層 `F`。這種情況下只能採用線性掃描的方法，演算法返回結果應該是 7。

有的讀者也許有這種想法：二分搜尋排除樓層的速度無疑最快，那乾脆先使用二分搜尋，等到剩下 1 個雞蛋的時候再執行線性掃描，這樣得到的結果是不是就是最少的扔雞蛋次數呢？

很遺憾，並不是。例如把樓層變高一些，100 層，給定 2 個雞蛋，先在 50 層扔一下，破了，於是只能線性掃描 1~49 層，最壞情況下要扔 50 次。

但是，如果不要「二分」，變成「五分」、「十分」都會大幅減少最壞情況的嘗試次數。例如第一個雞蛋每隔十層樓扔，在哪一層破了，再用第二個雞蛋開始線性掃描，總共不會超過 20 次。

最佳解其實是 14 次。最佳策略非常多，而且沒有什麼規律可言。

說了這麼多，就是想讓大家理解題目的意思，而且明白這個題目確實複雜，就連手算都不容易，如何以演算法解決呢？

2.12.2 思路分析

針對動態規劃問題，直接套用之前多次強調的框架即可：問題有什麼「狀態」，有什麼「選擇」，然後列舉。

「狀態」是會發生變化的量，很明顯有兩個：目前擁有的雞蛋數 `K`，以及需要測試的樓層數 `N`。隨著測試的進行，雞蛋個數可能減少，樓層的搜尋範圍也會縮小，這就是狀態的變化。

「選擇」就是去哪層樓扔雞蛋。回顧剛才的線性掃描和二分法，二分搜尋每次選擇到樓層區間的中間去扔雞蛋，而線性掃描則選擇一層層向上測試。不同的選擇將造成不同的狀態轉移。

現在確定「狀態」和「選擇」，**動態規劃的基本思路便形成了：**肯定是個二維的 `dp` 陣列，或者帶有兩個狀態參數的 `dp` 函數表示狀態轉移；外加一個 for 迴圈巡訪所有選擇，以做出最佳的選擇並更新狀態：

```
# 目前狀態為 K 個雞蛋，面對 N 層樓
# 返回該狀態下的最佳結果
def dp(K, N):
    int res
    for 1 <= i <= N:
        res = min(res, 這次在第 i 層樓扔雞蛋)
    return res
```

這段虛擬碼還沒有呈現出遞迴和狀態轉移，不過已經完成大致的演算法框架。

選擇第 `i` 層樓扔雞蛋之後，可能出現兩種情況：雞蛋破了和雞蛋沒破。**請注意，這時候狀態轉移就來了。**

如果雞蛋破了，那麼雞蛋的個數 `K` 應該減一，搜尋的樓層區間應該從 `[1..N]` 變為 `[1..i-1]` 共 `i-1` 層樓；

如果雞蛋沒破，那麼雞蛋的個數 `K` 不變，搜尋的樓層區間應該從 `[1..N]` 變為 `[i+1..N]` 共 `N-i` 層樓。

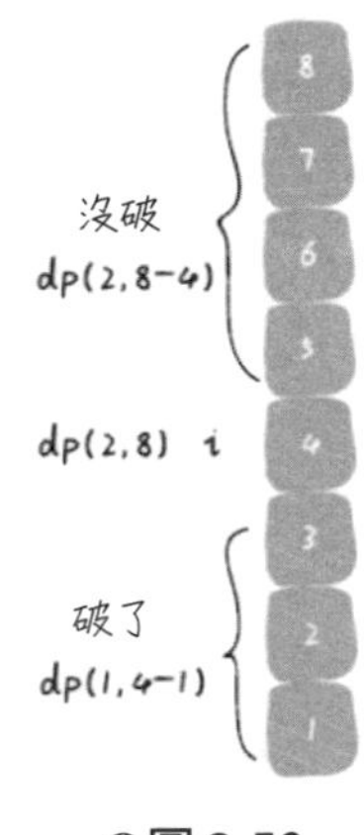

圖 2-56

> **TIPS** 細心的讀者可能會問，如果在第 i 層樓扔雞蛋沒破，樓層的搜尋區間縮小至上面的樓層，是不是應該包含第 i 層樓？不必，因為已經包含了。前文提及 F 可以等於 0，向上遞迴後，第 i 層樓其實就相當於第 0 層，可以被取到，因此並沒有錯誤。

因為，要求的是**最壞情況**下扔雞蛋的次數，所以雞蛋在第 `i` 層樓有沒有破，取決於哪種情況的結果**更大**：

```
def dp(K, N):
    for 1 <= i <= N:
        # 最壞情況下的最少扔雞蛋次數
        res = min(res,
            max(
                dp(K - 1, i - 1), # 破
                dp(K, N - i) # 沒破
            ) + 1 # 在第 i 樓扔了一次
        )
    return res
```

很容易理解遞迴的 base case：當樓層數 `N` 等於 0 時，顯然不需要扔雞蛋；當雞蛋數 `K` 為 1 時，表示只能線性掃描所有樓層：

```
def dp(K, N):
    if K == 1: return N
    if N == 0: return 0
    ...
```

至此，其實就解決這道題了！只要增加一個備忘錄消除重疊子問題即可：

```python
def superEggDrop(K: int, N: int):

    memo = dict()
    def dp(K, N) -> int:
        # base case
        if K == 1: return N
        if N == 0: return 0
        # 避免重覆計算
        if (K, N) in memo:
            return memo[(K, N)]

        res = float('INF')
        # 列舉所有可能的選擇
        for i in range(1, N + 1):
            res = min(res,
                max(
                    dp(K, N - i),
                    dp(K - 1, i - 1)
                ) + 1
            )
        # 記到備忘錄
        memo[(K, N)] = res
        return res

    return dp(K, N)
```

本演算法的時間複雜度是多少呢？**動態規劃演算法的時間複雜度，就是子問題個數 × 函數本身的複雜度。**

函數本身的複雜度便是忽略遞迴部分的複雜度，dp 函數有一個 for 迴圈，所以函數本身的複雜度是 $O(N)$。

子問題個數是不同狀態組合的總數，顯然是兩個狀態的乘積，亦即 $O(KN)$。

因此，演算法的總時間複雜度是 $O(KN^2)$，空間複雜度是 $O(KN)$。

2.12.3 疑難排解

本節的問題很複雜，但是演算法程式碼卻十分簡捷，這就是動態規劃的特性：列舉加備忘錄 /DP table 最佳化，真的沒什麼新意。

首先，有讀者可能不理解程式碼為什麼以一個 for 迴圈巡訪樓層 `[1..N]`，也許會把此邏輯和之前探討的線性掃描混為一談。其實不然，**這只是在做一次「選擇」**。

例如有 2 個雞蛋，面對 10 層樓，選擇去哪一層樓扔，才能得到最少的嘗試次數呢？不知道，於是把這 10 層樓全試一遍進行比較。至於下次怎麼選擇不用操心，若有正確的狀態轉移，遞迴便會算出每個選擇的代價，只要取最好的那個就是最佳解。

另外，這個問題還有更好的解法，諸如修改程式碼中的 for 迴圈為二分搜尋，便可將時間複雜度降為 $O(KN\log N)$；再更進動態規劃解法，可以進一步降為 $O(KN)$；利用數學方法解決，時間複雜度達到最佳 $O(K\log N)$，空間複雜度達到 $O(1)$。

二分解法也有點誤導性，一般很可能以為它和之前討論的二分思路扔雞蛋有關係，實際上沒有。之所以能用二分搜尋，是因為狀態轉移方程的函數具備單調性，可以運用二分搜尋快速找到極值。

筆者覺得，若能理解並掌握本節的解法就相當好：找狀態、做選擇，足夠清晰易懂，可流程化、可舉一反三。掌握這套框架行有餘力的話，再去考慮那些偏門技巧也不遲。

這裡就不展開其他解法，留待給下一節。

2.13 經典動態規劃：高樓扔雞蛋（進階）

前一節敘述高樓扔雞蛋問題，包括一種效率不是很高，但是較為容易理解的動態規劃解法。本節談談兩種思路，以便最佳化這個問題，分別是二分搜尋最佳化和重新定義狀態轉移。請確保理解前一節的內容，因為本節的最佳化都是根據這個基本解法。

二分搜尋的最佳化思路，也許可以盡力嘗試寫出，而修改狀態轉移的解法可能不容易想到，因此可藉此見識動態規劃演算法設計的奧妙，當作思維擴充。

2.13.1 二分搜尋最佳化

前文提過這個解法，核心是因為狀態轉移方程的單調性，底下具體展開看看。

首先簡述原始動態規劃的思路：

1. 暴力列舉，嘗試在所有樓層 `1 <= i <= N` 扔雞蛋，每次選擇嘗試次數**最少**的那一層。
2. 每次扔雞蛋有兩種可能，破掉，或者沒破。
3. 如果雞蛋破了，`F` 應該在第 `i` 層下面，否則，`F` 應該在第 `i` 層上面。
4. 雞蛋破了還是沒破，取決於哪種情況下嘗試次數**更多**，因為想求的是最壞情況下的結果。

核心的狀態轉移程式碼如下：

```
# 目前狀態為 K 個雞蛋，面對 N 層樓
# 返回此狀態下的最佳結果
def dp(K, N):
    for 1 <= i <= N:
        # 最壞情況下的最少扔雞蛋次數
        res = min(res,
            max(
                dp(K - 1, i - 1), # 破
                dp(K, N - i) # 沒破
            ) + 1 # 在第 i 樓扔了一次
        )
    return res
```

for 迴圈就是下面這個狀態轉移方程的具體程式碼實作：

$$dp(K,N) = \min_{0<=i<=N}\{\max\{dp(K-1,i-1),dp(K,N-i)\}+1\}$$

如果能夠理解狀態轉移方程，就很容易明白二分搜尋的最佳化思路。

首先根據 `dp(K, N)` 陣列的定義（給定 `K` 個雞蛋面對 `N` 層樓時，最少需要扔幾次），**很容易知道當 `K` 固定時，此函數隨著 `N` 的增加一定是單調遞增**。無論策略多麼聰明，樓層增加，測試次數一定變多。

那麼，請注意 `dp(K - 1, i - 1)` 和 `dp(K, N - i)` 這兩個函數，其中 `i` 是從 1 到 `N` 單調遞增。如果固定 `K` 和 `N`，**把這兩個函數看作關於 `i` 的函數，前者隨著 `i` 的增加應該是單調遞增，後者隨著 `i` 的增加應該是單調遞減**：

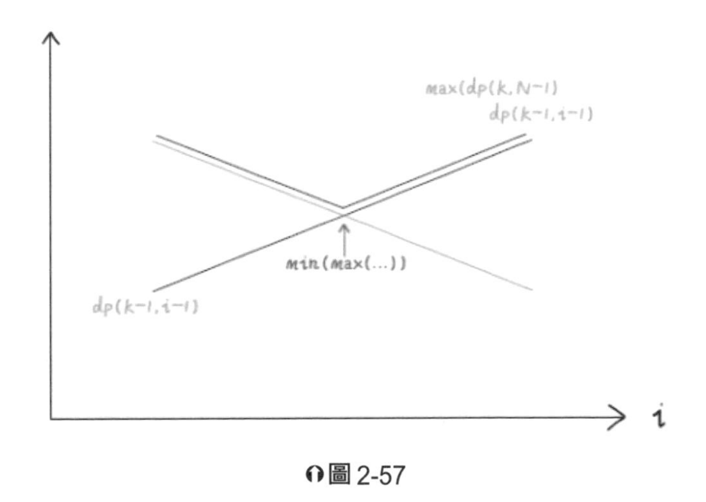

圖 2-57

這時求二者的最大值，再求這些最大值之中的最小值，其實就是這兩條直線的交點，亦即折線的最低點。

後面的**二分搜尋只能用來找尋元素嗎**將提及，二分搜尋的運用很廣泛，只要具備單調性，例如下面這種形式的 for 迴圈：

```
for (int i = 0; i < n; i++) {
    if (isOK(i))
    return i;
}
```

都有可能運用二分搜尋最佳化線性搜尋的複雜度，回顧這兩個 dp 函數的曲線，待找的最低點，其實就是這種情況：

```
for (int i = 1; i <= N; i++) {
    if (dp(K - 1, i - 1) == dp(K, N - i))
    return dp(K, N - i);
}
```

熟悉二分搜尋的人肯定敏感地想到：這不就相當於求 Valley（山谷）值嗎？可利用二分搜尋快速尋找這個點。底下直接查看程式碼，整體的思路還是一樣，只是加快了搜尋速度：

```
def superEggDrop(K: int, N: int) -> int:

    memo = dict()
    def dp(K, N):
        if K == 1: return N
        if N == 0: return 0
        if (K, N) in memo:
            return memo[(K, N)]

        # for 1 <= i <= N:
        #     res = min(res,
        #         max(
        #             dp(K - 1, i - 1),
        #             dp(K, N - i)
        #         ) + 1
        #     )

        res = float('INF')
        # 以二分搜尋代替線性搜尋
        lo, hi = 1, N
        while lo <= hi:
            mid = (lo + hi) // 2
            broken = dp(K - 1, mid - 1) # 破
            not_broken = dp(K, N - mid) # 沒破
            # res = min(max( 破，沒破 ) + 1)
            if broken > not_broken:
                hi = mid - 1
                res = min(res, broken + 1)
```

```
        else:
            lo = mid + 1
            res = min(res, not_broken + 1)
    memo[(K, N)] = res
    return res
return dp(K, N)
```

本演算法的時間複雜度是多少呢？同樣的，**遞迴演算法的時間複雜度，就是子問題個數乘以函數本身的複雜度。**

函數本身的複雜度是忽略遞迴部分的複雜度，dp 函數採用一個二分搜尋，所以函數本身的複雜度是 $O(\log N)$。

子問題個數是不同狀態組合的總數，顯然是兩個狀態的乘積，亦即 $O(KN)$。

所以，演算法的總時間複雜度是 $O(KN\log N)$，空間複雜度是 $O(KN)$。時間複雜度比之前的演算法 $O(KN^2)$ 要好一些。

2.13.2 重新定義狀態轉移

找尋動態規劃的狀態轉移本來就是見仁見智、很難說清楚的事情，不同的狀態定義能夠衍生出不同的解法，其解法和複雜程度都可能有巨大差異。底下就是一個很好的例子。

再回顧一下 dp 函數的涵義：

```
def dp(k, n) -> int
    # 目前狀態為 k 個雞蛋，面對 n 層樓
    # 返回此狀態下最少的扔雞蛋次數
```

以 dp 陣列表示的話，也是一樣：

```
dp[k][n] = m
# 目前狀態為 k 個雞蛋，面對 n 層樓
# 此狀態下最少的扔雞蛋次數為 m
```

按照前述定義，**當確定目前的雞蛋個數和面對的樓層數後，便知道最小扔雞蛋次數。**最終想要的答案，就是 dp(K, N) 的結果。

在這種思路下，肯定要列舉所有可能的扔法。以二分搜尋最佳化，説穿了也只是做了「剪枝」，減小搜尋空間，但本質觀念沒有改變，還是列舉。

現在，稍微修改 dp 陣列的定義，**給定目前的雞蛋個數和最多允許的扔雞蛋次數後，就能夠確定 F 的最高樓層數**。具體來説是這個意思：

```
dp[k][m] = n
# 目前有 k 個雞蛋，最多可以嘗試扔 m 次
# 在這種狀態下，最壞情況最多能確切測試一棟 n 層的樓

# 例如 dp[1][7] = 7 表示：
# 現在有 1 個雞蛋，允許扔 7 次；
# 此狀態下最多給出 7 層樓，
# 以便確定從樓層 F 扔雞蛋恰好摔不破
# （一層一層線性探測）
```

這其實是原始思路的一個「反向」版本，先不管怎麼撰寫這種思路的狀態轉移，而是思考於這種定義下，最終想求的答案是什麼。

最後要求的其實是扔雞蛋次數 m，但是此時 m 在「狀態」之中，而非 dp 陣列的結果，因此可以這樣處理：

```
int superEggDrop(int K, int N) {
    int m = 0;
    while (dp[K][m] < N) {
        m++;
        // 狀態轉移……
    }
    return m;
}
```

題目不是**給 K 個雞蛋、N 層樓，求最壞情況下最少的測試次數 m 嗎？** while 迴圈結束的條件是 dp[K][m] == N，也就是**給 K 個雞蛋、測試 m 次，最壞情況下最多能測試 N 層樓**。

注意觀察這兩段描述，完全一樣！表示這樣組織程式碼是正確的，關鍵在於怎麼找到狀態轉移方程？還是得從原始思路開始講起，之前的解法搭配這張圖，以協助大家理解狀態轉移概念：

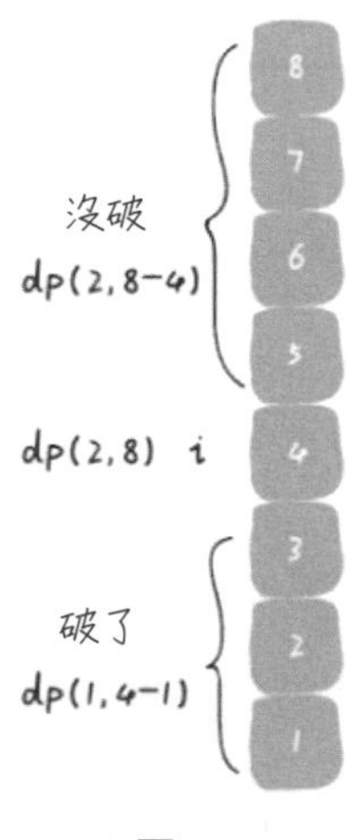

圖 2-58

這張圖描述的僅僅是某一個樓層 i，原始解法還得線性或者二分掃描所有樓層，以求最大值、最小值。但是，現在這種 dp 定義根本不需要這些，根據下面兩個事實：

1. **無論在哪層樓扔雞蛋，雞蛋只可能摔破或者沒破，破了的話就測樓下，否則就測樓上。**
2. **無論上樓還是下樓，整體的樓層數 = 樓上的樓層數 + 樓下的樓層數 + 1（目前這層樓）。**

根據這些特點，便可寫出下面的狀態轉移方程：

```
dp[k][m] = dp[k][m - 1] + dp[k - 1][m - 1] + 1
```

其中，dp[k][m] 顯然就是整體的樓層數。

其中，dp[k][m - 1] **就是樓上的樓層數**，因為雞蛋沒破才可能去樓上，所以雞蛋個數 k 不變，扔雞蛋次數 m 減一；

其中，dp[k - 1][m - 1] **就是樓下的樓層數**，因為只有雞蛋破了才可能去樓下，所以雞蛋個數 k 減一，同時扔雞蛋次數 m 減一。

m 為什麼要減一而不是加一？之前定義得很清楚，m 是一個允許扔雞蛋的次數上限，而不是扔了幾次。

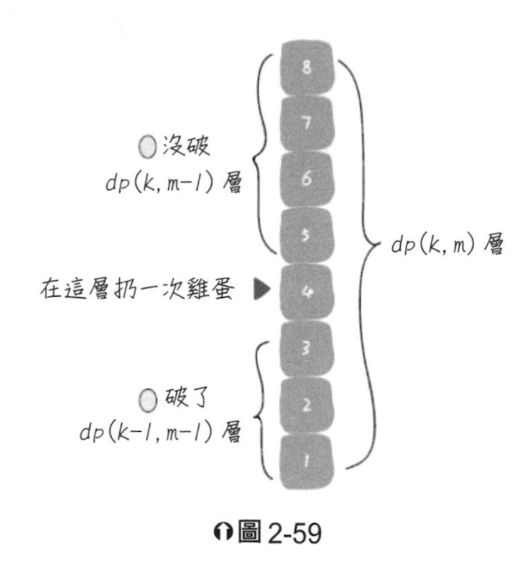

圖 2-59

至此，整個思路就完成了，只要把狀態轉移方程填進框架即可：

```
int superEggDrop(int K, int N) {
    // m 最多不會超過 N 次（線性掃描）
    int[][] dp = new int[K + 1][N + 1];
    // base case:
    // dp[0][..] = 0
    // dp[..][0] = 0
    // Java 預設初始化陣列都為 0
    int m = 0;
    while (dp[K][m] < N) {
        m++;
        for (int k = 1; k <= K; k++)
            dp[k][m] = dp[k][m - 1] + dp[k - 1][m - 1] + 1;
    }
    return m;
}
```

如果還是覺得有點難以理解這段程式碼，可以這樣想，其實它等同於下列寫法：

```
for (int m = 1; dp[K][m] < N; m++)
    for (int k = 1; k <= K; k++)
        dp[k][m] = dp[k][m - 1] + dp[k - 1][m - 1] + 1;
```

這種程式碼形式就熟悉多了吧，因為要求的不是 `dp` 陣列的值，而是某個符合條件的索引 `m`，所以利用 `while` 迴圈找到這個 `m`。

此演算法的時間複雜度是多少？很明顯便是兩個巢狀迴圈的複雜度 $O(KN)$。

另外，`dp[m][k]` 轉移只和左邊和左上的兩個狀態有關，因此肯定可以最佳化成一維 `dp` 陣列，讀者可自己嘗試一下。

2.13.3 還可以再最佳化

再往下就要利用一些數學方法了，不具體展開，簡單講一下觀念。

剛才介紹的文章裡，**請注意函數 `dp(m, k)` 是隨著 `m` 單向遞增，因為雞蛋個數 `k` 不變時，允許的測試次數越多，可測試的樓層就越高。**

這裡又可藉助二分搜尋演算法，快速逼近 `dp[K][m] == N` 的終止條件，時間複雜度進一步下降為 $O(K\log N)$，設成 `g(k, m) =`……

算了算了，到這為止！個人覺得能夠寫出 $O(KN\log N)$ 時間複雜度的二分最佳化演算法就行了，後面的一些解法呢，看看就好，把欲望控制在能力的範圍之內才能擁有快樂！

不過可以確定的是，根據二分搜尋代替線性掃描 `m` 的取值，程式碼的大致框架肯定是修改列舉 `m` 的 for 迴圈：

```
// 把線性掃描改成二分搜尋
// for (int m = 1; dp[K][m] < N; m++)
int lo = 1, hi = N;
while (lo < hi) {
   int mid = (lo + hi) / 2;
   if (... < N) {
      lo = ...
   } else {
      hi = ...
   }

   for (int k = 1; k <= K; k++)
      // 狀態轉移方程
}
```

簡單總結一下，第一個二分最佳化利用 `dp` 函數的單調性，以二分搜尋技巧快速找到答案。第二種最佳化巧妙地修改狀態轉移方程，簡化了求解流程，但相對的較難想到解題邏輯。後續還可使用一些數學方法和二分搜尋，進一步最佳化第二種解法，不過看了看鏡子中的髮量，還是算了。

2.14 經典動態規劃：戳氣球問題

本節講解的題目「戳氣球」和「**2.12　經典動態規劃：高樓扔雞蛋**」一節分析的高樓扔雞蛋問題類似，知名度極高，但難度確實也很大。因此本節就給這道題「端上桌」，分析一下它到底有多難。

輸入一個包含非負整數的陣列 `nums` 代表一排氣球，`nums[i]` 表示第 `i` 個氣球的分數。現在，**要求戳破所有的氣球，請計算最多可能獲得多少分？**

分數的計算規則比較特別，當戳破第 `i` 個氣球時，可以獲得 `nums[left] * nums[i] * nums[right]` 的分數，其中 `nums[left]` 和 `nums[right]`，分別代表該氣球 `i` 左右相鄰氣球的分數。

請注意，`nums[left]` 不一定是 `nums[i-1]`，`nums[right]` 也不一定是 `nums[i+1]`。例如戳破 `nums[3]`，現在 `nums[4]` 的左側就和 `nums[2]` 相鄰了。

另外，假設 `nums[-1]` 和 `nums[len(nums)]` 是兩個虛擬氣球，它們的值都是 1。

說實話，這道題目的狀態轉移方程真的比較巧妙，如果看了題目之後完全沒有思路，恰恰是正常的。雖然不容易想出最佳答案，但是應該力求做到基本的思路分析。因此，本節會先分析常規的思路，然後再引入動態規劃解法。

2.14.1 回溯思路

首先回顧解決這種問題的模式：

前文多次強調過，只要涉及求極值，沒有任何技巧，一定是列舉所有可能的結果，然後比較得出極值。

因此，只要遇到求極值的演算法問題，第一步要思考的就是：如何列舉所有可能的結果？

列舉主要有兩種演算法，分別是回溯演算法和動態規劃，前者為暴力列舉，後者則是根據狀態轉移方程推導出「狀態」。

如何將戳氣球問題轉換成回溯演算法呢？應該不難，**其實就是列舉戳氣球的順序**。不同的順序可能得到不同的分數，需要找出所有可能分數中最高的那個，對吧？

那麼，這不就是一個「全排列」問題嗎？在**「1.3　回溯演算法解題範本框架」**一節有全排列演算法的詳解和程式碼，只要稍微修改一下邏輯即可，虛擬碼內容如下：

```
int res = Integer.MIN_VALUE;
/* 輸入一組氣球，返回戳破它們所獲得的最大分數 */
int maxCoins(int[] nums) {
    backtrack(nums, 0);
    return res;
}
/* 回溯演算法的虛擬碼解法 */
void backtrack(int[] nums, int socre) {
    if (nums 為空) {
        res = max(res, score);
        return;
    }
    for (int i = 0; i < nums.length; i++) {
        int point = nums[i-1] * nums[i] * nums[i+1];
        int temp = nums[i];
        // 做選擇
        在 nums 中刪除元素 nums[i]
        // 遞迴回溯
        backtrack(nums, score + point);
        // 撤銷選擇
        將 temp 還原到 nums[i]
    }
}
```

回溯演算法就是這麼簡單粗暴，但是相對的，演算法的效率非常差。這個解法等同於全排列，時間複雜度是階乘級別，非常高。題目表明 `nums` 的大小 `n` 最多為 500，所以回溯演算法肯定不能通過所有的測試案例。

2.14.2　動態規劃思路

這個動態規劃問題和之前的動態規劃問題相較後，有什麼特別之處？為什麼它比較難呢？

原因在於，本問題中每戳破一個氣球 `nums[i]` 得到的分數，和該氣球相鄰的氣球 `nums[left]`，以及 `nums[right]` 具有相關性。

「1.2　動態規劃解題範本框架」一節曾說過，運用動態規劃演算法的一個重要條件是：**子問題必須獨立。**對於這個戳氣球問題，如果想利用動態規劃，必須巧妙地定義 `dp` 陣列的涵義，避免子問題之間產生相關性，才能推導出合理的狀態轉移方程。

如何定義 `dp` 陣列呢？這裡需要簡單的轉化問題。題目說可以認為 `nums[-1] = nums[n] = 1`，先直接把這兩個邊界加進去，形成一個新的陣列 `points`：

```
int maxCoins(int[] nums) {
    int n = nums.length;
    // 兩端加入兩個虛擬氣球
    int[] points = new int[n + 2];
    points[0] = points[n + 1] = 1;
    for (int i = 1; i <= n; i++) {
        points[i] = nums[i - 1];
    }
    // ...
}
```

現在氣球的索引變成了從 `1` 到 `n`，`points[0]` 和 `points[n+1]` 被視為兩個「虛擬氣球」。

接著改變問題：**在一排氣球 `points` 中，請戳破氣球 `0` 和氣球 `n+1` 之間的所有氣球（不包括 `0` 和 `n+1`），使得最終只剩下氣球 `0` 和氣球 `n+1` 兩個氣球，最多能夠得到多少分？**

現在定義 `dp` 陣列的涵義：

`dp[i][j] = x` 表示，戳破氣球 `i` 和氣球 `j` 之間（開區間，不包括 `i` 和 `j`）的所有氣球後，獲得的最高分數為 `x`。

根據此定義，題目要求的結果就是 `dp[0][n+1]` 的值，而 base case 就是 `dp[i][j] = 0`，其中 `0 <= i <= n+1, j <= i+1`。因為在這種情況下，開區間 `(i, j)` 中間根本沒有可以戳破的氣球。

```
// base case 已經都初始化為 0
int[][] dp = new int[n + 2][n + 2];
```

現在根據這個 `dp` 陣列推導狀態轉移方程，根據前文介紹的模式，所謂推導「狀態轉移方程」，實際上便是思考怎樣「做選擇」，亦即這道題目最有技巧的部分：

求戳破氣球 `i` 和氣球 `j` 之間的最高分數，**如果「正向思考」，只能寫出前文的回溯演算法；此處需要「逆向思考」，想一下氣球 `i` 和氣球 `j` 之間，最後被戳破的氣球可能是哪一個？**

其實，氣球 `i` 和氣球 `j` 之間所有的氣球，都可能是最後被戳破的那一個，不妨假設為 `k`。回顧動態規劃的解法，實際上這裡已經找到「狀態」和「選擇」：`i` 和 `j` 便是兩個「狀態」，最後戳破的那個氣球 `k` 就是「選擇」。

根據剛才對 `dp` 陣列的定義，如果最後一個戳破的氣球是 `k`，`dp[i][j]` 的值應該為：

```
dp[i][j] = dp[i][k] + dp[k][j]
    + points[i]*points[k]*points[j]
```

不是最終要戳破氣球 `k` 嗎？首先戳破開區間 `(i, k)` 的氣球，接著是開區間 `(k, j)` 的氣球。最後剩下的氣球 `k`，相鄰的便是氣球 `i` 和氣球 `j`，此時戳破 `k` 的話，得到的分數就是 `points[i]*points[k]*points[j]`。

那麼，戳破開區間 `(i, k)` 和開區間 `(k, j)` 的氣球，最多能夠得到多少分數呢？嘿嘿，便是 `dp[i][k]` 和 `dp[k][j]`，這恰好就是 `dp` 陣列的定義嘛！

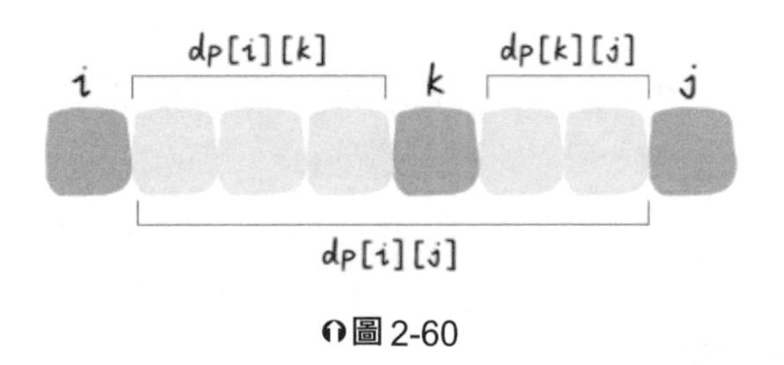

圖 2-60

結合這張圖，於是體會出 dp 陣列定義的巧妙。由於是開區間，dp[i][k] 和 dp[k][j] 不會影響氣球 k。而戳破氣球 k 時，旁邊相鄰的就是氣球 i 和氣球 j，最後剩下氣球 i 和氣球 j，恰好滿足了 dp 陣列開區間的定義。

那麼，對於一組給定的 i 和 j，只要列舉 i < k < j 的所有氣球 k，選擇得分最高的作為 dp[i][j] 的值即可，這同時也是狀態轉移方程：

```
// 最後戳破哪個氣球？
for (int k = i + 1; k < j; k++) {
    // 擇優選擇，使得 dp[i][j] 最大
    dp[i][j] = Math.max(
        dp[i][j],
        dp[i][k] + dp[k][j] + points[i]*points[j]*points[k]
    );
}
```

寫出狀態轉移方程，代表完成這道題的一大半，不過還有個問題：對於 k 的列舉僅是在做「選擇」，但是應該如何列舉「狀態」i 與 j 呢？

```
for (int i = ...; ; )
    for (int j = ...; ; )
        for (int k = i + 1; k < j; k++) {
            dp[i][j] = Math.max(
                dp[i][j],
                dp[i][k] + dp[k][j] + points[i]*points[j]*points[k]
            );
return dp[0][n+1];
```

2.14.3 寫出程式碼

關於「狀態」的列舉，最重要的一點是：必須提前計算出狀態轉移所依賴的狀態。

以這道題為例，dp[i][j] 依賴的狀態是 dp[i][k] 和 dp[k][j]，那麼必須確保：當計算 dp[i][j] 時，已經計算出 dp[i][k] 和 dp[k][j]（其中 i < k < j）。

應該如何安排 i 和 j 的巡訪順序，以提供上述的保證呢？**「2.4　動態規劃解疑：最佳子結構及 dp 巡訪方向」**一節曾介紹過處理這種問題的一個技巧：**根據 base case 和最終狀態進行推導。**

最終狀態便是指題目要求的結果，以這道題目為例就是 `dp[0][n+1]`。

首先在 DP table 上畫出 base case 和最終狀態：

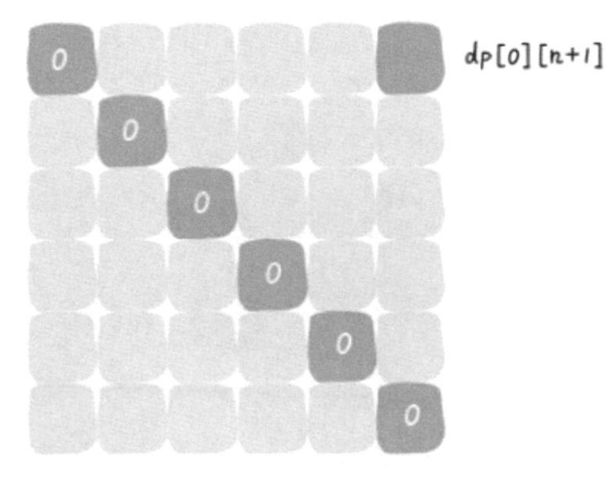

圖 2-61

對於任意一個 `dp[i][j]`，希望已經計算出所有的 `dp[i][k]` 和 `dp[k][j]`，畫在圖上的結果如下：

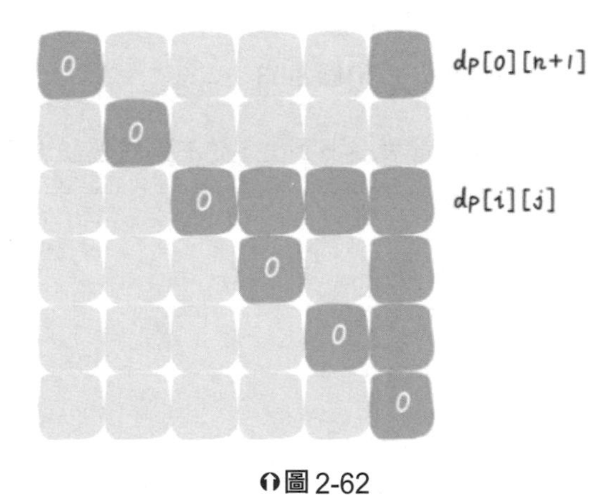

圖 2-62

為了達到上述要求，有兩種巡訪方法：一是斜向巡訪，另一是從下到上、從左到右：

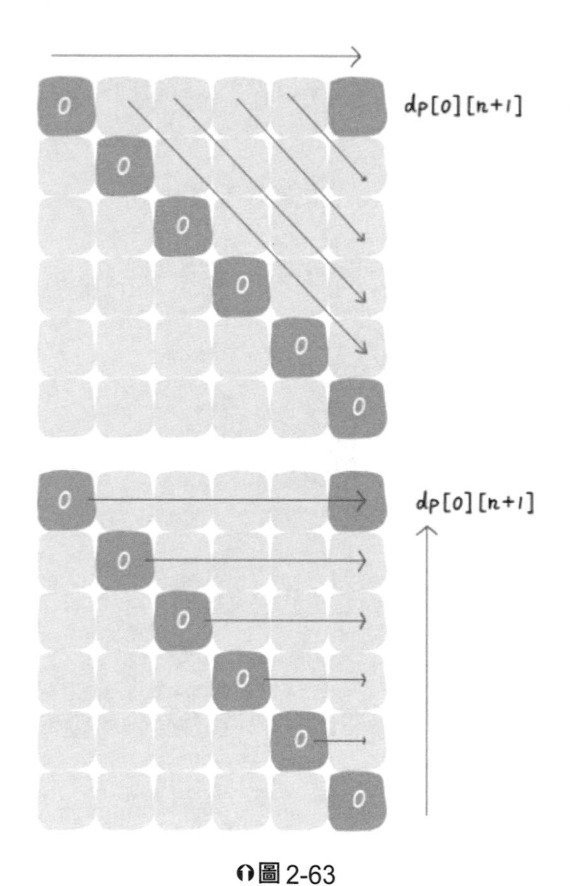

圖 2-63

斜向巡訪有點難寫，所以一般就從下到上、從左到右巡訪，底下是完整程式碼：

```
int maxCoins(int[] nums) {
    int n = nums.length;
    // 增加兩側的虛擬氣球
    int[] points = new int[n + 2];
    points[0] = points[n + 1] = 1;
    for (int i = 1; i <= n; i++) {
        points[i] = nums[i - 1];
    }
    // base case 都已經初始化為 0
    int[][] dp = new int[n + 2][n + 2];
    // 開始狀態轉移
    // i 應該從下到上
    for (int i = n; i >= 0; i--) {
        // j 應該從左到右
```

```
        for (int j = i + 1; j < n + 2; j++) {
            // 最後戳破哪個氣球？
            for (int k = i + 1; k < j; k++) {
                // 擇優選擇
                dp[i][j] = Math.max(
                    dp[i][j],
                    dp[i][k] + dp[k][j] + points[i]*points[j]*points[k]
                );
            }
        }
    }
    return dp[0][n + 1];
}
```

至此，這道題目就完全解決，十分巧妙，但也並非那麼難，對吧？

關鍵在於 dp 陣列的定義，必須避免子問題互相影響，所以建議反向思考，將 dp[i][j] 的定義設為開區間，考慮最後戳破哪一個氣球，以此建構出狀態轉移方程。

對於如何列舉「狀態」，這裡使用了小技巧，透過 base case 和最終狀態推導出 i,j 的巡訪方向，以確保正確的狀態轉移。

2.15 經典動態規劃：0-1 背包問題

其實背包問題不難，如果看過前面動態規劃的相關章節，藉助框架，遇到背包問題可說是手到擒來，無非就是狀態 + 選擇，也沒什麼特別之處。

現在説明背包問題，討論最常見的 0-1 背包問題。該問題描述如下：

給定一個可裝載重量為 `W` 的背包和 `N` 個物品，每個物品有重量和價值兩個屬性。其中第 `i` 個物品的重量為 `wt[i]`，價值為 `val[i]`，現在請用這個背包裝物品，最多能裝的價值是多少？

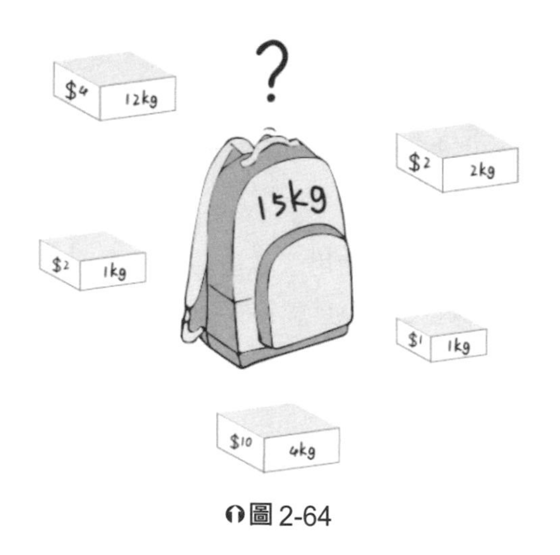

圖 2-64

舉個簡單的例子，輸入如下：

```
N = 3, W = 4
wt = [2, 1, 3]
val = [4, 2, 3]
```

演算法返回 6，選擇前兩件物品裝進背包，總重量 3 小於 `W`，可以獲得最大價值 6。

題目就是這麼簡單，一個典型的動態規劃問題。題目中的物品不可分割，不是裝進背包裡，便是不裝，不允許切成兩塊裝一部分。此即為 0-1 背包這個名詞的由來。

解決這個問題沒有什麼排序之類巧妙的方法，只要列舉所有可能，根據**「1.2 動態規劃解題範本框架」**中的解法，直接走一遍流程就行了。

動態規劃標準解題技巧

動態規劃問題都是按照下面的範本來的。

第一步要確定兩點，「狀態」和「選擇」。

先說「狀態」，如何才能描述一個問題的局面？顯然的，只要給定幾個物品和一個背包的容量限制，就形成一個背包問題。**所以，狀態有兩個，亦即「背包的容量」和「可選擇的物品」。**

再說「選擇」，十分容易想到，對於每件物品，能夠選擇什麼？**無非就是「裝進背包」或者「不裝進背包」。**

明白狀態和選擇後，基本上就解決動態規劃問題了，只要套用這個框架就完成：

```
for 狀態 1 in 狀態 1 的所有取值：
    for 狀態 2 in 狀態 2 的所有取值：
        for ...
            dp[狀態 1][ 狀態 2][...] = 擇優(選擇 1，選擇 2...)
```

第二步要確定 `dp` 陣列的定義。

首先查看剛才找到的「狀態」，有兩個，因此需要一個二維 `dp` 陣列。

`dp[i][w]` 的定義如下：對於前 `i` 個物品，目前背包的容量為 `w`，這時可以裝進的最大價值是 `dp[i][w]`。

例如，假設 `dp[3][5] = 6`，其涵義為：針對給定的一系列物品，若只選擇前 3 個物品，當背包容量為 5 時，最多可以裝下的價值為 6。

為什麼這樣定義？主要是便於狀態轉移，或者說這是背包問題的典型模式，記下來就行了。後面還有背包問題的相關問題，都是這種方式。

根據上述定義，想求的最終答案便是 `dp[N][W]`。base case 為 `dp[0][..] = dp[..][0] = 0`，因為沒有物品或者背包無空間時，能夠裝進的最大價值為 0。

細化上面的框架：

```
int dp[N+1][W+1]
    dp[0][..] = 0
    dp[..][0] = 0

    for i in [1..N]:
        for w in [1..W]:
            dp[i][w] = max(
                把物品 i 裝進背包,
                不把物品 i 裝進背包
            )
    return dp[N][W]
```

第三步，根據「選擇」，思考狀態轉移的邏輯。

簡單來說，上面的虛擬碼中，怎麼用程式碼體現出「把物品 `i` 裝進背包」和「不把物品 `i` 裝進背包」呢？

還要結合 `dp` 陣列的定義和演算法的邏輯來分析。

先重申一下 `dp` 陣列的定義：

`dp[i][w]` 表示：對於前 `i` 個物品，目前背包的容量為 `w` 時，這時可以裝下的最大價值是 `dp[i][w]`。

如果沒有把第 `i` 個物品裝入背包，很顯然的，最大價值 `dp[i][w]` 應該等於 `dp[i-1][w]`，表示繼承之前的結果。

如果把第 `i` 個物品裝入背包，那麼 `dp[i][w]` 應該等於 `dp[i-1][w-wt[i-1]] + val[i-1]`。

由於 `i` 是從 1 開始，所以 `val` 和 `wt` 的索引是 `i-1` 時，表示第 `i` 個物品的價值和重量。

而 `dp[i-1][w-wt[i-1]]` 也很好理解：如果裝了第 `i` 個物品，便得尋求剩餘重量 `w - wt[i-1]` 限制下的最大價值，再加上第 `i` 個物品的價值 `val[i-1]`。

綜合前言，兩種選擇都已經分析完畢，亦即寫出了狀態轉移方程，可進一步細化程式碼：

```
for i in [1..N]:
    for w in [1..W]:
        dp[i][w] = max(
            dp[i-1][w],
            dp[i-1][w - wt[i-1]] + val[i-1]
        )
return dp[N][W]
```

最後一步，把虛擬碼翻譯成程式碼，處理一些邊界情況。

底下以 C++ 撰寫的程式碼，乃是轉譯上面思路的結果，並且處理了 `w - wt[i-1]` 可能小於 0，導致陣列索引越界的問題：

```
int knapsack(int W, int N, vector<int>& wt, vector<int>& val) {
    // base case 已初始化
    vector<vector<int>> dp(N + 1, vector<int>(W + 1, 0));
    for (int i = 1; i <= N; i++) {
        for (int w = 1; w <= W; w++) {
            if (w - wt[i-1] < 0) {
                // 背包容量不夠，這種情況下只能選擇不裝入背包
                dp[i][w] = dp[i - 1][w];
            } else {
                // 裝入或者不裝入背包，擇優
                dp[i][w] = max(dp[i - 1][w - wt[i-1]] + val[i-1],
                    dp[i - 1][w]);
            }
        }
    }

    return dp[N][W];
}
```

至此解決了背包問題。相較而言，個人覺得這是比較簡單的動態規劃問題，因為狀態轉移的推導比較自然，基本上只要弄清楚 `dp` 陣列的定義，便可自然而然地確定狀態轉移。

2.16 經典動態規劃：子集背包問題

前一節的「**2.15 經典動態規劃：0-1 背包問題**」詳解通用的 0-1 背包問題，本節看看如何運用背包問題的觀念到其他演算法題目。

怎麼將二維動態規劃壓縮成一維動態規劃呢？答案就是利用狀態壓縮，本節將提及這種很容易的技巧。

2.16.1 問題分析

先看一下題目：

輸入一個只包含正整數的非空陣列 `nums`，請撰寫一種演算法，判斷該陣列是否可以分割成兩個子集，使得兩個子集的元素和相等。

演算法的函數簽章如下：

```
// 輸入一個集合，返回是否能夠分割成元素和相等的兩個子集
bool canPartition(vector<int>& nums);
```

例如輸入 `nums = [1,5,11,5]`，演算法返回 true，因為 `nums` 可以分割成 `[1,5,5]` 和 `[11]` 兩個子集。

如果輸入 `nums = [1,3,2,5]`，演算法返回 false，因為無論如何 `nums` 都不能分割成兩個和相等的子集。

對於這個問題，看起來和背包沒有任何關係，為什麼說它是背包問題呢？

首先回憶一下背包問題大致的描述：

給定一個可裝載重量為 `W` 的背包和 `N` 個物品，每個物品有重量和價值兩個屬性。其中第 `i` 個物品的重量為 `wt[i]`，價值為 `val[i]`，現在用這個背包裝進物品，最多能裝的價值是多少？

針對這個問題，可以先對集合求和，得出 `sum`，再把問題轉化為背包問題：

給定一個可裝載重量為 `sum/2` 的背包和 `N` 個物品，每個物品的重量為 `nums[i]`。現在裝進物品，是否存在一種裝法，能夠恰好將背包裝滿？

你看，這就是背包問題的模型，甚至比之前的經典背包問題還要簡單一些。**下面就直接轉換成背包問題**，然後套用前面講過的背包問題框架即可。

2.16.2 思路分析

第一步要確定兩點，「狀態」和「選擇」。

「2.15 經典動態規劃：0-1 背包問題」一節已經詳細解釋過，狀態就是「背包的容量」和「可選擇的物品」，選擇便是「裝進背包」或者「不裝進背包」。

第二步要確定 `dp` 陣列的定義。

按照背包問題的模式，可以給出下列定義：

`dp[i][j] = x` **表示，對於前 `i` 個物品，目前背包的容量為 `j` 時，若 `x` 為 `true`，說明恰好可以將背包裝滿；若 `x` 為 `false`，表示不能恰好將背包裝滿。**

例如，`dp[4][9] = true`，其涵義為：對於容量為 9 的背包，若只使用前 4 個物品，則存在一種方法恰好把背包裝滿。

或者以本題為例，涵義是針對給定的集合，若只選擇前 4 個數字，則存在一個子集的和恰好湊出 9。

根據此定義，想求的最終答案就是 `dp[N][sum/2]`，base case 為 `dp[..][0] = true` 和 `dp[0][..] = false`。因為當背包沒有空間時，相當於裝滿了；而當沒有物品可供選擇時，肯定沒辦法裝滿背包。

第三步，根據「選擇」，思考狀態轉移的邏輯。

回想剛才 `dp` 陣列的涵義，可以根據「選擇」對 `dp[i][j]` 得到底下的狀態轉移：

如果不把 `nums[i]` 算入子集，**或說不把第 `i` 個物品裝入背包**，那麼是否能夠恰好裝滿背包，取決於上一個狀態 `dp[i-1][j]`，亦即繼承之前的結果。

如果把 `nums[i]` 算入子集，**或說把第 `i` 個物品裝入背包**，那麼是否能夠恰好裝滿背包，取決於狀態 `dp[i-1][j-nums[i-1]]`。

什麼意思呢？首先，由於 `i` 是從 1 開始，而陣列索引是從 0 開始，所以第 `i` 個物品的重量應該是 `nums[i-1]`，這點不要弄錯。

dp[i-1][j-nums[i-1]] 也很好理解：如果裝了第 i 個物品，就得看在背包的剩餘重量 j-nums[i-1] 限制下，是否能夠被恰好裝滿。

換句話說，如果恰好可以裝滿 j - nums[i-1] 的重量，那麼只要把第 i 個物品裝進去，表示也可恰好裝滿 j 的重量；否則，肯定是不能滿足此條件。

最後一步，把虛擬碼翻譯成程式碼，處理一些邊界情況。

以下是 C++ 程式碼，完全轉譯了所有的想法，同時處理了一些邊界情況：

```
bool canPartition(vector<int>& nums) {
    int sum = 0;
    for (int num : nums) sum += num;
    // 和為奇數時，不可能劃分成兩個和相等的集合
    if (sum % 2 != 0) return false;
    int n = nums.size();
    sum = sum / 2;
    // 建構 dp 陣列
    vector<vector<bool>>
        dp(n + 1, vector<bool>(sum + 1, false));
    // base case
    for (int i = 0; i <= n; i++)
        dp[i][0] = true;
    // 開始狀態轉移
    for (int i = 1; i <= n; i++) {
        for (int j = 1; j <= sum; j++) {
            if (j - nums[i - 1] < 0) {
                // 背包容量不足，肯定不能裝入第 i 個物品
                dp[i][j] = dp[i - 1][j];
            } else {
                // 裝入或不裝入背包
                // 查看是否存在一種情況恰好能夠裝滿
                dp[i][j] = dp[i - 1][j] || dp[i - 1][j-nums[i-1]];
            }
        }
    }
    return dp[n][sum];
}
```

2.16.3 進行狀態壓縮

再進一步，是否可以最佳化上述程式碼呢？**由前文得知，`dp[i][j]` 都是透過上一行 `dp[i-1][..]` 轉移過來**，不會再使用之前的資料。

所以，建議進行狀態壓縮，將二維 `dp` 陣列壓縮為一維，以降低空間複雜度：

```
bool canPartition(vector<int>& nums) {
    int sum = 0, n = nums.size();
    for (int num : nums) sum += num;
    if (sum % 2 != 0) return false;
    sum = sum / 2;
    vector<bool> dp(sum + 1, false);
    // base case
    dp[0] = true;

    for (int i = 0; i < n; i++)
        for (int j = sum; j >= 0; j--)
            if (j - nums[i] >= 0)
                dp[j] = dp[j] || dp[j - nums[i]];

    return dp[sum];
}
```

此即為狀態壓縮，其實這段程式碼和先前的解法完全相同，只在一組 `dp` 陣列上操作。`i` 每進行一輪迭代，`dp[j]` 其實就相當於 `dp[i-1][j]`，因此只需要一維陣列就夠了。

唯一需要注意的是，`j` 應該從後往前反向巡訪，因為每個物品（或說數字）只能使用一次，避免之前的結果影響其他的結果。

至此，完全解決了子集切割的問題，時間複雜度為 $O(n \times \text{sum})$，空間複雜度為 $O(\text{sum})$。

2.17 經典動態規劃：完全背包問題

「零錢兌換 II」問題是另一種典型背包問題的變化，本節繼續按照背包問題的模式，舉出一個背包問題的變形。

本節談的是「零錢兌換 II」，難度是 Medium，描述一下題目：

給定不同面額的硬幣 `coins` 和總金額 `amount`，請撰寫一個函數計算湊成總金額的硬幣組合數。**假設每一種面額的硬幣有無限個。**

待完成函數的簽章如下：

```
int change(int amount, int[] coins);
```

例如輸入 `amount = 5, coins = [1,2,5]`，演算法應該返回 4，因為有下列 4 種方式可以湊出目標金額：

```
5=5
5=2+2+1
5=2+1+1+1
5=1+1+1+1+1
```

如果輸入 `amount = 5, coins = [3]`，演算法應該返回 0，因為以面額為 3 的硬幣無法湊出總金額 5。

至於「零錢兌換 I」問題，在**「1.2　動態規劃解題範本框架」**中講過，該問題要算出湊齊目標金額的最少硬幣數，而這個問題則是計算湊齊目標金額有幾種方式。

通常可以把這個問題，轉化為背包問題的描述形式：

有一個背包，最大容量為 `amount`，有一系列物品 `coins`，每個物品的重量為 `coins[i]`，**每個物品的數量無限制。**請問有多少種方法，能夠把背包恰好裝滿？

此問題和前面講過的兩個背包問題有一個最大的區別，就是每個物品的數量無限，亦即傳說中的**「完全背包問題」**，沒什麼艱深，無非就是狀態轉移方程有一點變化而已。

下面就以背包問題的描述形式，繼續按照流程來分析。

解題思路

第一步要確定兩點，「狀態」和「選擇」。

狀態有兩個，就是「背包的容量」和「可選擇的物品」，選擇為「裝進背包」或者「不裝進背包」，背包問題都是這樣的模式。

明確狀態和選擇後，基本上就解決動態規劃問題，只要套用這個框架就完成：

```
for 狀態1 in 狀態1的所有取值：
    for 狀態2 in 狀態2的所有取值：
        for ...
            dp[狀態1][狀態2][...] = 計算(選擇1，選擇2...)
```

第二步要確定 `dp` 陣列的定義。

首先看看剛才找到的「狀態」，有兩個，代表需要一個二維 `dp` 陣列。

`dp[i][j]` 的定義如下：

若只使用前 `i` 個物品，當背包容量為 `j` 時，有 `dp[i][j]` 種方法可以裝滿背包。

換句話說，翻譯回題目的意思是：

若只使用 `coins` 中前 `i` 個硬幣的面值，想湊出金額 `j`，則有 `dp[i][j]` 種湊法。

透過以上的定義，可以得到：

base case 為 `dp[0][..] = 0`，`dp[..][0] = 1`。因為若不使用任何硬幣面值，就無法湊出任何金額；如果湊出的目標金額為 0，那麼「無為而治」便是唯一的解法。

最終得到的答案就是 `dp[N][amount]`，其中 `N` 為 `coins` 陣列的大小。

大致的虛擬碼思路如下：

```
int dp[N+1][amount+1]
dp[0][..] = 0
dp[..][0] = 1
```

```
for i in [1..N]:
    for j in [1..amount]:
        dp[i][j] = 計算( 把物品 i 裝進背包,
            不把物品 i 裝進背包)
return dp[N][amount]
```

第三步，根據「選擇」，思考狀態轉移的邏輯。

請注意，這道題的特點在於物品的數量無限，所以和之前的背包問題有所差別。

如果不把第 `i` 個物品裝入背包，亦即不使用 `coins[i]` 面值的硬幣，那麼湊出面額 `j` 的方法數 `dp[i][j]`，應該等於 `dp[i-1][j]`，繼承之前的結果。

如果把第 `i` 個物品裝入背包，亦即使用 `coins[i]` 面值的硬幣，那麼 `dp[i][j]` 應該等於 `dp[i][j-coins[i-1]]`。

首先，由於 `i` 是從 1 開始，所以 `coins` 的索引是 `i-1` 時，表示第 `i` 個硬幣的面值。

`dp[i][j-coins[i-1]]` 也不難理解，如果決定使用該面值的硬幣，就應該關注如何湊出金額 `j - coins[i-1]`。

例如，若想用面值 2 的硬幣湊出金額 5，那麼一旦知道湊出金額 3 的方法，再加上一枚面額為 2 的硬幣，不就可以湊出 5 了。

以上就是兩種選擇，而想求的 `dp[i][j]` 是「共有多少種湊法」，所以 `dp[i][j]` 的值應該是上述兩種選擇的結果之和：

```
for (int i = 1; i <= n; i++) {
    for (int j = 1; j <= amount; j++) {
        if (j - coins[i-1] >= 0)
            dp[i][j] = dp[i - 1][j]
                + dp[i][j-coins[i-1]];
    }
}
return dp[N][W]
```

最後一步，把虛擬碼翻譯成程式碼，處理一些邊界情況。

這裡利用 Java 程式碼，實作出上面的思路，並且處理一些邊界問題：

```java
int change(int amount, int[] coins) {
    int n = coins.length;
    int[][] dp = amount int[n + 1][amount + 1];
    // base case
    for (int i = 0; i <= n; i++)
    dp[i][0] = 1;

    for (int i = 1; i <= n; i++) {
        for (int j = 1; j <= amount; j++) {
            if (j - coins[i-1] >= 0) {
                dp[i][j] = dp[i - 1][j]
                    + dp[i][j-coins[i-1]];
            } else {
                dp[i][j] = dp[i - 1][j];
            }
        }
    }
    return dp[n][amount];
}
```

此外，透過觀察得知，`dp` 陣列的轉移只和 `dp[i][..]` 與 `dp[i-1][..]` 有關，因此可以壓縮狀態，進一步降低演算法的空間複雜度：

```java
int change(int amount, int[] coins) {
    int n = coins.length;
    int[] dp = new int[amount + 1];
    dp[0] = 1; // base case
    for (int i = 0; i < n; i++)
        for (int j = 1; j <= amount; j++)
            if (j - coins[i] >= 0)
                dp[j] = dp[j] + dp[j-coins[i]];
    return dp[amount];
}
```

這個解法和之前的思路完全相同，將二維 `dp` 陣列壓縮為一維，時間複雜度變成 $O(N \times \text{amount})$，空間複雜度為 $O(\text{amount})$。

至此，這道零錢兌換問題也藉由背包問題的框架解決了。

2.18 題目千百變，範本不會變

本節講解三道類似的題目，它們在刷題平台上的點讚數非常高，屬於比較有代表性和技巧性的動態規劃題目。

三道題的難度設計十分合理，層層遞進。第一道是比較標準的動態規劃問題，第二道融入了環形陣列的條件，第三道更絕，把動態規劃的自下而上和自上而下解法結合二元樹，很有啟發性。

下面從第一道開始分析。

2.18.1 線性排列情況

先描述一下題目：

街上有一排房屋，以一個包含非負整數的陣列 nums 表示，每個元素 nums[i] 代表第 i 間房子的現金數額。現在允許從房子中取錢，但有一個約束條件，**相鄰房子的錢不能被同時取出**，必須**盡可能多**地取出錢。請撰寫一種演算法，計算在滿足條件的前提下，最多能夠取出多少錢？函數的簽章如下：

```
int rob(int[] nums);
```

例如輸入 `nums=[2, 1, 7, 9, 3, 1]`，演算法返回 12，表示取出 `nums[0]`, `nums[3]`, `nums[5]` 三個房屋的錢，得到的總數為 2 + 9 + 1 = 12，這是最佳的選擇。

題目很容易理解，而且動態規劃的特徵很明顯。**動態規劃詳解**已做過總結，**解決動態規劃問題就是找「狀態」和「選擇」，僅此而已。**

設想一個場景，從左到右走過這一排房子，每間房子前都有兩種「選擇」：取出或者不取出該房子的錢。

1. 如果取出這間房子的錢，那麼對於相鄰的下一間房子，肯定不允許再取錢，只能從下下間房子開始選擇。
2. 如果不取出這間房子的錢，便可走到下一間房子，繼續做選擇。

一旦走過最後一間房子，代表沒辦法做選擇了，能獲得的現金數量顯然是0（base case）。

以上的邏輯很簡單，其實已經確定了「狀態」和「選擇」：**面前房子的索引就是「狀態」，取錢和不取錢便是「選擇」。**

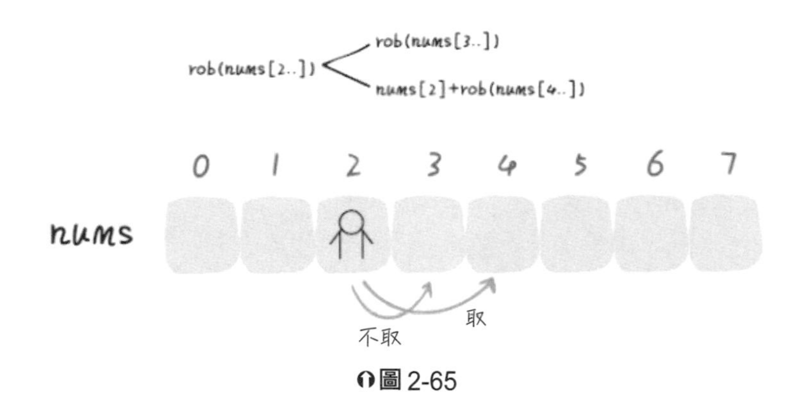

圖 2-65

在兩種選擇中，每次都選取更大的結果，最後得到的就是最多能取到的錢。

於是，可以這樣定義 `dp` 函數：

`dp(nums, start) = x` 表示，從 `nums[start]` 開始做選擇，獲得的最多金額為 `x`。

根據此定義，便可寫出解法：

```
// 主函數
int rob(int[] nums) {
    return dp(nums, 0);
}
// 返回 nums[start..] 能獲得的最大值
int dp(int[] nums, int start) {
    if (start >= nums.length) {
        return 0;
    }

    int res = Math.max(
        // 不取錢，去下間房子
        dp(nums, start + 1),
        // 取錢，去下下間房子
        nums[start] + dp(nums, start + 2)
```

```
    );
    return res;
}
```

確定狀態轉移後，就可發現對於同一 start 位置，存在重疊子問題，例如下圖：

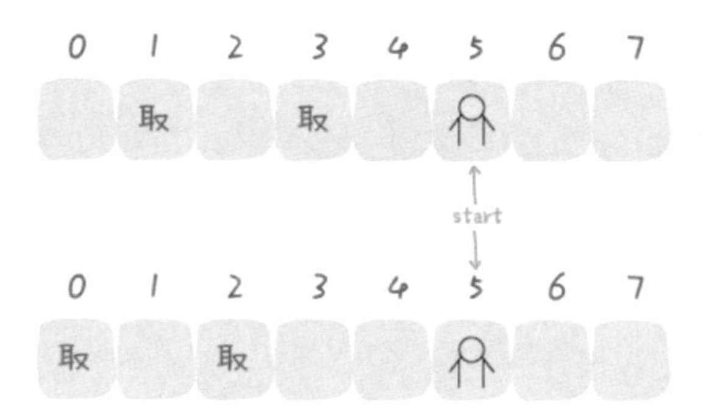

圖 2-66

有多種選擇走到這個位置，而從房間 nums[5..] 取出的最多值數為一個定值，如果每次執行 dp(nums, 0) 進入遞迴，豈不是浪費時間？因此，如果存在重疊子問題，可利用備忘錄進行最佳化：

```
int[] memo;
// 主函數
int rob(int[] nums) {
    // 初始化備忘錄
    memo = new int[nums.length];
    Arrays.fill(memo, -1);
    // 從第 0 間房子開始做選擇
    return dp(nums, 0);
}

// 返回 dp[start..] 能取出的最大金額
int dp(int[] nums, int start) {
    if (start >= nums.length) {
        return 0;
    }
    // 避免重覆計算
    if (memo[start] != -1) return memo[start];
```

```
    int res = Math.max(dp(nums, start + 1),
        nums[start] + dp(nums, start + 2));
    // 記到備忘錄
    memo[start] = res;
    return res;
}
```

這就是自上而下的動態規劃解法，或者略作修改，撰寫出**自下而上**的解法：

```
int rob(int[] nums) {
    int n = nums.length;
    // dp[i] = x 表示：
    // 從第 i 間房子開始做選擇，最多能取出的錢為 x
    // base case: dp[n] = 0
    int[] dp = new int[n + 2];
    for (int i = n - 1; i >= 0; i--) {
        dp[i] = Math.max(dp[i + 1], nums[i] + dp[i + 2]);
    }
    return dp[0];
}
```

此外，又發現狀態轉移只和 `dp[i]` 最近的兩個狀態 `dp[i+1]` 與 `dp[i+2]` 有關，因此便可進一步最佳化，將空間複雜度降低到 $O(1)$。

```
int rob(int[] nums) {
    int n = nums.length;
    // 記錄 dp[i+1] 和 dp[i+2]
    int dp_i_1 = 0, dp_i_2 = 0;
    // 記錄 dp[i]
    int dp_i = 0;
    for (int i = n - 1; i >= 0; i--) {
        dp_i = Math.max(dp_i_1, nums[i] + dp_i_2);
        dp_i_2 = dp_i_1;
        dp_i_1 = dp_i;
    }
    return dp_i;
}
```

動態規劃詳解曾詳細解釋過以上的流程，相信大家都耳熟能詳。個人認為很有意思的是這個問題的後續問題，需要根據現在的思路做一些巧妙的應變。

2.18.2 環形排列情況

這是 LeetCode 第 213 題，題目和第一題基本上相同，依然是輸入一個陣列，不能在相鄰的房子同時取錢，但是**這些房子不是排成一排，而是圍成一個圈。**

換句話說，現在第一間房子和最後一間房子相當於是相鄰的，不允許同時取錢。例如輸入陣列 `nums=[2,3,2]`，演算法返回的結果應該是 3 而不是 4，因為開頭和結尾不能同時取錢。

這個約束條件看起來不難解決，**「3.7.1 單調堆疊解題範本」**小節講到一種解決環形陣列的方案，那麼怎麼處理這個問題呢？

首尾房間不允許同時取錢，只可能有三種不同情況：

1. 第一間房子和最後一間房子都不取錢。
2. 只取第一間房子的錢，不取最後一間房子的錢。
3. 只取最後一間房子的錢，不取第一間房子的錢。

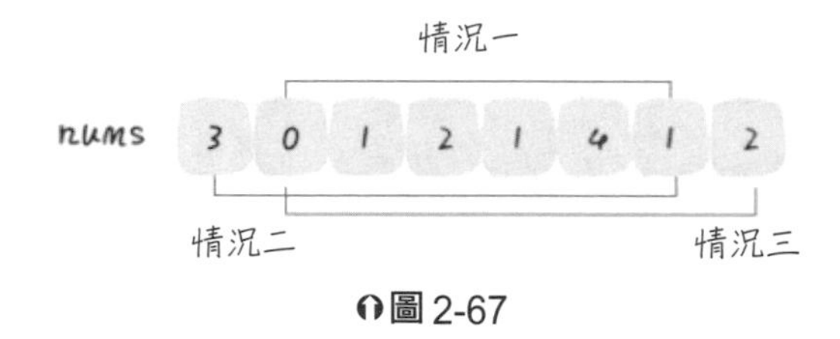

圖 2-67

那就簡單了，列舉這三種情況，最終答案就是結果最大的那一種！不過，其實並不需要比較三種情況，只要比較情況二和情況三就行了。**因為從圖中很容易看出，這兩種情況對於房子的選擇餘地已經涵蓋情況一，房子裡的錢數都是非負數，選擇餘地越大，最佳決策的結果肯定不會小。**

只需稍為修改之前的解法，即可重用於這道題：

```
//
// 僅計算閉區間 [start,end] 的最佳結果
int robRange(int[] nums, int start, int end) {
    int n = nums.length;
    int dp_i_1 = 0, dp_i_2 = 0;
    int dp_i = 0;
    for (int i = end; i >= start; i--) {
        dp_i = Math.max(dp_i_1, nums[i] + dp_i_2);
```

```
        dp_i_2 = dp_i_1;
        dp_i_1 = dp_i;
    }
    return dp_i;
}

// 輸入的 nums 陣列視為一個環形陣列
int rob(int[] nums) {
    int n = nums.length;
    if (n == 1) return nums[0];
    return Math.max(robRange(nums, 0, n - 2),
        robRange(nums, 1, n - 1));
}
```

至此，第二個問題也解決了。

2.18.3 樹狀排列情況

這裡又想盡辦法地變花樣，現在面對的房子不是一排，不是一圈，而是一棵二元樹！房子在二元樹的節點上，無法同時從相連的兩個房子取錢，該怎麼辦？

函數的簽章如下：

```
int rob(TreeNode root);
```

例如輸入為下圖的二元樹：

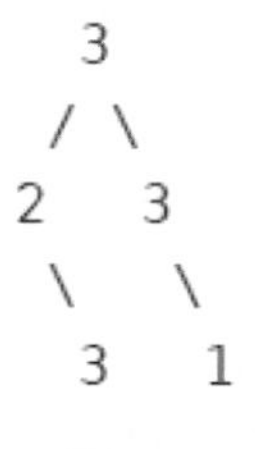

圖 2-68

演算法應該返回 7，因為可以在第一層和第三層的房子取錢，得到最高金額 3 + 3 + 1 = 7。

如果輸入為下圖的二元樹：

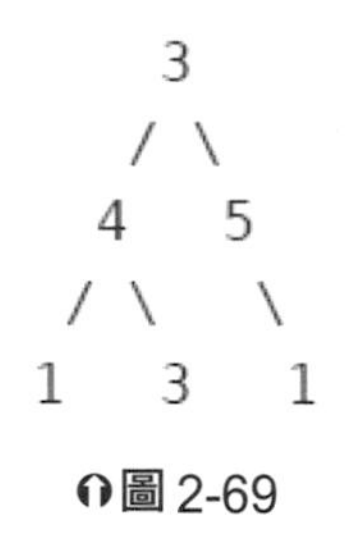

圖 2-69

那麼演算法應該返回 9，因為從第二層的房子取錢，便可獲得最高金額 4 + 5 = 9。

整體的思路完全沒變，還是做「取」或者「不取」的選擇，然後找出獲益較大的選擇即可。因此，可以直接按照下列模式寫出程式碼：

```
// 備忘錄，記錄在某個節點上的最佳選擇
Map<TreeNode, Integer> memo = new HashMap<>();

int rob(TreeNode root) {
    if (root == null) return 0;
    // 利用備忘錄消除重疊子問題
    if (memo.containsKey(root))
        return memo.get(root);
    // 取錢，然後去下下家做選擇
    int do_it = root.val
        + (root.left == null ?
            0 : rob(root.left.left) + rob(root.left.right))
        + (root.right == null ?
            0 : rob(root.right.left) + rob(root.right.right));
    // 不取錢，然後去下家做選擇
    int not_do = rob(root.left) + rob(root.right);
    // 選擇獲益更大的結果
    int res = Math.max(do_it, not_do);
    memo.put(root, res);
    return res;
}
```

這道題解決了，時間複雜度為 $O(N)$，N 為樹的節點數。

2.19 動態規劃和回溯演算法，到底是什麼關係

本書前面經常提及回溯演算法和遞迴演算法有點類似，有的問題如果實在想不出狀態轉移方程，嘗試以回溯演算法暴力解決也是一個聰明的策略，總比寫不出來解法強。

那麼，回溯演算法和動態規劃到底有什麼關係？它們都涉及遞迴，演算法範本看起來挺像的，都包括做「選擇」。那麼，它們具體上有何區別呢？回溯演算法和動態規劃之間，是否允許互相轉換呢？

下面就用「目標和」問題，詳細比較回溯演算法和動態規劃，題目如下：

輸入一個非負整數陣列 `nums` 和一個目標值 `target`，現在可以對每個元素 `nums[i]` 加上正號 `+` 或負號 `-`，請計算有幾種符號的組合，能夠使得 `nums` 中元素的和為 `target`。

函數的簽章如下：

```
int findTargetSumWays(int[] nums, int target);
```

例如輸入 `nums = [1,3,1,4,2], target = 5`，演算法返回 3，因為有下列 3 種組合，能夠使得 `target` 等於 5：

```
-1+3+1+4-2=5
+1+3-1+4-2=5
+1-3+1+4+2=5
```

`nums` 的元素也可能包含 0，允許正常地給 0 分配正負號。

2.19.1 回溯思路

其實第一眼看到這個題目，大約花了兩分鐘就寫出一種回溯解法。

任何演算法的核心都是列舉，而回溯演算法就是一個暴力列舉演算法，前面**「1.3 回溯演算法解題範本框架」**一節已列出回溯演算法框架：

```
def backtrack( 路徑, 選擇清單):
    if 滿足結束條件:
        result.add( 路徑)
        return
    for 選擇 in 選擇清單:
        做選擇
        backtrack( 路徑, 選擇清單)
        撤銷選擇
```

關鍵就是要釐清什麼是「選擇」，對於這道題目，「選擇」不是清楚地在那裡嗎？**針對每個數字** `nums[i]` **，可以選擇給一個正號** `+` **或者負號** `-` ，然後利用回溯範本列舉所有可能的結果，數一數到底有幾種組合，能夠湊出 `target` 不就行了？

虛擬碼思路如下：

```
def backtrack(nums, i):
    if i == len(nums):
        if 達到target:
            result += 1
        return

    for op in { +1, -1 }:
        選擇op * nums[i]
        # 列舉nums[i + 1]的選擇
        backtrack(nums, i + 1)
        撤銷選擇
```

如果看過之前的回溯演算法問題，下列程式碼可以說是比較簡單：

```
int result = 0;

/* 主函數 */
int findTargetSumWays(int[] nums, int target) {
    if (nums.length == 0) return 0;
    backtrack(nums, 0, target);
    return result;
}

/* 回溯演算法範本 */
void backtrack(int[] nums, int i, int rest) {
```

```
    // base case
    if (i == nums.length) {
        if (rest == 0) {
            // 說明恰好湊出 target
            result++;
        }
        return;
    }
    // 為 nums[i] 選擇 - 號
    rest += nums[i];
    // 列舉 nums[i + 1]
    backtrack(nums, i + 1, rest);
    // 撤銷選擇
    rest -= nums[i];

    // 為 nums[i] 選擇 + 號
    rest -= nums[i];
    // 列舉 nums[i + 1]
    backtrack(nums, i + 1, rest);
    // 撤銷選擇
    rest += nums[i];
}
```

有的讀者可能會問，選擇 - 時，為什麼是 rest += nums[i]；而選擇 + 時，為什麼是 rest -= nums[i] 呢，是不是寫反了？

不是，「如何湊出 target」和「如何把 target 減到 0」其實一樣。這裡選擇後者，因為前者必須為 backtrack 函數多加一個參數，筆者覺得不美觀：

```
void backtrack(int[] nums, int i, int sum, int target) {
    // base case
    if (i == nums.length) {
        if (sum == target) {
            result++;
        }
        return;
    }
    // ...
}
```

因此，如果為 nums[i] 選擇 + 號，就要讓 rest - nums[i]，反之亦然。

上述回溯演算法可以解決這個問題，時間複雜度為 $O(2N)$，N 為 `nums` 的大小。怎麼算出複雜度？回憶**「1.1　學習演算法和刷題的概念框架」**一節的內容，發現此回溯演算法就是一個二元樹的巡訪問題：

```
void backtrack(int[] nums, int i, int rest) {
    if (i == nums.length) {
        return;
    }
    backtrack(nums, i + 1, rest - nums[i]);
    backtrack(nums, i + 1, rest + nums[i]);
}
```

樹的高度便是 `nums` 的長度，亦即時間複雜度就是這棵二元樹的節點數，為 $O(2^N)$，其實效率非常低。

因此，如何利用動態規劃概念最佳化這個問題呢？

2.19.2　消除重疊子問題

動態規劃之所以比暴力演算法快，主要是因為動態規劃技巧消除了重疊子問題。

如何發現重疊子問題呢？看是否可能出現重覆的「狀態」。對於遞迴函數來說，函數中會變的參數就是「狀態」；以 `backtrack` 函數為例，變動的參數為 `i` 和 `rest`。

本書**動態規劃之編輯距離**說明一種一眼看出重疊子問題的方法，先抽象出遞迴框架：

```
void backtrack(int i, int rest) {
    backtrack(i + 1, rest - nums[i]);
    backtrack(i + 1, rest + nums[i]);
}
```

舉個簡單的例子，如果 `nums[i] = 0`，會發生什麼？

```
void backtrack(int i, int rest) {
    backtrack(i + 1, rest);
    backtrack(i + 1, rest);
}
```

由此得知，出現了兩個「狀態」完全相同的遞迴函數，**這樣就是重複的遞迴計算。此即為重疊子問題，而且只要能夠找到一個重疊子問題，一定還存在很多的重疊子問題。**

因此，狀態 `(i, rest)` 可以利用備忘錄技巧進行最佳化：

```
int findTargetSumWays(int[] nums, int target) {
    if (nums.length == 0) return 0;
    return dp(nums, 0, target);
}

// 備忘錄
HashMap<String, Integer> memo = new HashMap<>();
int dp(int[] nums, int i, int rest) {
    // base case
    if (i == nums.length) {
        if (rest == 0) return 1;
        return 0;
    }
    // 把它們轉成字串，才能作為雜湊表的鍵
    String key = i + "," + rest;
    // 避免重覆計算
    if (memo.containsKey(key)) {
        return memo.get(key);
    }
    // 還是列舉
    int result = dp(nums, i + 1, rest - nums[i]) + dp(nums, i + 1, rest +
nums[i]);
    // 記到備忘錄
    memo.put(key, result);
    return result;
}
```

以前大都利用 Python 的元組，配合雜湊表 `dict` 實作備忘錄，但其他語言沒有元組，建議把「狀態」轉為字串作為雜湊表的鍵，這是一個常用的小技巧。

上述解法透過備忘錄消除很多重疊子問題，提升一定的效率。時間複雜度為「狀態」組合 `(i, rest)` 的數量，即 $O(N \times \text{target})$。

2.19.3 動態規劃

其實，這個問題可以轉換為子集劃分問題，而後者又是一個典型的背包問題。動態規劃總是那麼讓人摸不著頭腦……

首先，如果把 nums 劃分成兩個子集 A 和 B，分別代表分配 + 和分配 - 的數，它們和 target 存在下列關係：

```
sum(A) - sum(B) = target
sum(A) = target + sum(B)
sum(A) + sum(A) = target + sum(B) + sum(A)
2 * sum(A) = target + sum(nums)
```

綜合前言，可以推導出 sum(A) = (target + sum(nums)) / 2，也就是把原問題轉換成：**nums 中存在幾個子集 A，使得 A 中元素的和為 (target + sum(nums)) / 2？**

類似的子集劃分問題曾於**經典動態規劃：子集背包問題**提及，現在設計一個函數：

```
/* 計算 nums 中有幾個子集的和為 sum */
int subsets(int[] nums, int sum) {}
```

然後，呼叫該函數：

```
int findTargetSumWays(int[] nums, int target) {
    int sum = 0;
    for (int n : nums) sum += n;
    // 這兩種情況，不可能存在合法的子集劃分
    if (sum < target || (sum + target) % 2 == 1) {
        return 0;
    }
    return subsets(nums, (sum + target) / 2);
}
```

好的，變成背包問題的標準形式：

有一個背包，容量為 sum，現在給定 N 個物品，第 i 個物品的重量為 nums[i - 1]（注意 1 <= i <= N），每種物品只有一個，請問有幾種不同的方法能夠恰好裝滿這個背包？

現在，這就是一個正宗的動態規劃問題，下面按照一直強調的動態規劃模式走完流程。

第一步要確定兩點，「狀態」和「選擇」。

對於背包問題，這都是一樣的步驟，狀態是「背包的容量」和「可選擇的物品」，選擇為「裝進背包」或者「不裝進背包」。

第二步要確定 `dp` 陣列的定義。

按照背包問題的範本，可以列出下列定義：

`dp[i][j] = x` 表示，若只在前 `i` 個物品中選擇，且目前背包的容量為 `j`，則最多有 `x` 種方法恰好可以裝滿背包。

翻譯成探討的子集問題就是，若只在 `nums` 的前 `i` 個元素中選擇，目標和為 `j`，則最多有 `x` 種方法劃分子集。

根據此定義，顯然 `dp[0][..] = 0`，因為沒有物品的話，根本沒辦法裝背包。而 `dp[..][0] = 1`，代表如果背包的最大載重為 0，「什麼都不裝」就是唯一的裝法。

訴求的答案就是 `dp[N][sum]`，亦即使用所有 `N` 個物品，有幾種方法可以裝滿容量為 `sum` 的背包。

第三步，根據「選擇」，思考狀態轉移的邏輯。

回想剛才的 `dp` 陣列涵義，便可根據「選擇」對 `dp[i][j]` 得到下列狀態轉移：

如果不把 `nums[i]` 算入子集，**或說不把第 `i` 個物品裝入背包**，那麼恰好裝滿背包的方法數，就取決於上一個狀態 `dp[i-1][j]`，亦即繼承之前的結果。

如果把 `nums[i]` 算入子集，**或說把第 `i` 個物品裝入背包**，那麼只要看前 `i - 1` 個物品有幾種方法可以裝滿 `j - nums[i-1]` 的重量即可，所以取決於狀態 `dp[i-1][j-nums[i-1]]`。

TIPS 這裡說的 i 是從 1 開始計算，而陣列 nums 的索引則是從 0 開始計算，因此 `nums[i-1]` 代表第 i 個物品的重量，`j - nums[i-1]` 就是背包裝入物品 i 之後剩下的容量。

由於 dp[i][j] 為裝滿背包的總方法數，所以應該對以上兩種選擇的結果求和，得到狀態轉移方程：

```
dp[i][j] = dp[i-1][j] + dp[i-1][j-nums[i-1]];
```

然後，根據狀態轉移方程撰寫動態規劃演算法：

```
/* 計算 nums 中有幾個子集的和為 sum */
int subsets(int[] nums, int sum) {
    int n = nums.length;
    int[][] dp = new int[n + 1][sum + 1];
    // base case
    for (int i = 0; i <= n; i++) {
        dp[i][0] = 1;
    }

    for (int i = 1; i <= n; i++) {
        for (int j = 0; j <= sum; j++) {
            if (j >= nums[i-1]) {
                // 兩種選擇的結果之和
                dp[i][j] = dp[i-1][j] + dp[i-1][j-nums[i-1]];
            } else {
                // 背包的空間不足，只能選擇不裝物品 i
                dp[i][j] = dp[i-1][j];
            }
        }
    }
    return dp[n][sum];
}
```

接下來，發現 dp[i][j] 只和前一行 dp[i-1][..] 有關，那麼肯定可以最佳化成一維 dp：

```
/* 計算 nums 中有幾個子集的和為 sum */
int subsets(int[] nums, int sum) {
    int n = nums.length;
    int[] dp = new int[sum + 1];
    // base case
    dp[0] = 1;

    for (int i = 1; i <= n; i++) {
```

```
        // j 要從後往前巡訪
        for (int j = sum; j >= 0; j--) {
            // 狀態轉移方程
            if (j >= nums[i-1]) {
                dp[j] = dp[j] + dp[j-nums[i-1]];
            } else {
                dp[j] = dp[j];
            }
        }
    }
    return dp[sum];
}
```

對照二維 dp，只要全都去掉 dp 陣列的第一個維度就行了，唯一的區別是這裡的 j 要從後往前巡訪，原因如下：

因為二維壓縮到一維的根本原理是，新結果還沒覆蓋 dp[j] 和 dp[j-nums[i-1]] 時，相當於二維 dp 中的 dp[i-1][j] 和 dp[i-1][j-nums[i-1]]。

那麼，必須做到：在計算新的 dp[j] 時，dp[j] 和 dp[j-nums[i-1]] 還是上一輪外層 for 迴圈的結果。

如果從前往後巡訪一維 dp 陣列，dp[j] 顯然沒問題，但是 dp[j-nums[i-1]] 已經不是上一輪外層 for 迴圈的結果了，這裡便會使用錯誤的狀態，當然得不到正確的答案。

Chapter 03 資料結構系列

本書**學習演算法和刷題的概念框架**中曾提及，很多演算法技巧都源自基本資料結構的操作。只要能夠隨心所欲地操控基本資料結構，就會發現那些厲害的演算法技巧，本質上也是樸實無華且枯燥。

本章主要研究鏈結串列、二元樹等普通的資料結構，到底能「玩」出什麼花樣；順便教導如何層層拆解複雜問題，動手撰寫 LRU、LFU 等經典演算法；還會介紹一些特殊資料結構的實作方式與使用場景，諸如單調堆疊和單調佇列。

演算法是靈魂，資料結構是血肉，一起領略資料結構的奧妙吧！

3.1 一步步教你撰寫 LRU 快取淘汰演算法

LRU 演算法是一種快取淘汰策略，原理不難，但在面試中寫出沒有 bug 的演算法要有技巧，必須對資料結構進行層層抽象和拆解，本節筆者就為你撰寫一手漂亮的程式碼。

電腦的快取容量有限，如果快取滿了就要刪除一些內容，給新內容騰出位置。問題是該刪除哪些內容呢？答案肯定是希望刪掉沒什麼用的部分，繼續保留有用的資料於快取，方便之後繼續使用。那麼什麼樣的資料被認定為「有用的」資料呢？

LRU 快取淘汰演算法便是一種常用策略。LRU 的全名是 Least Recently Used，代表最近使用過的資料應該是「有用的」，許久未使用的資料屬於無用的，記憶體滿了就先刪除無用的資料。

舉個簡單的例子，安卓手機都能把軟體放到後台執行，例如先後開啟「智能管家」、「設定」、「日曆」等應用程式，那麼它們在後台排列的順序如下：

圖 3-1

這時候如果觸碰了「設定」介面，那麼「設定」就會換到第一個，變成圖 3-2：

圖 3-2

假設手機只允許同時開啟 3 個應用程式，現在已經滿了。如果打算新開一個應用程式「時鐘」，就得關閉一個應用程式，好為「時鐘」騰出一個位置，該關閉哪個呢？

按照 LRU 的策略，將關閉最底下的「智能管家」，因為它是最久未使用，然後把新開啟的應用程式放到最上面：

圖 3-3

現在應該理解 LRU 策略了。當然還有若干快取淘汰策略，例如不要按存取的時序，而是按存取頻率（LFU 策略）來淘汰等，各有應用場景。本節專門講解 LRU 演算法策略。

3.1.1 LRU 演算法描述

LeetCode 第 146 題「LRU 快取機制」就是設計資料結構：

首先接收一個 `capacity` 參數作為快取的最大容量，然後設計兩個 API，一個是 `put(key, val)` 方法儲存鍵值對，另一個是 `get(key)` 方法取得 `key` 對應的 `val`，如果 `key` 不存在則返回 -1。

請注意，get 和 put 方法必須都是 $O(1)$ 的時間複雜度，下面舉個具體的例子，看看 LRU 演算法怎麼工作：

```
/* 快取容量為 2 */
LRUCache cache = new LRUCache(2);
// 可以把 cache 理解成一個佇列
// 假設左邊是佇列頭，右邊是佇列尾
// 最近使用的排在佇列頭，久未使用的排在佇列尾
// 小括號表示鍵值對 (key, val)

cache.put(1, 1);
// cache = [(1, 1)]

cache.put(2, 2);
// cache = [(2, 2), (1, 1)]

cache.get(1); // 返回 1
// cache = [(1, 1), (2, 2)]
// 解釋：因為最近存取過鍵 1，所以提至佇列頭
// 返回鍵 1 對應的值 1

cache.put(3, 3);
// cache = [(3, 3), (1, 1)]
// 解釋：快取容量已滿，必須刪除內容以空出位置
// 優先刪除久未使用的資料，也就是佇列尾的資料
// 然後把新的資料插入佇列頭

cache.get(2); // 返回 -1 (未找到)
// cache = [(3, 3), (1, 1)]
// 解釋：cache 中不存在鍵為 2 的資料

cache.put(1, 4);
// cache = [(1, 4), (3, 3)]
// 解釋：鍵 1 已存在，把原始值 1 覆蓋為 4
// 別忘了也要將鍵值對提到佇列頭
```

3.1.2 LRU 演算法設計

分析上面的操作過程，若想讓 put 和 get 方法的時間複雜度為 $O(1)$，cache 資料結構必備的條件如下：

1. 顯然 `cache` 中的元素必須帶有時序，以區分最近使用和久未使用的資料。當容量滿了之後，便刪除最久未使用的元素，以騰出位置。
2. 要在 `cache` 中快速找出某個 `key` 是否存在，並得到對應的 `val`。
3. 每次存取 `cache` 的某個 `key` 時，需將該元素變為最近使用，亦即 `cache` 要支援在任意位置快速插入和刪除元素。

那麼什麼資料結構同時符合上述條件呢？雜湊表搜尋速度快，但是資料無固定順序；鏈結串列有順序之分，插入、刪除快，但是搜尋速度慢。所以綜合一下，形成一種新的資料結構：雜湊鏈結串列 `LinkedHashMap`。

LRU 快取演算法的核心資料結構就是雜湊鏈結串列，它是雙向鏈結串列和雜湊表的結合體。資料結構如下：

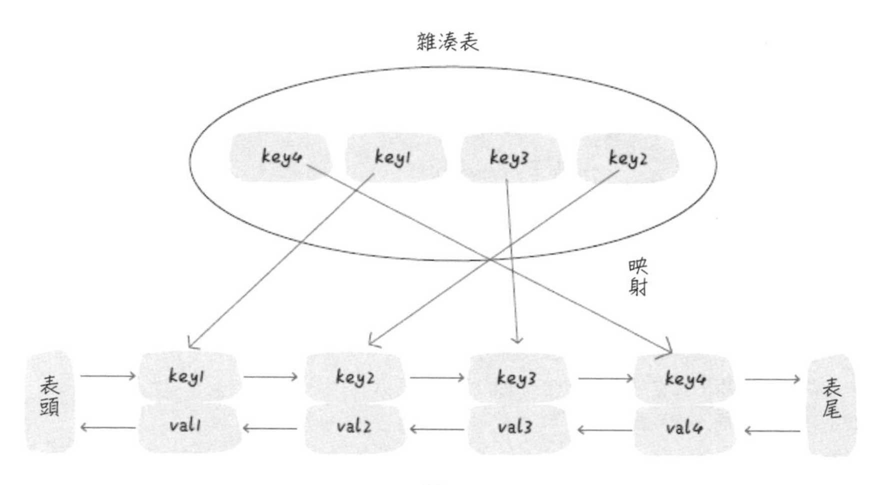

▲圖 3-4

藉助這個結構，逐一分析上面的 3 個條件：

1. 如果每次預設從鏈結串列尾部增加元素，顯然越靠尾部的元素就越是最近使用，越靠頭部的元素便是越久未使用。
2. 對於某一個 `key`，可透過雜湊表快速定位到鏈結串列的節點，進而取得對應的 `val`。
3. 鏈結串列顯然支援在任意位置快速插入和刪除，修改指標即可。只不過傳統的鏈結串列無法按照索引快速存取某個位置的元素，而此處則藉助雜湊表，以便透過 `key` 快速映射到任意一個鏈結串列的節點，然後進行插入和刪除。

也許讀者會問，為什麼是雙向鏈結串列，單向鏈結串列行不行？另外，既然雜湊表已經儲存 `key`，為什麼鏈結串列還要存放 `key` 和 `val` 呢，只存 `val` 不行嗎？

想的時候都是問題，只有做的時候才有答案。如此設計的原因，必須等親自實作 LRU 演算法之後才能理解，所以開始看程式碼吧！

3.1.3 程式碼實作

很多程式語言都有內建的雜湊鏈結串列，或者類似 LRU 功能的程式庫函數，但是為了幫助大家理解演算法的細節，先自己設計 LRU 演算法，然後再以 Java 內建的 `LinkedHashMap` 實作一遍。

首先，撰寫雙向鏈結串列的節點類別，為了簡化起見，`key` 和 `val` 都設為 int 類型：

```
class Node {
    public int key, val;
    public Node next, prev;
    public Node(int k, int v) {
        this.key = k;
        this.val = v;
    }
}
```

然後依靠 `Node` 類別建構一個雙向鏈結串列，實作幾個 LRU 演算法必備的 API：

```
class DoubleList {
    // 頭尾虛節點
    private Node head, tail;
    // 鏈結串列元素個數
    private int size;
    public DoubleList() {
        // 初始化雙向鏈結串列的資料
        head = new Node(0, 0);
        tail = new Node(0, 0);
        head.next = tail;
        tail.prev = head;
        size = 0;
    }
```

```java
    // 在鏈結串列尾部增加節點 x，時間複雜度為 O(1)
    public void addLast(Node x) {
        x.prev = tail.prev;
        x.next = tail;
        tail.prev.next = x;
        tail.prev = x;
        size++;
    }

    // 刪除鏈結串列的 x 節點（x 一定存在）
    // 由於是雙向鏈結串列，而且給的是目標 Node 節點，時間複雜度為 O(1)
    public void remove(Node x) {
        x.prev.next = x.next;
        x.next.prev = x.prev;
        size--;
    }

    // 刪除鏈結串列的第一個節點，並返回該節點，時間複雜度為 O(1)
    public Node removeFirst() {
        if (head.next == tail)
            return null;
        Node first = head.next;
        remove(first);
        return first;
    }

    // 返回鏈結串列長度，時間複雜度為 O(1)
    public int size() { return size; }
}
```

到此就能回答「為什麼必須用雙向鏈結串列」的問題，因為需要刪除操作。刪除一個節點時，不僅要得得該節點本身的指標，也得操作前驅節點的指標，而雙向鏈結串列才支援直接查尋前驅，確保操作的時間複雜度為 $O(1)$。

方才設計的雙向鏈結串列 API 只能從尾部插入，代表靠尾部是最近使用的資料，而靠頭部的則是最久未使用的資料。

有了雙向鏈結串列後，只需在 LRU 演算法中結合雜湊表，先搭出程式碼框架：

```
class LRUCache {
    // key -> Node(key, val)
    private HashMap<Integer, Node> map;
    // Node(k1, v1) <-> Node(k2, v2)...
    private DoubleList cache;
    // 最大容量
    private int cap;

    public LRUCache(int capacity) {
        this.cap = capacity;
        map = new HashMap<>();
        cache = new DoubleList();
    }
```

先不著急實作 LRU 演算法的 `get` 和 `put` 方法。由於要同時維護一個雙向鏈結串列 `cache` 和一個雜湊表 `map`，很容易漏掉一些操作，例如刪除某個 `key` 時，已於 `cache` 移除對應的 `Node`，但卻忘記刪掉 `map` 中的 `key`。

解決這種問題的有效方法是：在兩種資料結構之上提供一層抽象 API。

說得有點奇幻，實際上很簡單，就是儘量讓 LRU 的主方法 `get` 和 `put`，避免直接操作 `map` 和 `cache` 的細節。建議先實作下面幾個函數：

```
/* 將某個 key 提升為最近使用 */
private void makeRecently(int key) {
    Node x = map.get(key);
    // 先從鏈結串列刪除這個節點
    cache.remove(x);
    // 重新插到鏈結串列尾
    cache.addLast(x);
}

/* 增加最近使用的元素 */
private void addRecently(int key, int val) {
    Node x = new Node(key, val);
    // 鏈結串列尾部就是最近使用的元素
    cache.addLast(x);
    // 別忘了在 map 中加上 key 的映射
    map.put(key, x);
```

```java
    }

    /* 刪除某一個 key */
    private void deleteKey(int key) {
        Node x = map.get(key);
        // 從鏈結串列中刪除
        cache.remove(x);
        // 從 map 中刪除
        map.remove(key);
    }

    /* 刪除最久未使用的元素 */
    private void removeLeastRecently() {
        // 鏈結串列頭部就是最久未使用的元素
        Node deletedNode = cache.removeFirst();
        // 同時別忘了從 map 中刪除它的 key
        int deletedKey = deletedNode.key;
        map.remove(deletedKey);
    }
```

此處就能回答「為什麼要在鏈結串列同時儲存 key 和 val，而非只有 val」。請注意，在 removeLeastRecently 函數中，需透過 deletedNode 得到 deletedKey。

換句話說，當快取容量已滿，不僅要刪除最後一個 Node 節點，還要把 map 中映射到該節點的 key 同時刪除，而這個 key 只能藉由 Node 得到。如果 Node 結構只儲存 val，便無法得知 key 是什麼，也就不能刪除 map 中的鍵，導致造成錯誤。

上述方法就是簡單的操作封裝，呼叫這些函數，便可避免直接操作 cache 鏈結串列和 map 雜湊表。下面先來實作 LRU 演算法的 get 方法：

```java
public int get(int key) {
    if (!map.containsKey(key)) {
        return -1;
    }
    // 將該資料提升為最近使用
    makeRecently(key);
    return map.get(key).val;
}
```

put 方法稍微複雜一些，先畫個圖弄清楚它的邏輯：

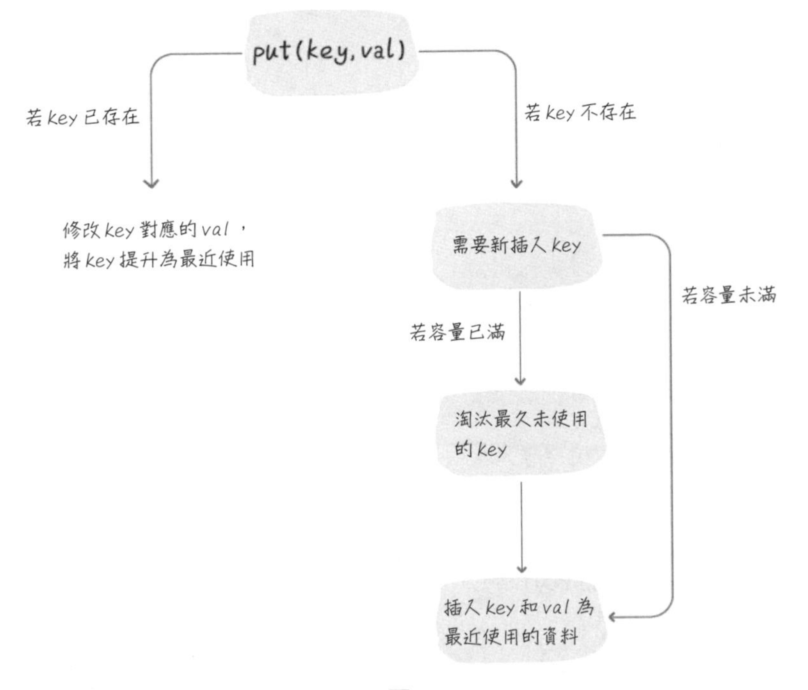

圖 3-5

如此一來，就能輕鬆寫出 put 方法的程式碼：

```
public void put(int key, int val) {
    if (map.containsKey(key)) {
        // 刪除舊的資料
        deleteKey(key);
        // 新插入的資料為最近使用
        addRecently(key, val);
        return;
    }

    if (cap == cache.size()) {
        // 刪除最久未使用的元素
        removeLeastRecently();
    }
    // 增加為最近使用的元素
    addRecently(key, val);
}
```

至此，應該完全掌握LRU演算法的原理和實作，最後改用Java的內建類型LinkedHashMap實作LRU演算法，邏輯和之前完全一致，這裡就不多做解釋：

```
class LRUCache {
    int cap;
    LinkedHashMap<Integer, Integer> cache = new LinkedHashMap<>();
    public LRUCache(int capacity) {
        this.cap = capacity;
    }

    public int get(int key) {
        if (!cache.containsKey(key)) {
            return -1;
        }
        // 將 key 變為最近使用
        makeRecently(key);
        return cache.get(key);
    }

    public void put(int key, int val) {
        if (cache.containsKey(key)) {
            // 修改 key 的值
            cache.put(key, val);
            // 將 key 變為最近使用
            makeRecently(key);
            return;
        }

        if (cache.size() >= this.cap) {
            // 鏈結串列頭部就是最久未使用的 key
            int oldestKey = cache.keySet().iterator().next();
            cache.remove(oldestKey);
        }
        // 將新的 key 增加到鏈結串列尾部
        cache.put(key, val);
    }

    private void makeRecently(int key) {
        int val = cache.get(key);
        // 刪除 key，重新插入到鏈結串列尾部
        cache.remove(key);
        cache.put(key, val);
    }
}
```

至此，LRU演算法就脫掉神秘的面紗。

3.2 層層拆解，帶你動手撰寫 LFU 演算法

上一節敘述了 LRU 快取淘汰演算法的實作方法，這一節撰寫另一個著名的快取淘汰演算法：LFU 演算法。

LRU 演算法的淘汰策略是 Least Recently Used，表示每次淘汰那些最久沒被使用的資料；而 LFU 演算法的淘汰策略是 Least Frequently Used，表示每次淘汰那些使用次數最少的資料。

LRU 演算法的核心資料結構是雜湊鏈結串列 `LinkedHashMap`，首先藉助鏈結串列的有序性，使得鏈結串列元素維持插入順序，同時透過雜湊映射的快速存取能力，以便以 $O(1)$ 時間複雜度存取鏈結串列的任意元素。

就實作上來說，LFU 演算法的難度大於 LRU 演算法，因為後者相當於按照時間排序資料，一般藉助鏈結串列很自然就能完成。一直從鏈結串列頭部加入元素的話，代表越靠近頭部就是越新的資料，越靠近尾部就是越舊的資料，進行快取淘汰的時候，只要簡單地淘汰尾部的元素即可。

而 LFU 演算法相當於按照存取頻率排序資料，這種需求恐怕沒有那麼簡單。此外還有一種情況，如果多個資料擁有相同的存取頻率，就應刪除最早插入的資料。也就是說，LFU 演算法是淘汰存取頻率最低的資料，如果同時出現多筆資料，便得淘汰最舊的那筆。

因此，LFU 演算法要複雜許多，而且經常出現於面試中，工程實踐也經常使用 LFU 快取淘汰演算法。**不過話說回來，這種著名演算法都是固定的模式，關鍵是由於邏輯比較複雜，不容易寫出漂亮且沒有 bug 的程式碼。**

本節將說明與拆解 LFU 演算法，自上而下、逐步求精，就是解決複雜問題的不二法門。

3.2.1 演算法描述

要求撰寫一個類別，接受一個 `capacity` 參數，並實作 `get` 和 `put` 方法：

```
class LFUCache {
    // 建構容量為 capacity 的快取
```

```java
    public LFUCache(int capacity) {}
    // 在快取中查詢 key
    public int get(int key) {}
    // 將 key 和 val 存入快取
    public void put(int key, int val) {}
}
```

get(key) 方法會到快取中查詢鍵 key，如果 key 存在，則返回 key 對應的 val，否則返回 -1。

put(key, value) 方法插入或修改快取。如果 key 已存在，則將對應的值改為 val；如果 key 不存在，則插入鍵值對 (key, val)。

當快取達到容量 capacity 時，應該在插入新的鍵值對之前，刪除使用頻率（下面以 freq 表示）最低的鍵值對。如果有多個 freq 最低的鍵值對，則刪除最舊的那個。

```java
// 建構一個容量為 2 的 LFU 快取
LFUCache cache = new LFUCache(2);

// 插入兩對 (key, val)，對應的 freq 為 1
cache.put(1, 10);
cache.put(2, 20);

// 查詢 key 為 1 對應的 val
// 返回 10，同時鍵 1 對應的 freq 變為 2
cache.get(1);

// 容量已滿，刪除 freq 最小的鍵 2
// 插入鍵值對 (3, 30)，對應的 freq 為 1
cache.put(3, 30);

// 鍵 2 已被刪除，返回 -1
cache.get(2);
```

3.2.2 思路分析

一定從最簡單的開始，根據 LFU 演算法的邏輯，首先列舉演算法執行過程中幾個顯而易見的事實：

1. 呼叫 `get(key)` 方法時，需返回該 `key` 對應的 `val`。
2. 只要以 `get` 或 `put` 方法存取某個 `key`，該 `key` 的 `freq` 就加一。
3. 如果在容量滿時進行插入，則得刪除 `freq` 最小的 `key`，如果最小的 `freq` 對應多個 `key`，便刪除最舊的那個。

好的，希望能夠在 $O(1)$ 的時間複雜度內解決這些需求，建議使用基本資料結構逐一擊破：

1. 使用一個 `HashMap` 儲存 `key` 到 `val` 的映射，以便快速計算 `get(key)`。

```
HashMap<Integer, Integer> keyToVal;
```

2. 使用一個 `HashMap` 儲存 `key` 到 `freq` 的映射，以便快速操作 `key` 對應的 `freq`。

```
HashMap<Integer, Integer> keyToFreq;
```

3. 這個需求是 LFU 演算法的核心，所以細部拆解：

   3a 肯定需要 `freq` 到 `key` 的映射。

   3b 將 `freq` 最小的 `key` 刪除，應快速得到目前所有 `key` 中最小的 `freq` 是多少。

   若要求時間複雜度為 $O(1)$ 的話，肯定不能巡訪，於是以一個變數 `minFreq` 記錄目前最小的 `freq`。

   3c 可能有多個 `key` 擁有相同的 `freq`，所以 `freq` 對 `key` 是一對多的關係，亦即一個 `freq` 對應至一個 `key` 的串列。

   3d 希望 `freq` 對應至 `key` 的串列存在時序，便於快速找尋與刪除最舊的 `key`。

   3e 希望能夠快速刪除 `key` 串列的任何一個 `key`，因為如果存取頻率為 `freq` 的某個 `key`，其頻率就會變成 `freq+1`，因此得從 `freq` 對應的 `key` 串列中刪除，加到 `freq+1` 對應的 `key` 串列。

```
HashMap<Integer, LinkedHashSet<Integer>> freqToKeys;
int minFreq = 0;
```

介紹一下 `LinkedHashSet`，它滿足 3c、3d、3e 幾個要求。普通的鏈結串列 `LinkedList` 能夠滿足 3c、3d 兩個要求，但由於鏈結串列不能快速存取其中的某一個節點，所以無法滿足 3e 的要求。

顧名思義，LinkedHashSet 是鏈結串列和雜湊集合的結合體。鏈結串列不能快速存取鏈結串列的節點，但是插入元素具有時序；雜湊集合的元素無序，但是可以快速地存取和刪除元素。

那麼二者結合後，便兼具雜湊集合和鏈結串列的特性，既能在 $O(1)$ 時間內存取或刪除其中的元素，又可以保持插入的時序，有效達到 3e 的需求。

綜合前言，便可寫出 LFU 演算法的基本資料結構：

```
class LFUCache {
    // key 到 val 的映射，後面稱為 KV 表
    HashMap<Integer, Integer> keyToVal;
    // key 到 freq 的映射，後面稱為 KF 表
    HashMap<Integer, Integer> keyToFreq;
    // freq 到 key 串列的映射，後面稱為 FK 表
    HashMap<Integer, LinkedHashSet<Integer>> freqToKeys;
    // 記錄最小的頻率
    int minFreq;
    // 記錄 LFU 快取的最大容量
    int cap;

    public LFUCache(int capacity) {
        keyToVal = new HashMap<>();
        keyToFreq = new HashMap<>();
        freqToKeys = new HashMap<>();
        this.cap = capacity;
        this.minFreq = 0;
    }

    public int get(int key) {}

    public void put(int key, int val) {}
}
```

3.2.3 程式碼框架

LFU 的邏輯不難理解，但以程式碼實作並不容易，因為需要維護 KV 表、KF 表、FK 表三個映射，特別容易出錯。針對這種情況，筆者提供幾個技巧：

1. 不要企圖一上來就設計演算法的所有細節，建議自上而下、逐步求精，先寫清楚主函數的邏輯框架，然後再一步步實作細節。

2. 弄清楚映射關係，如果更新某個 `key` 對應的 `freq`，就得同步修改 `KF` 表和 `FK` 表，這樣才不會出問題。
3. 畫圖，畫圖，畫圖，重要的事說三遍。以流程圖畫出邏輯比較複雜的部分，然後依此撰寫程式碼，便可大幅降低出錯的機率。

下面實作 `get(key)` 方法，邏輯很簡單，返回 `key` 對應的 `val`，然後增加 `key` 對應的 `freq`：

```
public int get(int key) {
    if (!keyToVal.containsKey(key)) {
        return -1;
    }
    // 增加 key 對應的 freq
    increaseFreq(key);
    return keyToVal.get(key);
}
```

增加 `key` 對應的 `freq` 是 LFU 演算法的核心，所以乾脆直接抽象成一個函數 `increaseFreq`，如此一來，`get` 方法看起來就簡潔清晰。

接下來實作 `put(key, val)` 方法，邏輯略微複雜，直接畫個圖：

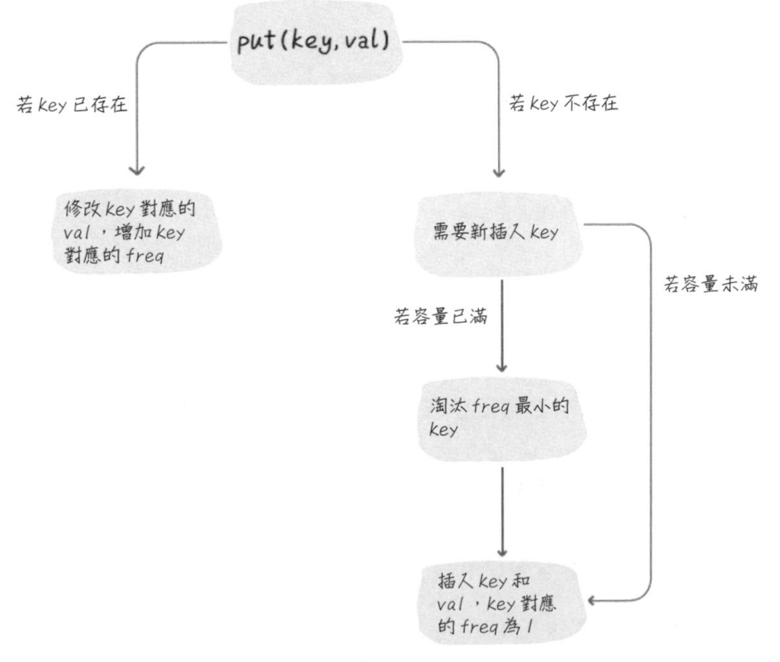

圖 3-6

這是筆者隨手畫的圖，不是正規的程式流程圖，但是演算法邏輯一目了然，看圖便可直接寫出 put 方法的邏輯：

```
public void put(int key, int val) {
    if (this.cap <= 0) return;

    /* 若 key 已存在，則修改對應的 val 即可 */
    if (keyToVal.containsKey(key)) {
        keyToVal.put(key, val);
        // key 對應的 freq 加一
        increaseFreq(key);
        return;
    }

    /* 若 key 不存在，則插入 */
    /* 容量已滿的話，需要淘汰一個 freq 最小的 key */
    if (this.cap <= keyToVal.size()) {
        removeMinFreqKey();
    }

    /* 插入 key 和 val，對應的 freq 為 1 */
    // 插入 KV 表
    keyToVal.put(key, val);
    // 插入 KF 表
    keyToFreq.put(key, 1);
    // 插入 FK 表
    freqToKeys.putIfAbsent(1, new LinkedHashSet<>());
    freqToKeys.get(1).add(key);
    // 插入新 key 後，最小的 freq 肯定是 1
    this.minFreq = 1;
}
```

increaseFreq 和 removeMinFreqKey 方法是 LFU 演算法的核心，下面看看怎麼藉助 KV 表、KF 表、FK 表等三個映射，巧妙地完成這兩個函數。

3.2.4 LFU 核心邏輯

首先實作 removeMinFreqKey 函數：

```
private void removeMinFreqKey() {
    // freq 最小的 key 鏈結串列
```

```
    LinkedHashSet<Integer> keyList = freqToKeys.get(this.minFreq);
    // 最先插入的 key，就是該被淘汰的 key
    int deletedKey = keyList.iterator().next();
    /* 更新 FK 表 */
    keyList.remove(deletedKey);
    if (keyList.isEmpty()) {
        freqToKeys.remove(this.minFreq);
        // 這裡需要更新 minFreq 嗎？
    }
    /* 更新 KV 表 */
    keyToVal.remove(deletedKey);
    /* 更新 KF 表 */
    keyToFreq.remove(deletedKey);
}
```

刪除某個鍵 key 肯定要同時修改三個映射表，藉助 minFreq 參數，便可從 FK 表找到 freq 最小的 keyList。根據時序，其中第一個元素就是待淘汰的 deletedKey，操作三個映射表刪除這個 key 即可。

但是有個細節問題，如果 keyList 只有一個元素，刪除之後 minFreq 對應的 key 鏈結串列就為空了，亦即需要更新 minFreq 變數。如何計算目前的 minFreq 是多少呢？

實際上沒辦法快速計算 minFreq，只能線性巡訪 FK 表或 KF 表，這樣肯定不能確保 $O(1)$ 的時間複雜度。

其實這裡沒必要更新 minFreq 變數，想想看什麼時候呼叫 removeMinFreqKey 這個函數？put 方法插入新 key 時有機會。回顧一下 put 的程式碼，插入新 key 時一定會把 minFreq 更新成 1，因此即使這裡的 minFreq 變了，也不需要管它。

下面實作 increaseFreq 函數：

```
private void increaseFreq(int key) {
    int freq = keyToFreq.get(key);
    /* 更新 KF 表 */
    keyToFreq.put(key, freq + 1);
    /* 更新 FK 表 */
    // 將 key 從 freq 對應的鏈結串列中刪除
    freqToKeys.get(freq).remove(key);
```

```
    // 將key加入freq + 1對應的鏈結串列
    freqToKeys.putIfAbsent(freq + 1, new LinkedHashSet<>());
    freqToKeys.get(freq + 1).add(key);
    // 如果freq對應的鏈結串列空了，則移除此freq
    if (freqToKeys.get(freq).isEmpty()) {
        freqToKeys.remove(freq);
        // 如果這個freq恰好是minFreq，則更新minFreq
        if (freq == this.minFreq) {
            this.minFreq++;
        }
    }
}
```

更新某個 key 的 freq，肯定會涉及 FK 表和 KF 表，因此分別更新這兩個表即可。

和前文類似，當刪空 FK 表中 freq 對應的鏈結串列後，還得刪除 FK 表的 freq 映射。如果該 freq 恰好是 minFreq，表示需要更新 minFreq 變數。

能不能快速找到目前的 minFreq 呢？可以！因為剛才把 key 的 freq 加 1，所以 minFreq 也加 1 就行。

至此，拼裝好上述程式碼後，就是完整的 LFU 演算法。

3.3 二元搜尋樹操作集錦

經由學習「**1.1　學習演算法和刷題的概念框架**」的內容，二元樹的巡訪框架應該已經深印到腦子裡。本節準備實作一遍，觀察怎麼靈活運用概念框架、完成所有二元樹問題。

二元樹演算法的設計範本：確定一個節點要做的事情，剩下的事情則拋給遞迴框架。

```
void traverse(TreeNode root) {
    // root 需要做什麼？
    // 其他的不用 root 操心，拋給遞迴
    traverse(root.left);
    traverse(root.right);
}
```

舉兩個簡單的例子體會上述思路，熱熱身。

1. 如何把二元樹所有節點的值加一？

```
void plusOne(TreeNode root) {
    if (root == null) return;
    root.val += 1;

    plusOne(root.left);
    plusOne(root.right);
}
```

2. 如何判斷兩棵二元樹是否完全相同？

```
boolean isSameTree(TreeNode root1, TreeNode root2) {
    // 都為空的話，顯然相同
    if (root1 == null && root2 == null) return true;
    // 一個為空，另一個非空，顯然不同
    if (root1 == null || root2 == null) return false;
    // 兩個都非空，但 val 不一樣也不行
    if (root1.val != root2.val) return false;

    // root1 和 root2 該比的都比完了
```

```
    return isSameTree(root1.left, root2.left)
        && isSameTree(root1.right, root2.right);
}
```

藉助框架，不難理解上面這兩個例子。一旦理解之後，便能解決所有的二元樹演算法。

二元搜尋樹（Binary Search Tree，簡稱 BST）是一種很常用的二元樹。它的定義是：一個二元樹中，任意節點的值要大於等於左子樹所有節點的值，且要小於等於右子樹所有節點的值。

以下就是一個符合定義的 BST：

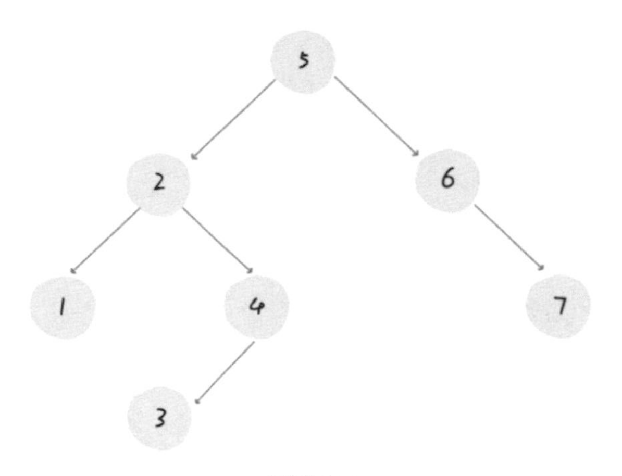

圖 3-7

底下完成 BST 的基礎操作：判斷 BST 的合法性、增、刪、查。其中「刪」和「判斷合法性」略微複雜。

3.3.1 判斷 BST 的合法性

這裡有個陷阱，按照剛才的思路，每個節點要做的事情，不就是比較自己和左右孩子嗎？看起來程式碼應該像這樣：

```
boolean isValidBST(TreeNode root) {
    if (root == null) return true;
    if (root.left != null && root.val <= root.left.val) return false;
    if (root.right != null && root.val >= root.right.val) return false;
```

```
    return isValidBST(root.left)
        && isValidBST(root.right);
}
```

但是這個演算法出現錯誤，BST 的每個節點應該小於右子樹的所有節點。例如，下面的二元樹顯然不是 BST，但是演算法會判定為 BST。

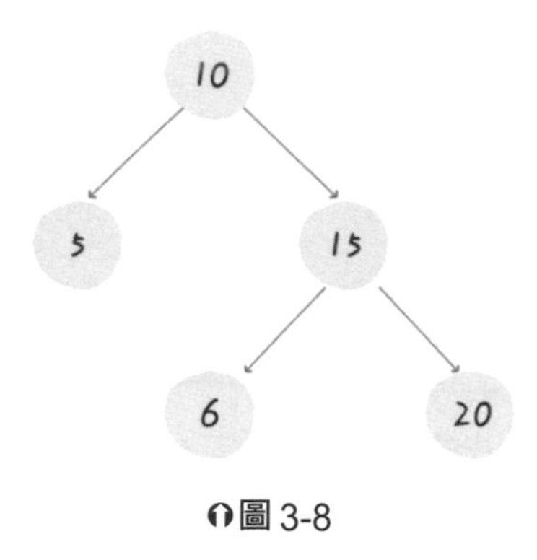

圖 3-8

出現錯誤，不要慌張，框架沒有錯，一定是沒注意到某個細節問題。重新檢視 BST 的定義，`root` 需要做的不只是和左、右子節點比較，還得比較整棵左子樹和右子樹的所有節點。怎麼辦，鞭長莫及啊！

這種情況下可以使用輔助函數，增加函數參數清單，於其中夾帶額外資訊，請看正確的程式碼：

```
boolean isValidBST(TreeNode root) {
    return isValidBST(root, null, null);
}

boolean isValidBST(TreeNode root, TreeNode min, TreeNode max) {
    if (root == null) return true;
    if (min != null && root.val <= min.val) return false;
    if (max != null && root.val >= max.val) return false;
    return isValidBST(root.left, min, root)
        && isValidBST(root.right, root, max);
}
```

這樣相當於為子樹的所有節點增加一個 `min` 和 `max` 邊界，約束 `root` 的左子樹節點值不超過 `root` 的值，右子樹節點值不小於 `root` 的值，以便符合 BST 的定義，得到正確答案。

3.3.2 在 BST 找尋一個數是否存在

根據上述的指導原則，程式碼如下：

```
boolean isInBST(TreeNode root, int target) {
    if (root == null) return false;
    if (root.val == target) return true;

    return isInBST(root.left, target)
        || isInBST(root.right, target);
}
```

寫法完全正確，充分證明框架性思維已經養成。現在可以考慮一點細節問題：如何充分利用資訊，套用 BST 這個「左小右大」的特性？

很簡單，不需要遞迴地搜尋兩邊。比照二分搜尋概念，比較 `target` 和 `root.val` 的大小，就能排除一邊。稍為變動上面的想法：

```
boolean isInBST(TreeNode root, int target) {
    // root 該做的事
    if (root == null) return false;
    if (root.val == target)
        return true;
    // 遞迴框架
    if (root.val < target)
        return isInBST(root.right, target);
    if (root.val > target)
        return isInBST(root.left, target);
}
```

於是，改造原始框架，抽象出一套**針對 BST 的巡訪框架**：

```
void BST(TreeNode root, int target) {
    if (root.val == target)
        // 找到目標，做點什麼
    if (root.val < target)
        BST(root.right, target);
    if (root.val > target)
        BST(root.left, target);
}
```

3.3.3 在 BST 插入一個數

有關資料結構的操作，無非是巡訪加存取；巡訪就是「找」，存取便是「改」。具體到這個問題，插入一個數，便是先找到插入位置，然後進行插入操作。

上一個問題總結了 BST 的巡訪框架，就是「找」的問題。直接套用框架，加上「改」的操作即可。**一旦涉及「改」，函數便得返回 `TreeNode` 類型，並且接收遞迴呼叫的返回值。**

```
TreeNode insertIntoBST(TreeNode root, int val) {
    // 找到空位置插入新節點
    if (root == null) return new TreeNode(val);
    // 如果已存在，則不要再重覆插入，直接返回
    if (root.val == val)
        return root
    // val 小，應該插到左子樹上面
    if (root.val < val)
        root.right = insertIntoBST(root.right, val);
    // val 大，應該插到右子樹上面
    if (root.val > val)
        root.left = insertIntoBST(root.left, val);
    return root;
}
```

3.3.4 在 BST 刪除一個數

這個問題稍微複雜，不過有了框架的協助，應該不難。和插入操作類似，先「找」再「改」，首先撰寫框架：

```
TreeNode deleteNode(TreeNode root, int key) {
    if (root.val == key) {
        // 找到啦，進行刪除
    } else if (root.val > key) {
        // 到左子樹尋找 key
        root.left = deleteNode(root.left, key);
    } else if (root.val < key) {
        // 到右子樹尋找 key
        root.right = deleteNode(root.right, key);
    }
    return root;
}
```

找到目標節點時，例如節點 `A`，如何刪除該節點，可說是個難題。因為刪除節點的同時，不能破壞 BST 的性質。有三種情況，以圖片來說明。

情況 1：`A` 恰好是末端節點，兩個子節點都為空，此時便可當即退場。例如下圖二元樹刪除 `key = 8` 的節點：

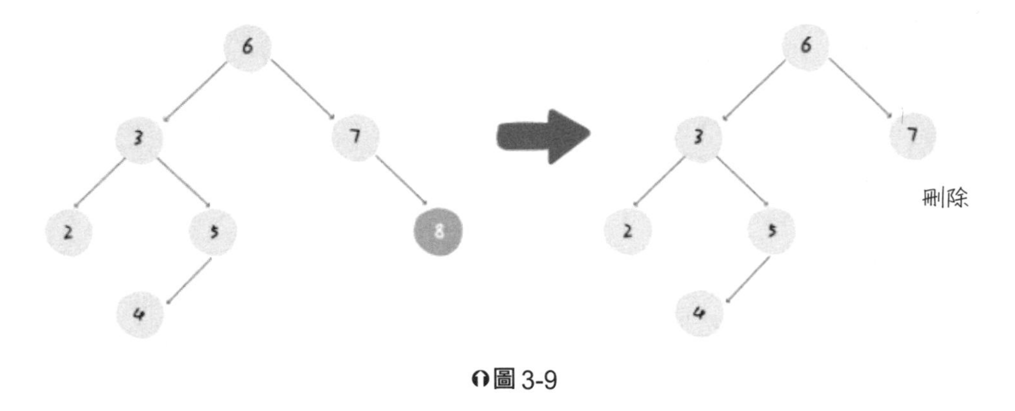

圖 3-9

```
if (root.left == null && root.right == null)
    return null;
```

情況 2：`A` 只有一個非空子節點，便得讓這個孩子接替自己的位置。例如刪除下圖 `key = 7` 的節點：

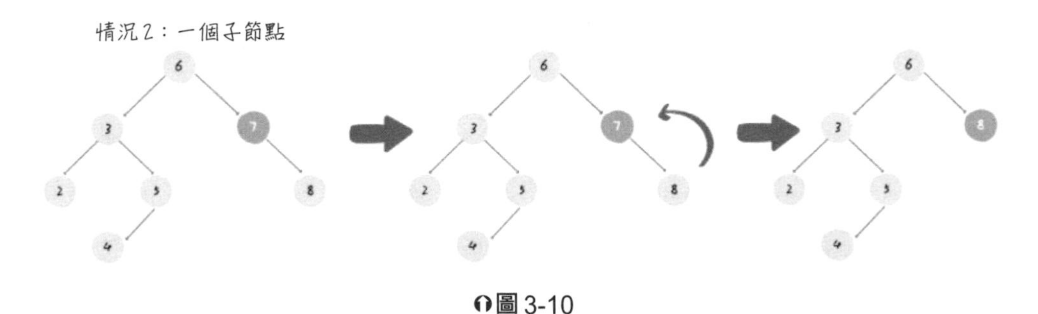

圖 3-10

```
// 排除情況 1 之後
if (root.left == null) return root.right;
if (root.right == null) return root.left;
```

情況 3：`A` 有兩個子節點，麻煩了，為了不破壞 BST 的性質，`A` 必須找到左子樹中最大的節點，或者右子樹中最小的節點來接替自己。底下按照第二種方式，找尋右子樹中最小的節點替換待刪除節點。例如刪除下圖 key= 3 的節點：

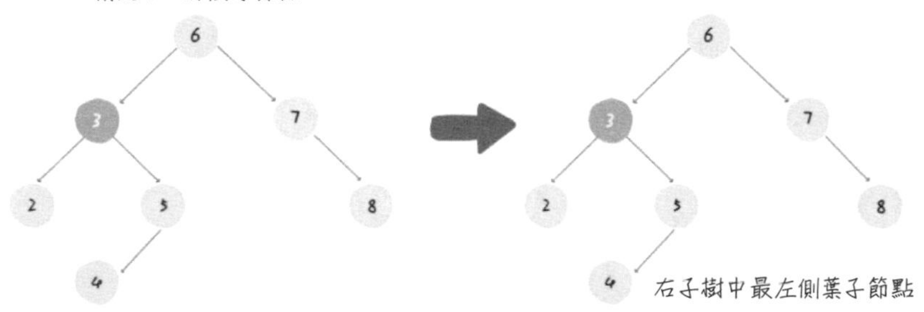

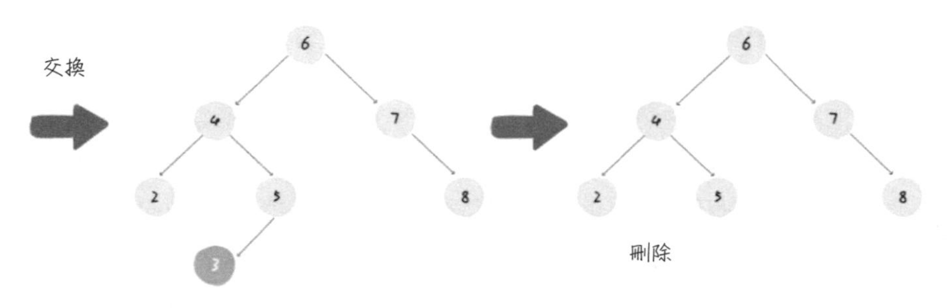

圖 3-11

```
if (root.left != null && root.right != null) {
    // 找到右子樹的最小節點
    TreeNode minNode = getMin(root.right);
    // 把 root 改成 minNode
    root.val = minNode.val;
    // 接著刪除 minNode
    root.right = deleteNode(root.right, minNode.val);
}
```

三種情況分析完畢，填入框架，簡化一下程式碼：

```
TreeNode deleteNode(TreeNode root, int key) {
    if (root == null) return null;
    if (root.val == key) {
        // 兩個 if 正確處理了情況 1 和 2
        if (root.left == null) return root.right;
        if (root.right == null) return root.left;
```

```
    // 處理情況 3
    TreeNode minNode = getMin(root.right);
    root.val = minNode.val;
    root.right = deleteNode(root.right, minNode.val);
  } else if (root.val > key) {
    root.left = deleteNode(root.left, key);
  } else if (root.val < key) {
    root.right = deleteNode(root.right, key);
  }
  return root;
}

TreeNode getMin(TreeNode node) {
  // BST 最左邊就是最小的節點
  while (node.left != null) node = node.left;
  return node;
}
```

完成刪除操作。請注意，刪除操作並不完美，因為一般不會透過 `root.val = minNode.val` 修改節點內部的值來交換節點，而是藉由一系列略微複雜的鏈結串列操作完成。具體應用時，`val` 域可能是很複雜的資料結構，修改起來很麻煩；而鏈結串列操作無非改一改指標，不會觸及內部的資料。

但是，此處忽略這個細節，目的是突出 BST 基本操作的共通性，以及藉助框架逐層細化問題的思維方式。

經由本節內容，除了掌握 BST 的基本操作外，還學會下列幾個技巧：

1. 二元樹演算法設計的範本：把節點要做的事做好，其他的拋給遞迴框架即可，不用目前節點操心。
2. 如果目前節點會對下面的子節點產生整體影響，可透過輔助函數增長參數清單，藉由參數傳遞資訊。
3. 在二元樹框架之上，擴展出一套 BST 巡訪框架：

```
void BST(TreeNode root, int target) {
  if (root.val == target)
    // 找到目標，做點什麼
  if (root.val < target)
    BST(root.right, target);
  if (root.val > target)
    BST(root.left, target);
}
```

3.4 為什麼那麼難算完全二元樹的節點數

如果數一下一棵普通二元樹有多少個節點，這很簡單，只要在二元樹的巡訪框架加上一點程式碼就行。

但是，如果給定一棵「完全二元樹」，要求計算它的節點個數，有沒有困難？演算法的時間複雜度是多少？時間複雜度應該是 $O(\log N \log N)$，**如果心中的演算法未達到此目標，那麼就該看看本節的內容。**

首先要確定兩個關於二元樹的名詞：「完全二元樹」和「滿二元樹」。

一般說的**完全二元樹**如下圖，每一層都是緊湊靠左排列：

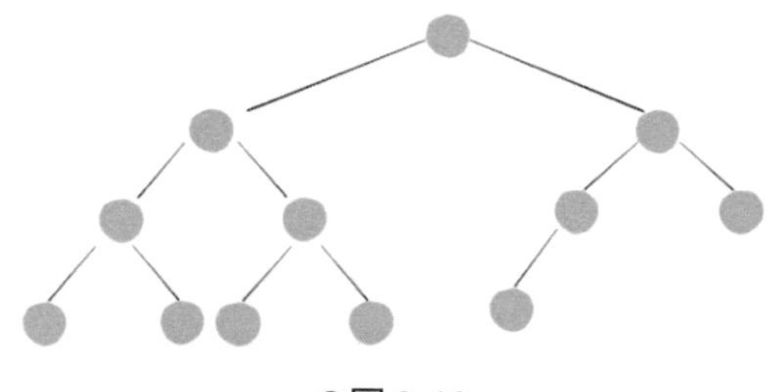

圖 3-12

滿二元樹則如下圖，它是一種特殊的完全二元樹，每層都是滿的，像一個穩定的三角形：

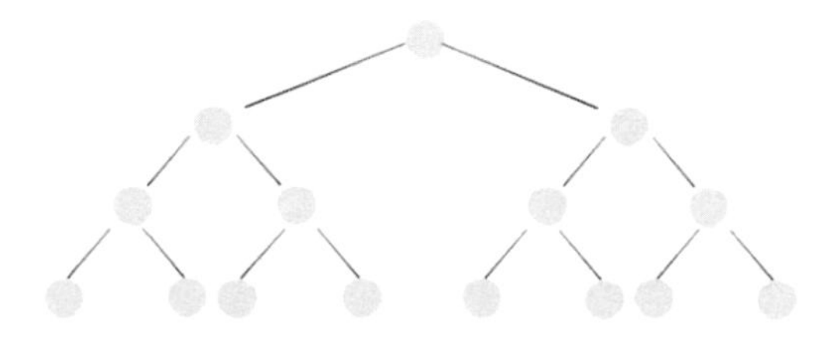

圖 3-13

說句題外話，關於這兩個名詞的定義，中文語境和英文語境似乎有些區別。完全二元樹對應至英文 Complete Binary Tree，沒有問題。而滿二元樹則對應至英文 Perfect Binary Tree；英文的 Full Binary Tree 是指一棵二元樹的所有節點，若不是沒有孩子節點，便是有兩個孩子節點，如下圖：

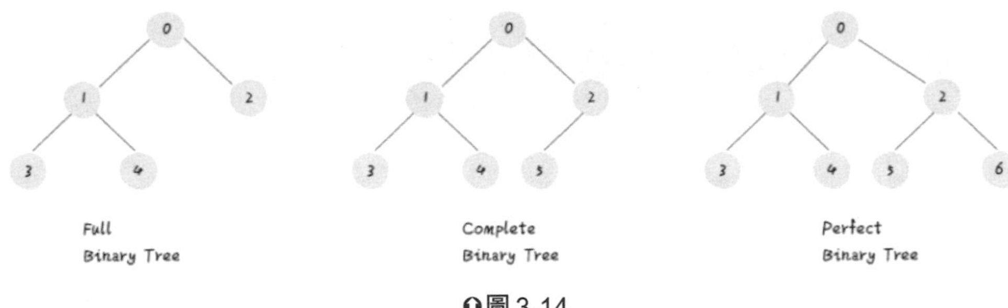

圖 3-14

以上定義出自維基百科，此處就是順道一提。其實名詞叫什麼無所謂，重要的是演算法操作。**本節就按照中文的語境，先記住「滿二元樹」和「完全二元樹」的區別，下面會用到。**

3.4.1 思路分析

現在回歸主題，如何求一棵「完全二元樹」的節點個數？函數簽章如下：

```
// 輸入一棵完全二元樹，返回節點總數
int countNodes(TreeNode root);
```

如果輸入一棵**普通二元樹**，顯然只要像下面這樣巡訪一遍即可，時間複雜度為 $O(N)$：

```
public int countNodes(TreeNode root) {
    if (root == null) return 0;
    return 1 + countNodes(root.left) + countNodes(root.right);
}
```

如果是一棵**滿二元樹**，節點總數就和樹的高度呈指數關係：

```
public int countNodes(TreeNode root) {
    int h = 0;
    // 計算樹的高度
    while (root != null) {
        root = root.left;
        h++;
    }
    // 節點總數就是 2^h - 1
    return (int)Math.pow(2, h) - 1;
}
```

完全二元樹比普通二元樹特殊，但又沒有滿二元樹那麼特殊。計算它的節點總數，可以說是普通二元樹和完全二元樹的結合版，先看程式碼：

```
public int countNodes(TreeNode root) {
    TreeNode l = root, r = root;
    // 記錄左、右子樹的高度
    int hl = 0, hr = 0;
    while (l != null) {
        l = l.left;
        hl++;
    }
    while (r != null) {
        r = r.right;
        hr++;
    }
    // 如果左右子樹的高度相同，代表是一棵滿二元樹
    if (hl == hr) {
        return (int)Math.pow(2, hl) - 1;
    }
    // 如果左右高度不同，則按照普通二元樹的邏輯計算
    return 1 + countNodes(root.left) + countNodes(root.right);
}
```

結合剛才針對滿二元樹和普通二元樹的演算法，應該不難理解上面這段程式碼，亦即二者的結合版，**但是其中降低時間複雜度的技巧十分微妙。**

3.4.2 複雜度分析

前面說了，本演算法的時間複雜度是 $O(\log N \log N)$，怎麼算出來的？

直覺好像最壞情況是 $O(N\log N)$ 吧，因為之前的 while 需要 $\log N$ 的時間，最後要求 $O(N)$ 的時間向左、右子樹遞迴：

```
return 1 + countNodes(root.left) + countNodes(root.right);
```

關鍵在於，這兩個遞迴只有一個會真的做下去，另一個一定會觸發 `hl == hr` 而立即返回，不會遞迴下去。

為什麼呢？原因如下：

一棵完全二元樹的兩棵子樹，至少有一棵是滿二元樹，下圖列出兩個例子：

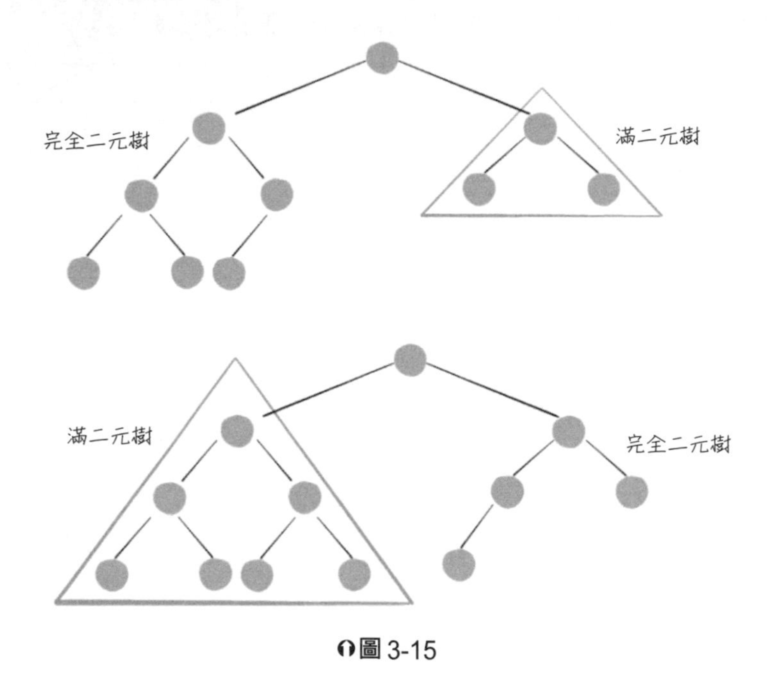

圖 3-15

看圖就很明顯，由於完全二元樹的性質，其中一定有一棵是滿的子樹，因此必定會觸發 `hl == hr`，只消耗 $O(\log N)$ 的複雜度而不會繼續遞迴。

綜合前言，演算法的遞迴深度就是樹的高度 $O(\log N)$，每次遞迴花費的時間為 while 迴圈，需要 $O(\log N)$，所以整體的時間複雜度是 $O(\log N \log N)$。

因此，「完全二元樹」還是有它存在的原因，不僅適用於陣列實作二元堆積，而且連計算節點總數這種看起來簡單的操作，都具備有效的演算法實作。

3.5 利用各種巡訪框架序列化和反序列化二元樹

JSON 的運用非常廣泛，例如經常將程式語言中的結構體序列化成 JSON 字串，存入快取或者透過網路傳送給遠端服務；消費者接收 JSON 字串、進行反序列化，便可得到原始資料。這就是「序列化」和「反序列化」的目的，以某種固定格式組織字串，使得資料可以獨立於程式語言。

那麼假設現在有一棵以 Java 實作的二元樹，若想把它序列化為字串，然後用 C++ 讀取並還原二元樹的結構，該怎麼辦？此時就需要對二元樹進行「序列化」和「反序列化」。

3.5.1 題目描述

「二元樹的序列化與反序列化」，通常是輸入一棵二元樹的根節點 `root`，要求實作下列這個類別：

```
public class Codec {
    // 把一棵二元樹序列化成字串
    public String serialize(TreeNode root) {}

    // 把字串反序列化成二元樹
    public TreeNode deserialize(String data) {}
}
```

可利用 `serialize` 方法將二元樹序列化成字串，`deserialize` 方法將這類型字串反序列化成二元樹。至於以什麼格式序列化和反序列化，完全由個人決定。

例如，輸入底下一棵二元樹：

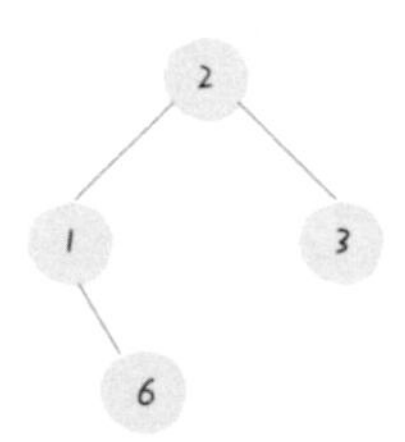

圖 3-16

serialize 方法也許會把它序列化成字串 2, 1, #, 6, 3, #, #，其中 # 表示 null 指標；將這個字串再輸入 deserialize 方法，依然能夠還原出這棵二元樹。也就是說，兩個方法會成對使用，只要確保它們能夠自相一致就行了。

試想一下，二元樹結構是一個二維平面的結構，而序列化後的字串是一個線性的一維結構。**所謂的序列化，不過是把結構化的資料「打平」，其實就是在考察二元樹的巡訪方式。**

二元樹的巡訪方式有哪些？遞迴巡訪方式有前序巡訪、中序巡訪和後序巡訪；迭代方式一般是層級巡訪。本節將一一嘗試這些方式，以便實作出 serialize 方法和 deserialize 方法。

3.5.2 前序巡訪解法

「1.1 學習演算法和刷題的概念框架」一節曾說明二元樹的幾種巡訪方式，前序巡訪框架如下：

```
void traverse(TreeNode root) {
    if (root == null) return;

    // 前序巡訪的程式碼

    traverse(root.left);
    traverse(root.right);
}
```

真的很簡單，在遞迴巡訪兩棵子樹之前寫的程式碼，就是前序巡訪程式碼。接著瀏覽下列虛擬碼：

```
LinkedList<Integer> res;
void traverse(TreeNode root) {
    if (root == null) {
        // 暫且以數字 -1 代表空指標 null
        res.addLast(-1);
        return;
    }

    /****** 前序巡訪位置 ******/
    res.addLast(root.val);
```

```
    /************************/
    traverse(root.left);
    traverse(root.right);
}
```

呼叫 traverse 函數之後，是否可以立即想出 res 鏈結串列中元素的順序？例如底下二元樹（# 代表空指標 null），便可直觀地看出前序巡訪做的事情：

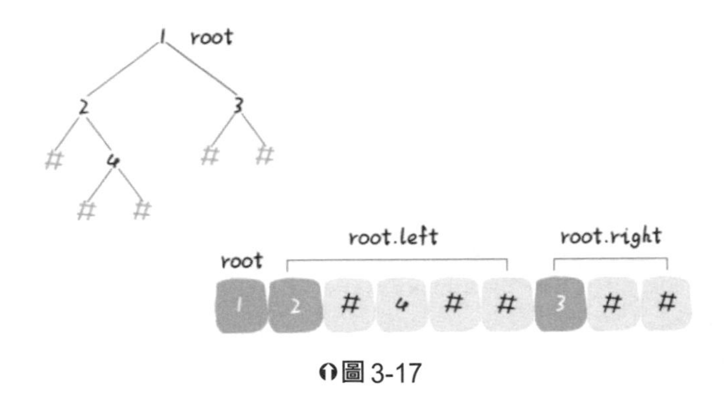

圖 3-17

那麼 res = [1, 2, -1, 4, -1, -1, 3, -1, -1]，便是將二元樹「打平」到一個鏈結串列，其中 -1 代表 null。

因此，將二元樹打平到一個字串，也是完全一樣：

```
// 代表分隔符號的字元
String SEP = ",";
// 代表 null 空指標的字元
String NULL = "#";
// 用來拼接字串
StringBuilder sb = new StringBuilder();

/* 將二元樹打平為字串 */
void traverse(TreeNode root, StringBuilder sb) {
    if (root == null) {
        sb.append(NULL).append(SEP);
        return;
    }

    /****** 前序巡訪位置 ******/
    sb.append(root.val).append(SEP);
    /************************/
```

```java
    traverse(root.left, sb);
    traverse(root.right, sb);
}
```

StringBuilder可以有效地拼接字串，所以也可視為一個串列。前文用 , 作為分隔符號，# 表示空指標 null，呼叫完 traverse 函數後，StringBuilder 中的字串應該是 1, 2, #, 4, #, #, 3, #, #,。

至此，序列化函數 serialize 的程式碼已經呼之欲出：

```java
String SEP = ",";
String NULL = "#";

/* 主函數，將二元樹序列化為字串 */
String serialize(TreeNode root) {
    StringBuilder sb = new StringBuilder();
    serialize(root, sb);
    return sb.toString();
}

/* 輔助函數，將二元樹存入 StringBuilder */
void serialize(TreeNode root, StringBuilder sb) {
    if (root == null) {
        sb.append(NULL).append(SEP);
        return;
    }

    /****** 前序巡訪位置 ******/
    sb.append(root.val).append(SEP);
    /***********************/

    serialize(root.left, sb);
    serialize(root.right, sb);
}
```

現在，思考一下如何撰寫 deserialize 函數，將字串反過來建構二元樹。

首先可把字串轉化成鏈結串列：

```java
String data = "1, 2, #, 4, #, #, 3, #, #,";
String[] nodes = data.split(",");
```

如此一來，nodes 鏈結串列就是二元樹的前序巡訪結果，問題變成：如何透過二元樹的前序巡訪結果還原一棵二元樹？

TIPS 一般語境下，單靠前序巡訪結果無法還原二元樹結構，因為缺少空指標的資訊，至少要得到前、中、後序巡訪其中兩種，才能還原二元樹。但這裡的 node 鏈結串列包含空指標，因此只透過它就能還原二元樹。

根據剛才的分析，nodes 鏈結串列便是一棵打平的二元樹：

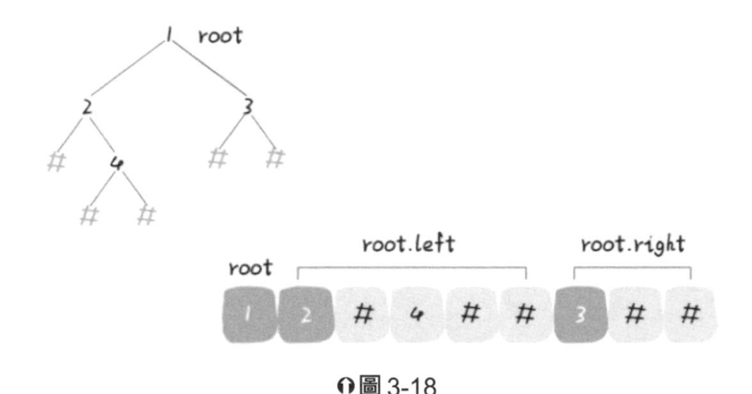

圖 3-18

那麼反序列化過程也是一樣，**先確定根節點 root，然後遵循前序巡訪的規則，遞迴產生左右子樹即可：**

```
/* 主函數，將字串反序列化為二元樹結構 */
TreeNode deserialize(String data) {
    // 將字串轉換成鏈結串列
    LinkedList<String> nodes = new LinkedList<>();
    for (String s : data.split(SEP)) {
        nodes.addLast(s);
    }
    return deserialize(nodes);
}

/* 輔助函數，透過 nodes 鏈結串列建構二元樹 */
TreeNode deserialize(LinkedList<String> nodes) {
    if (nodes.isEmpty()) return null;

    /****** 前序巡訪位置 ******/
```

```
    // 串列最左側就是根節點
    String first = nodes.removeFirst();
    if (first.equals(NULL)) return null;
    TreeNode root = new TreeNode(Integer.parseInt(first));
    /***********************/

    root.left = deserialize(nodes);
    root.right = deserialize(nodes);

    return root;
}
```

由此得知，根據樹的遞迴性質，nodes 鏈結串列的第一個元素就是一棵樹的根節點，所以只要將其取出作為根節點，剩下的交給遞迴函數去解決即可。

3.5.3 後序巡訪解法

二元樹的後續巡訪框架如下：

```
void traverse(TreeNode root) {
    if (root == null) return;
    traverse(root.left);
    traverse(root.right);

    // 後序巡訪的程式碼
}
```

明白前序巡訪的解法，後序巡訪就比較容易理解。首先實作 serialize 序列化方法，只需要稍微修改輔助方法即可：

```
/* 輔助函數，將二元樹存入 StringBuilder */
void serialize(TreeNode root, StringBuilder sb) {
    if (root == null) {
        sb.append(NULL).append(SEP);
        return;
    }

    serialize(root.left, sb);
    serialize(root.right, sb);

    /****** 後序巡訪位置 ******/
```

```
    sb.append(root.val).append(SEP);
    /***********************/
}
```

對 StringBuilder 的拼接操作，放到後續巡訪的位置。後序巡訪導致結果的順序發生變化：

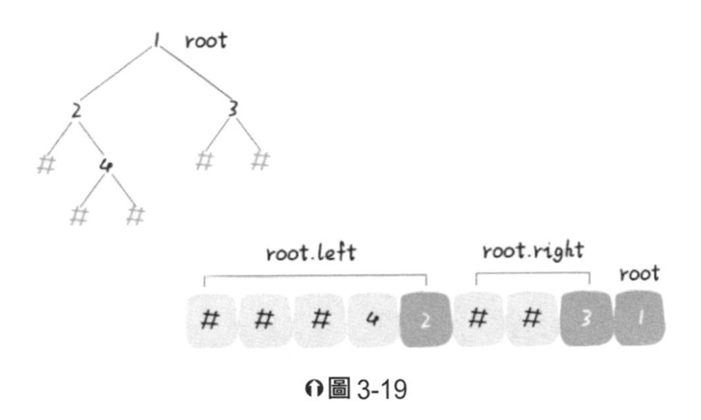

圖 3-19

```
null, null, null, 4, 2, null, null, 3, 1,
```

關鍵之處在於，如何實作後序巡訪的 deserialize 方法呢？是不是也簡單地將關鍵程式碼，放到後序巡訪的位置就行了：

```
/* 輔助函數，透過 nodes 鏈結串列建構二元樹 */
TreeNode deserialize(LinkedList<String> nodes) {
    if (nodes.isEmpty()) return null;

    root.left = deserialize(nodes);
    root.right = deserialize(nodes);

    /****** 後序巡訪位置 ******/
    String first = nodes.removeFirst();
    if (first.equals(NULL)) return null;
    TreeNode root = new TreeNode(Integer.parseInt(first));
    /***********************/

    return root;
}
```

沒那麼簡單，顯然上述是錯誤的程式碼，變數都沒宣告，就開始使用了？生搬硬套肯定行不通，回想剛才前序巡訪方法的 `deserialize` 方法，第一件事情是在做什麼？

`deserialize` 方法首先尋找 `root` 節點的值，然後遞迴計算左右子節點。因此，這裡也應該順著這個基本想法，後續巡訪中，能不能找到 `root` 節點的值？再看一下剛才的圖：

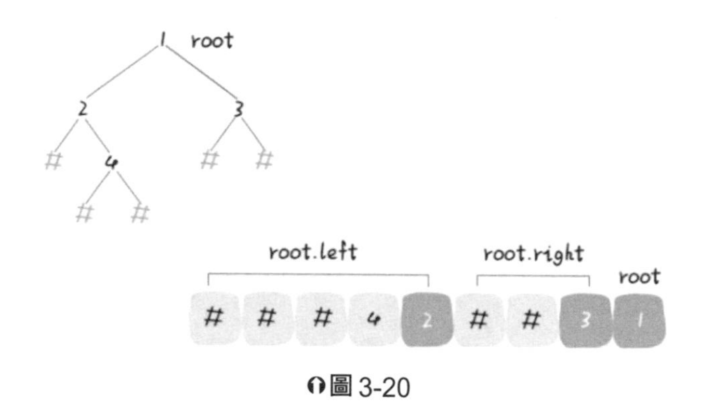

圖 3-20

由此得知，`root` 的值是串列的最後一個元素。應該從後往前取出串列元素，先以最後一個元素建構 `root`，然後遞迴呼叫產生 `root` 的左右子樹。**請注意，根據上圖，從後往前在 `nodes` 鏈結串列中取元素，一定要先建構 `root.right` 子樹，接著才是 `root.left` 子樹。**

完整程式碼如下：

```
/* 主函數，將字串反序列化為二元樹結構 */
TreeNode deserialize(String data) {
   LinkedList<String> nodes = new LinkedList<>();
   for (String s : data.split(SEP)) {
      nodes.addLast(s);
   }
   return deserialize(nodes);
}

/* 輔助函數，透過 nodes 鏈結串列建構二元樹 */
TreeNode deserialize(LinkedList<String> nodes) {
   if (nodes.isEmpty()) return null;
   // 從後往前取出元素
   String last = nodes.removeLast();
```

```
    if (last.equals(NULL)) return null;
    TreeNode root = new TreeNode(Integer.parseInt(last));
    // 先建構右子樹，然後是左子樹
    root.right = deserialize(nodes);
    root.left = deserialize(nodes);

    return root;
}
```

至此，後續巡訪的序列化、反序列化方法都完成了。

3.5.4 中序巡訪解法

先說結論，中序巡訪的方式行不通，因為無法實作反序列化方法 `deserialize`。

序列化方法 `serialize` 依然很容易，只要把字串的拼接操作，放到中序巡訪的位置就行：

```
/* 輔助函數，將二元樹存入 StringBuilder */
void serialize(TreeNode root, StringBuilder sb) {
    if (root == null) {
        sb.append(NULL).append(SEP);
        return;
    }

    serialize(root.left, sb);
    /****** 中序巡訪位置 ******/
    sb.append(root.val).append(SEP);
    /***********************/
    serialize(root.right, sb);
}
```

但是，前面剛說過，若想實作反序列方法，首先要建構 `root` 節點。前序巡訪得到的 `nodes` 鏈結串列中，第一個元素是 `root` 節點的值；而後序巡訪得到的 `nodes` 鏈結串列中，最後一個元素是 `root` 節點的值。

上述中序巡訪的程式碼，`root` 的值夾在兩棵子樹的中間，亦即 `nodes` 鏈結串列的中間。由於不知道確切的索引位置，所以無法找到 `root` 節點，也就不能進行反序列化。

3.5.5 層級巡訪解法

首先，寫出層級巡訪二元樹的程式碼框架：

```
void traverse(TreeNode root) {
    if (root == null) return;
    // 初始化佇列，將 root 加入佇列
    Queue<TreeNode> q = new LinkedList<>();
    q.offer(root);

    while (!q.isEmpty()) {
        TreeNode cur = q.poll();
        /* 層級巡訪程式碼位置 */
        System.out.println(root.val);
        /*****************/

        if (cur.left != null) {
            q.offer(cur.left);
        }

        if (cur.right != null) {
            q.offer(cur.right);
        }
    }
}
```

上述程式碼是標準的二元樹層級巡訪框架，從上到下、從左到右輸出每一層二元樹節點的值。由此得知，佇列 q 中不會存在 null 指標。

不過，反序列化過程需要記錄空指標 null，因此可以略為修改標準的層級巡訪框架：

```
void traverse(TreeNode root) {
    if (root == null) return;
    // 初始化佇列，將 root 加入佇列
    Queue<TreeNode> q = new LinkedList<>();
    q.offer(root);

    while (!q.isEmpty()) {
        TreeNode cur = q.poll();

        /* 層級巡訪程式碼位置 */
```

```
        if (cur == null) continue;
        System.out.println(cur.val);
        /*****************/

        q.offer(cur.left);
        q.offer(cur.right);
    }
}
```

這樣也能完成層級巡訪，只不過把對空指標的檢驗，從「將元素加入佇列」改成「從佇列取出元素」時。

接下來，完全仿照此框架，即可寫出序列化方法：

```
String SEP = ",";
String NULL = "#";

/* 將二元樹序列化為字串 */
String serialize(TreeNode root) {
    if (root == null) return "";
    StringBuilder sb = new StringBuilder();
    // 初始化佇列，將 root 加入佇列
    Queue<TreeNode> q = new LinkedList<>();
    q.offer(root);

    while (!q.isEmpty()) {
        TreeNode cur = q.poll();

        /* 層級巡訪程式碼位置 */
        if (cur == null) {
            sb.append(NULL).append(SEP);
            continue;
        }
        sb.append(cur.val).append(SEP);
        /*****************/

        q.offer(cur.left);
        q.offer(cur.right);
    }
    return sb.toString();
}
```

層級巡訪序列化得出的結果，如下圖所示：

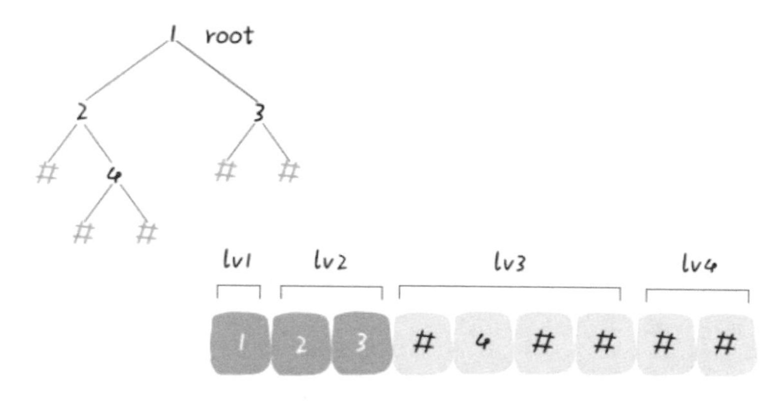

圖 3-21

由此得知，每一個非空節點都會對應兩個子節點。**那麼反序列化的思路也是利用佇列進行層級巡訪，同時以索引 `i` 記錄對應子節點的位置：**

```
/* 將字串反序列化為二元樹結構 */
TreeNode deserialize(String data) {
    if (data.isEmpty()) return null;
    String[] nodes = data.split(SEP);
    // 第一個元素就是 root 的值
    TreeNode root = new TreeNode(Integer.parseInt(nodes[0]));

    // 佇列 q 記錄父節點，將 root 加入佇列
    Queue<TreeNode> q = new LinkedList<>();
    q.offer(root);

    for (int i = 1; i < nodes.length; ) {
        // 佇列存的都是父節點
        TreeNode parent = q.poll();
        // 父節點對應的左側子節點的值
        String left = nodes[i++];
        if (!left.equals(NULL)) {
            parent.left = new TreeNode(Integer.parseInt(left));
            q.offer(parent.left);
        } else {
            parent.left = null;
        }
        // 父節點對應的右側子節點的值
```

```java
        String right = nodes[i++];
        if (!right.equals(NULL)) {
            parent.right = new TreeNode(Integer.parseInt(right));
            q.offer(parent.right);
        } else {
            parent.right = null;
        }
    }
    return root;
}
```

這段程式碼可以考驗一下概念框架。仔細觀察 for 迴圈部分，發現這不就是標準層級巡訪所衍生出來的程式碼：

```java
while (!q.isEmpty()) {
    TreeNode cur = q.poll();

    if (cur.left != null) {
        q.offer(cur.left);
    }

    if (cur.right != null) {
        q.offer(cur.right);
    }
}
```

只不過，標準的層級巡訪在操作二元樹節點 `TreeNode`，而前述的函數則是操作 `nodes[i]`，但這恰好也是反序列化的目的。

至此，全部講完幾種序列化和反序列化二元樹的方法。

3.6 Git 原理之二元樹最低共用源始

如果説各大廠筆試時，喜歡考各種動態規劃、回溯的高難度技巧，其實面試最喜歡考比較經典的問題，難度不算太大，而且也比較實用。

本節利用 Git 的 `rebase` 工作方式，引出一個經典的演算法問題：最低共用源始（Lowest Common Ancestor，簡稱 LCA）。

例如經常使用的 `git pull` 命令，預設是以 `merge` 方式將遠端的修改拉到本地；如果加上參數 `git pull -r`，便改以 `rebase` 的方式將遠端修改拉到本地。

二者最直觀的區別是：`merge` 方式合併的分支會有很多「分叉」，而 `rebase` 方式合併的分支就是一條直線。

對於多人協作，`merge` 方式並不理想。舉例來説，之前有很多朋友參加筆者的倉庫翻譯工作，GitHub 的 Pull Request 功能預設使用 `merge` 方式，因此查看倉庫的 Git 歷史：

```
⌥⌘1                                git lg
| | * | | | | | e61a656 - (3 months ago) update wording - qy-yang
| | * | | | | | b710b35 - (3 months ago) update wording - qy-yang
| | * | | | | | 51db114 - (3 months ago) Finish translation - qy-yang
| | | |/ /   /
| | |/| |    |
| * | | |    |   6cf5684 - (3 months ago) Merge pull request #184 from bryceustc/english -
labuladong
| |\ \ \ \    \
| | * | | | | | dbd9da3 - (3 months ago) issue 177 find duplicate and missing elements tra
nslation - bryceustc
| | * | | | | | a0a2944 - (3 months ago) issue 177 find duplicate and missing elements tra
nslation - bryceustc
| | * | | | | | 95408df - (3 months ago) issue 177 find duplicate and missing elements tra
nslation - bryceustc
| | |/ / /    /
| * | | |    |   8c95723 - (3 months ago) Merge pull request #175 from natsunoyoru97/englis
h - labuladong
|  \ \ \ \    \
|   | |_|_|_|/
|   |/| | |
|   * | | | | 73b5bc8 - (3 months ago) #174 translated: interview/判斷回文串列.md    - natsun
oyoru97
|   * | | | | 7087973 - (3 months ago) 更改一處：使用更合適的動詞，    to determine bipartite
graph -> to check bipartite graph - natsunoyoru97
|   * | | | | 826bef0 - (3 months ago) 更改一次筆誤 - natsunoyoru97
|   * | | | | 930d84c - (3 months ago) 刪除原文章，更改譯文筆誤 - natsunoyoru97
|   * | | | | 287c6df - (3 months ago) #171 tranlated  think_like_computer/為什麼推薦演算法4
.md - natsunoyoru97
|   |/ / /
:
```

圖 3-22

畫面看起來很炫酷，但實際上並不希望出現這種結果。想想看，光是合併別人的程式碼就這樣群魔亂舞，如果本地端還有多個開發分支，畫面肯定更加雜亂。雜亂意味著很容易出現問題，**所以一般來說，實際工作時更推薦採用 `rebase` 方式合併程式碼。**

問題來了，`rebase` 如何將兩條不同的分支，合併到同一條分支呢？

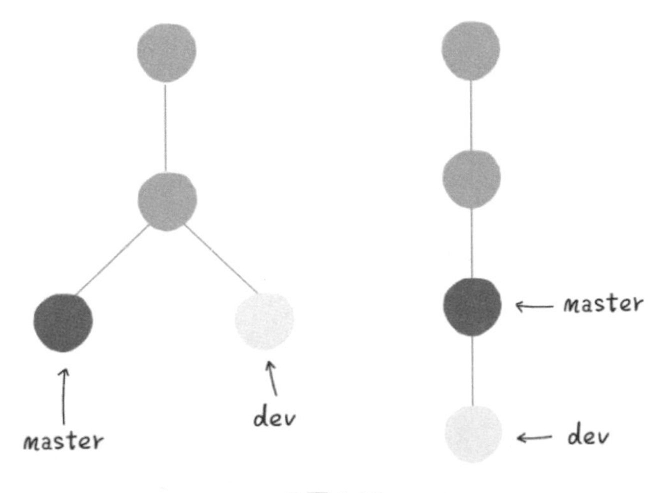

圖 3-23

上圖的情況是，處在 `dev` 分支，使用 `git rebase master`，Git 就會把 `dev` 接到 `master` 分支上。Git是這麼做的：

首先，找到這兩條分支的最低共用源始 `LCA`，然後從 `master` 節點開始，重演 `LCA` 到 `dev` 幾個 `commit` 的修改。如果這些修改和 `LCA` 到 `master` 的 `commit` 有衝突，便提示手動解決衝突，最後的結果就是把 `dev` 分支完全接到 `master` 上面。

那麼 Git 如何找到兩條不同分支的最低共用源始呢？這就是一個經典的演算法問題，詳解於後文。

3.6.1 二元樹的最低共用源始

先看看題目：

輸入一棵以 `root` 為根的二元樹，以及二元樹的兩個節點 `p` 和 `q`，請計算這兩個節點的最低共用源始。

函數的簽名如下：

```
TreeNode lowestCommonAncestor(TreeNode root, TreeNode p, TreeNode q);
```

例如 `root` 節點確定的二元樹如下：

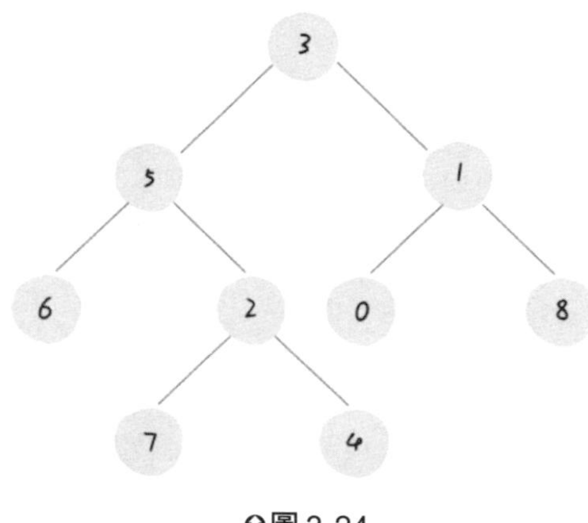

圖 3-24

如果 `p` 是值為 4 的節點，`q` 是值為 0 的節點，那麼它們的最低共用源始就是值為 3 的節點（`root` 節點）。再假如 `p` 是值為 4 的節點，`q` 是值為 6 的節點，那麼它們的最低共用源始就是值為 5 的節點。

本書**「1.1　學習演算法和刷題的概念框架」**一節曾説過，所有二元樹都是一樣的模式：

```
void traverse(TreeNode root) {
    // 前序巡訪
    traverse(root.left)
    // 中序巡訪
    traverse(root.right)
    // 後序巡訪
}
```

所以，只要看到二元樹的問題，先把框架寫出來包準沒問題：

```
TreeNode lowestCommonAncestor(TreeNode root, TreeNode p, TreeNode q) {
    TreeNode left = lowestCommonAncestor(root.left, p, q);
    TreeNode right = lowestCommonAncestor(root.right, p, q);
}
```

現在思考如何增加一些細節，把框架改造成解法。

筆者提醒，遇到任何遞迴型的問題，無非就是「靈魂三問」：

1. **這個函數是做什麼的？**
2. **函數參數中的變數是什麼？**
3. **得到函數的遞迴結果後，應該做什麼？**

動態規劃章節也提及，動態規劃演算法首先要確定函數的「定義」、「狀態」與「選擇」。其實這三者的本質，就是上面的「靈魂三問」。因此，各種演算法的模式真的差不多，彼此都相通。

下面就來看看如何回答「靈魂三問」。

3.6.2 思路分析

首先是第一個問題，這個函數是做什麼的？或者說，描述一下 `lowestCommonAncestor` 函數的「定義」。

描述：對該函數輸入三個參數 `root`，`p`，`q`，它會返回一個節點。

情況 1：如果 `p` 和 `q` 都在以 `root` 為根的樹中，函數返回的即是 `p` 和 `q` 的最低共用源始節點。

情況 2：如果 `p` 和 `q` 都不在以 `root` 為根的樹中，該怎麼辦？函數理所當然地返回 `null`。

情況 3：如果 `p` 和 `q` 只有一個存在於以 `root` 為根的樹中呢？函數便返回那個節點。

題目說明輸入的 `p` 和 `q`，一定存在於以 `root` 為根的樹中，但是遞迴過程中，以上三種情況都有可能發生，所以要定義清楚，後續這些定義都會體現於程式碼。

現在第一個問題解決了，將定義深印在腦子裡，無論發生什麼，都不要懷疑此定義的正確性，這是撰寫遞迴函數的基本素養。

然後看第二個問題，在函數的參數中，變數是什麼？或者說，描述一下該函數的「狀態」。

描述：函數參數中的變數是 `root`，因為根據框架，`lowestCommonAncestor(root)` 會遞迴呼叫 `root.left` 和 `root.right`；至於 `p` 和 `q`，由於要求它們的共用源始，因此肯定是不會變化的。

第二個問題也解決了，可以理解成「狀態轉移」，每次遞迴在做什麼？不就是把「以 `root` 為根」轉移成「以 `root` 的子節點為根」，不斷縮小問題規模嗎？

最後來看第三個問題，得到函數的遞迴結果後，該做什麼？或者說，得到遞迴呼叫的結果後，要做什麼「選擇」？

這就像動態規劃系列問題，怎麼做選擇，需要觀察問題的性質，找出規律。因此得分析「最低共用源始節點」有什麼特點。剛才說了函數的變數是 `root` 參數，所以這裡都要圍繞 `root` 節點的情況展開討論。

先想 base case，如果 `root` 為空，肯定得返回 `null`。如果 `root` 本身就是 `p` 或 `q`，例如 `root` 為 `p` 節點，如果 `q` 存在於以 `root` 為根的樹中，顯然 `root` 就是最低共用源始。即使 `q` 不存在於以 `root` 為根的樹中，按照情況 3 的定義，也應該返回 `root` 節點。

以上兩種情況的 base case，就能填充一點框架的程式碼了：

```
TreeNode lowestCommonAncestor(TreeNode root, TreeNode p, TreeNode q) {
    // 兩種情況的base case
    if (root == null) return null;
    if (root == p || root == q) return root;

    TreeNode left = lowestCommonAncestor(root.left, p, q);
    TreeNode right = lowestCommonAncestor(root.right, p, q);
}
```

現在準備面臨真正的挑戰，利用遞迴呼叫的結果 `left` 和 `right` 來完善。根據剛才第一個問題針對函數的定義，繼續分情況討論：

情況 1：如果 `p` 和 `q` 都在以 `root` 為根的樹中，那麼 `left` 和 `right` 一定分別是 `p` 和 `q`（從 base case 得知）。

情況 2：如果 `p` 和 `q` 都不在以 `root` 為根的樹中，直接返回 `null`。

情況 3：如果 `p` 和 `q` 只有一個存在於以 `root` 為根的樹中，函數便返回該節點。

明白上面三點後，可以直接查看解法程式碼：

```
TreeNode lowestCommonAncestor(TreeNode root, TreeNode p, TreeNode q) {
    // base case
    if (root == null) return null;
    if (root == p || root == q) return root;
    TreeNode left = lowestCommonAncestor(root.left, p, q);
    TreeNode right = lowestCommonAncestor(root.right, p, q);
    // 情況 1
    if (left != null && right != null) {
        return root;
    }
    // 情況 2
    if (left == null && right == null) {
        return null;
    }
    // 情況 3
    return left == null ? right : left;
}
```

對於情況 1，有人肯定有疑問，`left` 和 `right` 非空，分別是 `p` 和 `q`，代表 `root` 是它們的共用源始，但能確定 `root` 就是「最近」共用源始嗎？

這就是一個巧妙的地方了，**因為此處是二元樹的後序巡訪啊！**前序巡訪代表從上往下，而後序巡訪則是從下往上，好比從 `p` 和 `q` 出發往上走，第一次相交的節點就是 `root`，難道這不是最低共用源始？

綜合前言，計算出二元樹的最低共用源始了。

3.7 特殊資料結構：單調堆疊

堆疊（stack）是很簡單的一種資料結構，先進後出的邏輯順序，符合某些問題的特點，例如函數的呼叫堆疊。

實際上，單調堆疊就是堆疊，只是利用一些巧妙的邏輯，使得每次新元素加入堆疊後，其內的元素都保持單調（單調遞增或單調遞減）。

聽起來有點像堆積（heap）？不是的，單調堆疊的用途並不廣泛，只處理一種典型的問題，叫作 Next Greater Element。本節透過講解單調佇列的演算法範本解決這類問題，並且探討處理「迴圈陣列」的策略。

3.7.1 單調堆疊解題範本

首先，第一個問題「下一個更大元素 I」：

輸入一個陣列，返回一個等長的陣列，對應索引儲存下一個更大元素，如果沒有更大的元素，就存 -1。

例如輸入一個陣列 `nums = [2, 1, 2, 4, 3]`，演算法返回 `[4, 2, 4, -1, -1]`。

解釋：第一個 2 後面比 2 大的數是 4；1 後面比 1 大的數是 2；第二個 2 後面比 2 大的數是 4；4 後面沒有比 4 大的數，填 -1；3 後面也沒有比 3 大的數，填 -1。

函數簽章如下：

```
vector<int> nextGreaterElement(vector<int>& nums)
```

很容易想到這道題的暴力解法，就是掃描每個元素的後面，找到第一個更大的元素就行。但是，暴力解法的時間複雜度是 $O(n^2)$。

可以抽象思考這個問題：把陣列的元素想像成並排站立的人，元素大小想像成人的身高。這些人面對我們站成一列，如何求出元素「2」的 Next Greater Number 呢？

很簡單，如果能夠看到元素「2」，那麼他後面可見的第一個人就是「2」的 Next Greater Number。因為比「2」小的元素身高不夠，都被「2」擋住，第一個露出來的就是答案。

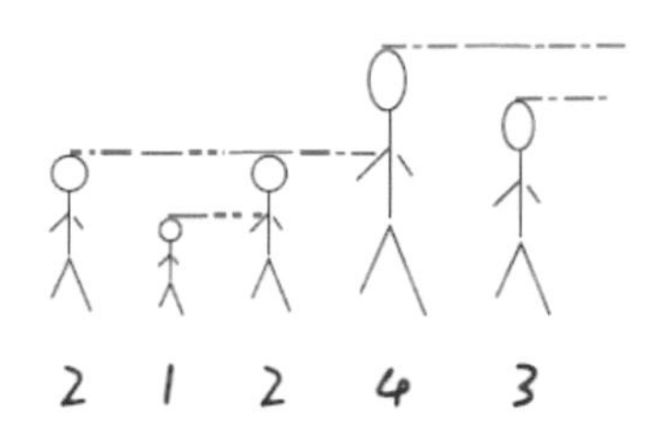

圖 3-25

這個情景很容易理解，帶著上述抽象的情景，先來看一下程式碼。

```
vector<int> nextGreaterElement(vector<int>& nums) {
    vector<int> ans(nums.size()); // 存放答案的陣列
    stack<int> s;
    for (int i = nums.size() - 1; i >= 0; i--) { // 倒著往堆疊放
        while (!s.empty() && s.top() <= nums[i]) { // 判定個子高矮
            s.pop(); // 矮個子出列，反正也被擋住了
        }
        ans[i] = s.empty() ? -1 : s.top(); // 該元素身後的第一個高個兒
        s.push(nums[i]); // 進入堆疊，接受之後的身高判定
    }
    return ans;
}
```

這就是單調堆疊解決問題的範本。**for 迴圈要從後往前掃描元素，因為藉助的是堆疊結構，倒著入堆疊，代表是正著出堆疊。** while 迴圈是排除兩個「高個兒」元素之間的元素，因為它們的存在沒有意義，前面擋著個子「更高」的元素，所以不可能作為後續進來元素的 Next Great Number。

本演算法的時間複雜度不是那麼直觀，如果看到 for 迴圈嵌套 while 迴圈，可能認為演算法的複雜度也是 $O(n^2)$，但實際上演算法的複雜度只有 $O(n)$。

分析時間複雜度之前，要從整體觀看：總共有 n 個元素，每個元素都被 push 到堆疊一次，而最多只被 pop 一次，沒有任何冗餘操作。所以，整體的計算規模是和元素規模 n 成正比，亦即 $O(n)$ 的複雜度。

現在，已經掌握單調堆疊的使用技巧，來一個簡單的變形加深理解。

3.7.2 題目變形

現在給定一個陣列 T，該陣列存放最近幾天的氣溫，演算法需返回一個陣列，計算對於每一天，至少還要等多少天，才能等到一個更暖和的氣溫。如果等不到那一天，便填 0。

例如，輸入 `T = [73, 74, 75, 71, 69, 72, 76, 73]`，演算法應該返回 `[1, 1, 4, 2, 1, 1, 0, 0]`。

說明：第一天 73 度，第二天 74 度，比 73 大，所以對於第一天，只要等一天就能得到答案，餘依此類推。

現在已經對 Next Greater Number 類型問題有些感覺，此問題本質上也是找 Next Greater Number， 只不過不是詢問 Next Greater Number 是多少，而是問及 Next Greater Number 索引的距離而已。

相同類型的問題，相同的模式，直接採用單調堆疊的演算法範本，稍做變動就行，直接上程式碼吧！

```
vector<int> dailyTemperatures(vector<int>& T) {
    vector<int> ans(T.size());
    stack<int> s; // 這裡放元素索引，而不是元素
    for (int i = T.size() - 1; i >= 0; i--) {
        while (!s.empty() && T[s.top()] <= T[i]) {
            s.pop();
        }
        ans[i] = s.empty() ? 0 : (s.top() - i); // 得到索引間距
        s.push(i); // 加入索引，而不是元素
    }
    return ans;
}
```

單調堆疊的框架差不多如此，下面開始另一個重點：如何處理迴圈陣列。

3.7.3 如何處理迴圈陣列

同樣是 Next Greater Number，現在假設給定一個環形的陣列，該如何處理呢？

例如，輸入一個陣列 `[2, 1, 2, 4, 3]`，則返回陣列 `[4, 2, 4, -1, 4]`。具備環形屬性後，最後一個元素 3 繞了一圈，才找到比自己大的元素 4。

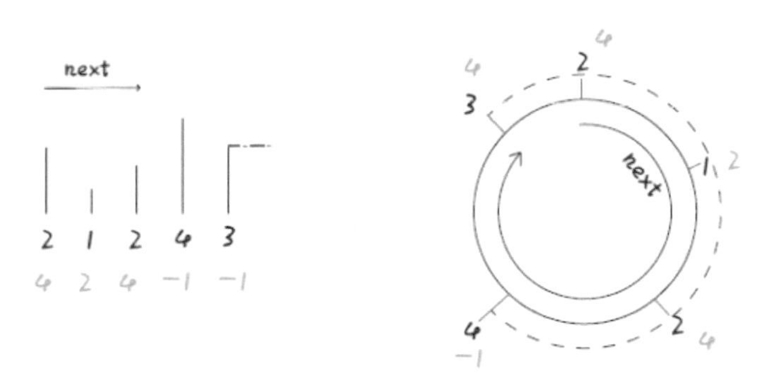

圖 3-26

首先，電腦的記憶體都是線性的，沒有真正意義上的環形陣列，但是可以模擬出環形陣列的效果，一般是透過 `%` 運算子求模（餘數），以獲得環形特效。舉個簡單的例子：

```
int[] arr = {1, 2, 3, 4, 5};
int n = arr.length, index = 0;
while (true) {
    print(arr[index]);
    index = (index + 1) % n;
}
```

回到 Next Greater Number 的問題，增加環形屬性後，問題的難處在於：Next 的意義不僅是目前元素的右邊，有可能轉了一圈後，出現在目前元素的左邊。

考慮底下的思路：將原始陣列「翻倍」，亦即在後面再接上一個原始陣列。如此一來，按照之前「比身高」的流程，每個元素不僅能夠比較自己右邊的元素，而且還可以比較左邊的元素。

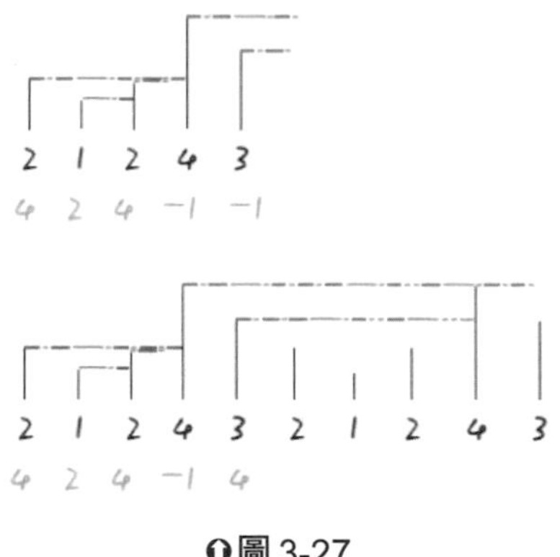

圖 3-27

怎麼實作呢？當然可以建構這個雙倍長度的陣列，然後套用演算法範本。但是，建議不這麼做，而是利用迴圈陣列的技巧來模擬。直接看程式碼：

```
vector<int> nextGreaterElements(vector<int>& nums) {
    int n = nums.size();
    vector<int> res(n); // 存放結果
    stack<int> s;
    // 假裝這個陣列的長度翻倍了
    for (int i = 2 * n - 1; i >= 0; i--) {
        while (!s.empty() && s.top() <= nums[i % n])
            s.pop();
        // 利用 % 求餘數防止索引越界
        res[i % n] = s.empty() ? -1 : s.top();
        s.push(nums[i % n]);
    }
    return res;
}
```

邏輯上相當於將原來的陣列複製成雙倍大小，實際上並沒有多使用空間，此即為處理環形陣列的常用技巧。

3.8 特殊資料結構：單調佇列

前一節講解一種特殊的資料結構「單調堆疊」(Monotonic Stack)，解決一類問題「Next Greater Number」，本節準備撰寫一個類似的資料結構「單調佇列」。

也許聽都沒聽過這種資料結構的名字，其實沒什麼困難，就是一個「佇列」，只是使用一點巧妙的方法，使得佇列中的元素全都是單調遞增(或遞減)。

這種資料結構有什麼用途？主要是解決滑動視窗的一系列問題，例如「滑動視窗最大值」，難度為 Hard：

輸入一個陣列 `nums` 和一個正整數 `k`，有一個大小為 `k` 的視窗在 `nums` 上從左至右滑動，請輸出每次滑動時視窗的最大值。

函數簽章如下：

```
int[] maxSlidingWindow(int[] nums, int k);
```

例如輸入 `nums = [1, 3, -1, -3, 5, 3, 6, 7], k = 3`，那麼在視窗滑動的過程中：

滑動視窗的位置	最大值
[1 3 -1] -3 5 3 6 7	3
1 [3 -1 -3] 5 3 6 7	3
1 3 [-1 -3 5] 3 6 7	5
1 3 -1 [-3 5 3] 6 7	5
1 3 -1 -3 [5 3 6] 7	6
1 3 -1 -3 5 [3 6 7]	7

圖 3-28

所以，演算法應該返回 `[3, 3, 5, 5, 6, 7]`。

3.8.1 建置解題框架

這道題不複雜，難處在於如何在 $O(1)$ 時間算出每個「視窗」中的最大值，使得演算法在線性時間內完成。該問題的一個特殊點在於，「視窗」是不斷滑動的，亦即需要動態計算視窗的最大值。

對於這種動態的場景，很容易得到一個結論：

在一堆數字中，已知極值為 `A`，如果對這堆數字增加一個數 `B`，那麼比較 `A` 和 `B` 就能立即算出新的極值。但如果減少一個數，便不能直接得到極值，因為如果減少的數字恰好是 `A`，就得巡訪所有數重新找出新的極值。

回到本道題的場景，每個視窗前進時，要增加一個數同時減少一個數。若想在 $O(1)$ 的時間得出新的極值，並不是那麼容易，需要藉助「單調佇列」這種特殊的資料結構。

普通的佇列一定有兩個操作：

```
class Queue {
    // enqueue 操作，在佇列尾加入元素 n
    void push(int n);
    // dequeue 操作，刪除佇列頭元素
    void pop();
}
```

一個「單調佇列」的操作也差不多：

```
class MonotonicQueue {
    // 在佇列尾增加元素 n
    void push(int n);
    // 返回目前佇列的最大值
    int max();
    // 如果佇列頭元素是 n，則刪除
    void pop(int n);
}
```

當然，這幾個 API 的實作方法，肯定和一般的 Queue 不一樣。不過暫且不管它，而且認為這幾個操作的時間複雜度都是 $O(1)$，先建置出這道「滑動視窗」問題的解答框架：

```java
int[] maxSlidingWindow(int[] nums, int k) {
    MonotonicQueue window = new MonotonicQueue();
    List<Integer> res = new ArrayList<>();

    for (int i = 0; i < nums.length; i++) {
        if (i < k - 1) {
            // 先填滿視窗的前 k - 1
            window.push(nums[i]);
        } else {
            // 視窗開始向前滑動
            // 移入新元素
            window.push(nums[i]);
            // 將目前視窗的最大元素記到結果
            res.add(window.max());
            // 移出最後的元素
            window.pop(nums[i - k + 1]);
        }
    }
    // 將 List 類型轉化成 int[] 陣列，以作為返回值
    int[] arr = new int[res.size()];
    for (int i = 0; i < res.size(); i++) {
        arr[i] = res.get(i);
    }
    return arr;
}
```

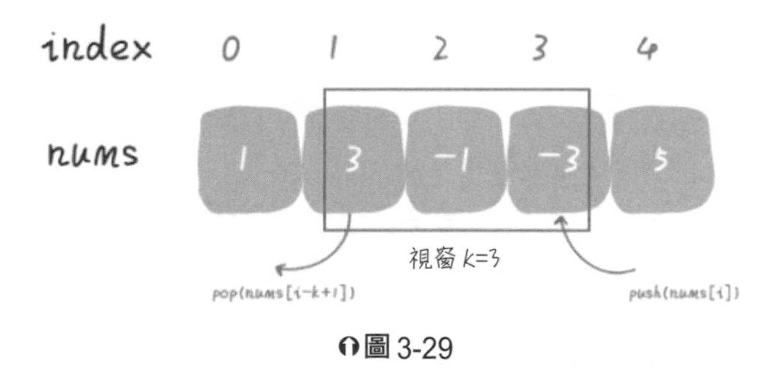

圖 3-29

上述思路很簡單，十分容易理解。下面開始重頭戲，準備實作單調佇列。

3.8.2 實作單調佇列資料結構

觀察滑動視窗的過程就能發現，實作「單調佇列」必須使用一種資料結構，藉以支援在頭部和尾部插入與刪除，很明顯滿足此條件的是雙向鏈結串列。

「單調佇列」的核心概念和「單調堆疊」類似，push 方法依然在佇列尾增加元素，但是要先刪掉前面比自己小的元素：

```
class MonotonicQueue {
    // 雙向鏈結串列，支援頭部和尾部增刪元素
    private LinkedList<Integer> q = new LinkedList<>();

    public void push(int n) {
        // 刪除前面小於自己的元素
        while (!q.isEmpty() && q.getLast() < n) {
            q.pollLast();
        }
        q.addLast(n);
    }
}
```

想像一下，加入數字的大小代表人的體重，把前面體重不足的都壓扁，直至遇到更大的量級才停住。

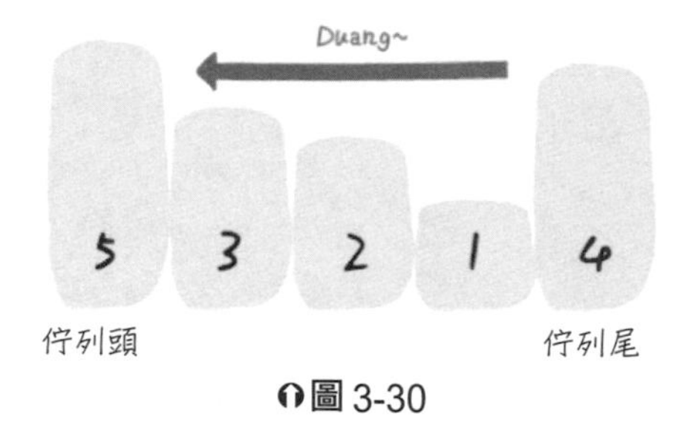

圖 3-30

如果加入每個元素時都這樣操作，最終單調佇列的元素大小，就會保持一個**單調遞減**的順序，因此可以撰寫 max 方法如下：

```
public int max() {
    // 佇列頭的元素肯定最大
    return q.getFirst();
}
```

pop 方法在佇列頭刪除元素 n，也很容易撰寫：

```
public void pop(int n) {
    if (n == q.getFirst()) {
        q.pollFirst();
    }
}
```

之所以要判斷 `n == q.getFirst()`，是因為想刪除的佇列頭元素 `n` 可能已經被「壓扁」，此時便不用刪除了：

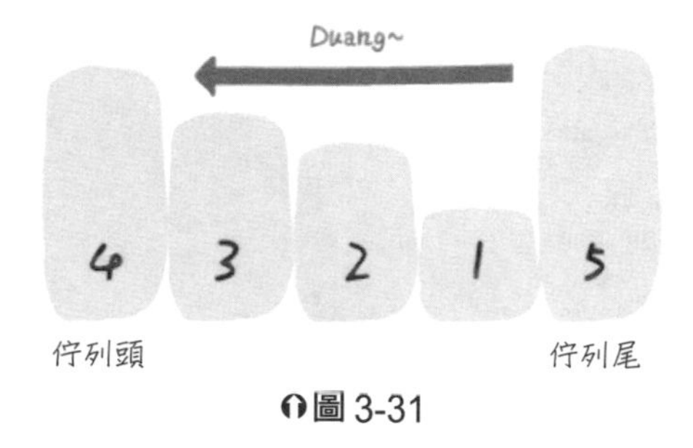

圖 3-31

至此，單調佇列設計完畢，列出完整的解題程式碼：

```
/* 單調佇列的實作 */
class MonotonicQueue {
    LinkedList<Integer> q = new LinkedList<>();
    public void push(int n) {
        while (!q.isEmpty() && q.getLast() < n) {
            q.pollLast();
        }
        q.addLast(n);
    }

    public int max() {
        return q.getFirst();
    }

    public void pop(int n) {
        if (n == q.getFirst()) {
            q.pollFirst();
        }
    }
}

/* 解題函數的實作 */
int[] maxSlidingWindow(int[] nums, int k) {
    MonotonicQueue window = new MonotonicQueue();
    List<Integer> res = new ArrayList<>();

    for (int i = 0; i < nums.length; i++) {
        if (i < k - 1) {
            // 先填滿視窗的前 k - 1
```

```
            window.push(nums[i]);
        } else {
            // 視窗向前滑動，加入新數字
            window.push(nums[i]);
            // 記錄目前視窗的最大值
            res.add(window.max());
            // 移出舊數字
            window.pop(nums[i - k + 1]);
        }
    }
    // 需轉成 int[] 陣列再返回
    int[] arr = new int[res.size()];
    for (int i = 0; i < res.size(); i++) {
        arr[i] = res.get(i);
    }
    return arr;
}
```

不要忽略一點細節問題，當實作 MonotonicQueue 時，採用 Java 的 LinkedList，因為鏈結串列結構支援在頭部和尾部快速增刪元素。而在解法程式碼的 res 則使用 ArrayList 結構，因為後續將按照索引存取元素，所以陣列結構更合適。

3.8.3 演算法複雜度分析

讀者可能有疑惑，push 操作內含 while 迴圈，時間複雜度應該不是 $O(1)$，那麼本演算法的時間複雜度應該不是線性時間吧？

單獨看 push 操作的複雜度確實不是 $O(1)$，但是演算法整體的複雜度依然是 $O(N)$ 線性時間。試著想想，nums 的每個元素最多被 pollLast 和 addLast 一次，沒有任何多餘操作，因此整體的複雜度還是 $O(N)$。

空間複雜度相對簡單，就是視窗的大小 $O(k)$。

最後，不要弄不清楚「單調佇列」和「優先順序佇列」，單調佇列在增加元素的時候，依靠刪除元素保持佇列的單調性，相當於抽取出某個函數單調遞增（或遞減）的部分；而優先順序佇列（二元堆積）相當於會自動排序。

3.9 如何判斷迴文鏈結串列

前面兩章講了迴文串和迴文序列相關的問題。

尋找迴文串的核心概念，是從中心向兩端擴展：

```
/* 返回以s[l]和s[r]為中心的最長迴文串 */
string palindrome(string& s, int l, int r) {
    // 防止索引越界
    while (l >= 0 && r < s.size() && s[l] == s[r]) {
        // 向兩邊展開
        l--; r++;
    }
    return s.substr(l + 1, r - l - 1);
}
```

迴文串長度可能為奇數或偶數，長度為奇數時只存在一個中心點，而長度為偶數時存在兩個中心點，所以上述函數需要傳入 `l` 和 `r`。

判斷一個字串是不是迴文串就簡單很多，不需要考慮奇偶情況，只要求「雙指標技巧」，從兩端向中間逼近即可：

```
bool isPalindrome(string s) {
    int left = 0, right = s.length - 1;
    while (left < right) {
        if (s[left] != s[right])
            return false;
        left++; right--;
    }
    return true;
}
```

以上程式碼應該很好理解，**因為迴文串是對稱的，所以正著讀和倒著讀都一樣，此特點是解決迴文串問題的關鍵。**

下面擴展最簡單的情況，以便解決：如何判斷一個單向鏈結串列是否為迴文。

3.9.1　判斷迴文單向鏈結串列

「迴文鏈結串列」問題是輸入一個單向鏈結串列的頭節點，請判斷該鏈結串列中的數字是不是迴文，函數簽章如下：

```
boolean isPalindrome(ListNode head);
```

如果輸入：`1->2->null`，則輸出：false。

如果輸入：`1->2->2->1->null`，則輸出：true。

本道題的關鍵在於，單向鏈結串列不能倒著巡訪，無法使用雙指標技巧。最簡單的辦法就是，把原始鏈結串列反轉存入一條新的鏈結串列，然後比較這兩個鏈結串列是否相同。關於如何反轉鏈結串列，詳見**「3.10　秀操作之純遞迴反轉鏈結串列」**。

其實，**藉助二元樹後序巡訪的概念，不需要明確反轉原始鏈結串列，也能倒序巡訪鏈結串列**，詳述於下文。

對於二元樹的幾種巡訪方式，應該再熟悉不過：

```
void traverse(TreeNode root) {
    // 前序巡訪程式碼
    traverse(root.left);
    // 中序巡訪程式碼
    traverse(root.right);
    // 後序巡訪程式碼
}
```

在**學習資料結構的概念框架**一節曾提及，鏈結串列兼具遞迴結構，樹狀結構不過是鏈結串列的衍生，因此**鏈結串列也有前序巡訪和後序巡訪：**

```
void traverse(ListNode head) {
    // 前序巡訪程式碼
    traverse(head.next);
    // 後序巡訪程式碼
}
```

這個框架有什麼指導意義呢？如果想正序列印鏈結串列的 `val` 值，可於前序巡訪位置撰寫程式碼；反之，若想倒序巡訪鏈結串列，可於後序巡訪位置操作：

```
/* 倒序列印單向鏈結串列的元素值 */
void traverse(ListNode head) {
    if (head == null) return;
    traverse(head.next);
    // 後序巡訪程式碼
    System.out.println(head.val);
}
```

說到這裡，其實可以稍作修改，模仿雙指標實作迴文判斷的功能：

```
// 左側指標
ListNode left;
boolean isPalindrome(ListNode head) {
    left = head;
    return traverse(head);
}

// 利用遞迴，倒序巡訪單向鏈結串列
boolean traverse(ListNode right) {
    if (right == null) return true;
    boolean res = traverse(right.next);
    // 後序巡訪程式碼
    res = res && (right.val == left.val);
    left = left.next;
    return res;
}
```

這麼做的核心邏輯是什麼呢？**實際上就是把鏈結串列節點放入一個堆疊，然後再拿出來，此時就是反的元素順序**，只不過利用的是遞迴函數的堆疊而已，因此空間複雜度依然是 $O(N)$。

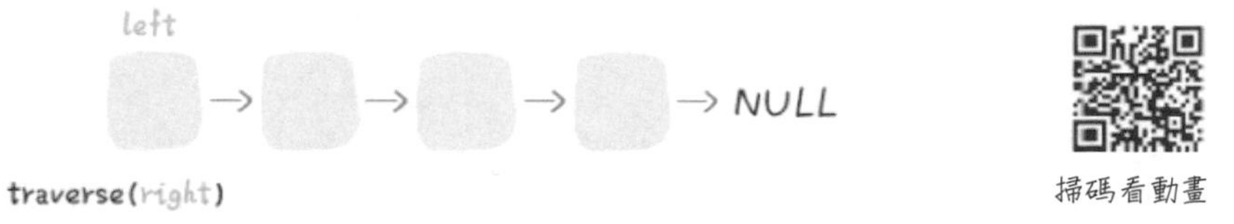

圖 3-32

綜合前言，無論製造一個反轉鏈結串列，還是利用後序巡訪，演算法的時間和空間複雜度都是 $O(N)$。下面思考一下，能不能不用額外的空間解決這個問題呢？

3.9.2 最佳化空間複雜度

更好的想法如下：

1. 先透過「雙指標技巧」的快、慢指標，找到鏈結串列的中點：

```
ListNode slow, fast;
slow = fast = head;
while (fast != null && fast.next != null) {
    slow = slow.next;
    fast = fast.next.next;
}
// slow 指標現在指向鏈結串列中點
```

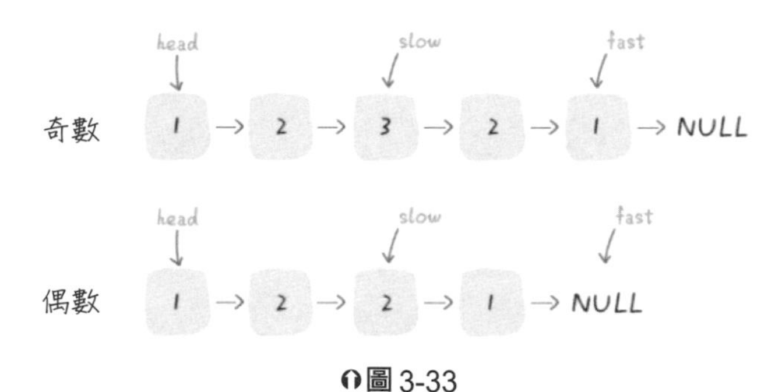

▲圖 3-33

2. 這裡要分奇偶情況。如果 `fast` 指標沒有指向 `null`，表示鏈結串列長度為奇數，`slow` 還要再前進一步：

```
if (fast != null)
    slow = slow.next;
```

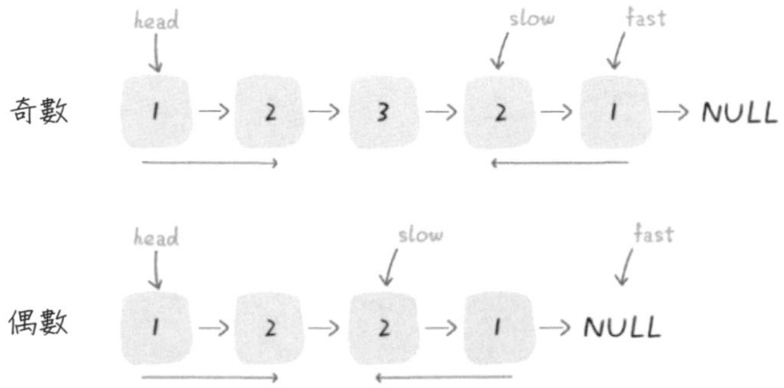

▲圖 3-34

3. 從 `slow` 開始反轉後面的鏈結串列，現在就可以開始比較迴文串：

```
ListNode left = head;
ListNode right = reverse(slow);

while (right != null) {
    if (left.val != right.val)
        return false;
    left = left.next;
    right = right.next;
}
return true;
```

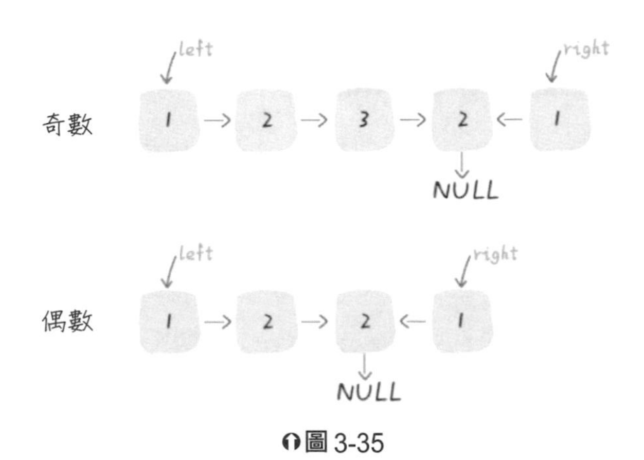

圖 3-35

至此，組合上面 3 段程式碼，就有效地解決這個問題，其中 `reverse` 函數便是標準的鏈結串列反轉演算法：

```
// 反轉以 head 為頭的鏈結串列，並返回反轉之後的頭節點
ListNode reverse(ListNode head) {
    ListNode pre = null, cur = head;
    while (cur != null) {
        ListNode next = cur.next;
        cur.next = pre;
        pre = cur;
        cur = next;
    }
    return pre;
}
```

演算法整體的時間複雜度為 $O(N)$，空間複雜度為 $O(1)$，已經是最佳結果。

肯定有讀者會問：這種解法雖然有效，但破壞了輸入鏈結串列的原始結構，能不能避免此瑕疵呢？

其實這個問題很好解決，只要在移動 `slow` 和 `fast` 的過程中，記錄 `p, q` 這兩個指標的位置：

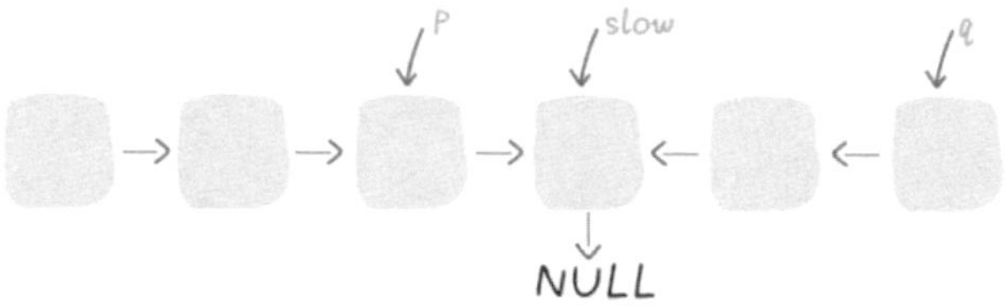

p
slow
q
NULL

圖 3-36

如此一來，只要在函數執行 return 語句之前加一段程式碼，即可恢復原先的鏈結串列順序：

```
p.next = reverse(q);
```

礙於篇幅所限，就不多做說明，請自行嘗試。

3.9.3 最後總結

首先，尋找迴文串是從中間向兩端擴展，判斷迴文串則從兩端向中間收縮。對於單向鏈結串列，無法直接倒序巡訪，可以增加一個新的反轉鏈結串列，再利用鏈結串列的後序巡訪，或者以堆疊結構倒序處理單向鏈結串列。

具體到迴文鏈結串列的判斷問題，由於迴文的特殊性，可以不完全反轉鏈結串列，僅是反轉部分鏈結串列，將空間複雜度降到 $O(1)$。

3.10 秀操作之純遞迴反轉鏈結串列

反轉單向鏈結串列的迭代，實作起來不是一件困難的事情，但是遞迴實作就有點難度。如果再增加一點難度，僅僅是反轉單向鏈結串列的一部分，是否能夠**使用純遞迴完成**呢？

本節就由淺入深，一步步地解決這個問題。**如果還不會遞迴地反轉單向鏈結串列也沒關係，本節將從遞迴反轉整個單向鏈結串列開始擴展**，只要明白單向鏈結串列的結構，便能有所收穫。

```
// 單向鏈結串列節點的結構
public class ListNode {
    int val;
    ListNode next;
    ListNode(int x) { val = x; }
}
```

什麼叫反轉單向鏈結串列的一部分呢？就是給定一個索引區間，然後反轉單向鏈結串列的這部分元素，其他部分不變。具體題目描述如下：

輸入一條單向鏈結串列，以及兩個索引 `m` 和 `n`（**索引從 1 開始**，而且假定 `m` 和 `n` 都合法，不會超過鏈結串列長度），請反轉鏈結串列中位置 `m` 到 `n` 的節點，並返回反轉後的鏈結串列。

函數簽章如下：

```
ListNode reverseBetween(ListNode head, int m, int n);
```

例如輸入的鏈結串列是 `1->2->3->4->5->NULL`，`m = 2, n = 4`，則返回的鏈結串列為 `1->4->3->2->5->NULL`。

如果採用迭代的方式，思路大概是：

先以一個 for 迴圈找到第 `m` 個位置，再用一個 for 迴圈將 `m` 和 `n` 之間的元素反轉，看起來沒有什麼難度。本節準備採用純遞迴解法，不使用任何一個 for 迴圈，也能達成題目要求。

遞迴方法解決問題一向簡潔優美，時不時讓人拍案叫絕。下面就由淺入深，先從反轉整個單向鏈結串列說起。

3.10.1 遞迴反轉整個鏈結串列

可能很多讀者都聽過這種演算法，本小節詳細分析一下，直接查看程式碼：

```
/* 反轉整個鏈結串列 */
ListNode reverse(ListNode head) {
    if (head == null || head.next == null)
        return head;
    ListNode last = reverse(head.next);
    head.next.next = head;
    head.next = null;
    return last;
}
```

程式碼是不是看起來不明所以，完全不能理解為什麼能夠反轉鏈結串列？這就對了，上述演算法常常拿來顯示遞迴的巧妙和優美，詳述於後文。

對於遞迴演算法，最重要的就是確認定義遞迴函數的行為。具體來說，`reverse` 函數的定義如下：

輸入一個節點 `head`，將「以 `head` 為起點」的鏈結串列反轉，並返回「反轉後的鏈結串列頭節點」。

明白函數的定義，下面一行一行分析上述程式碼，例如想反轉底下的鏈結串列：

圖 3-37

那麼輸入 `reverse(head)` 後，會在這裡進行遞迴：

```
ListNode last = reverse(head.next);
```

先看遞迴函數，不要跳進遞迴，而是根據剛才的函數定義，弄清楚這段程式碼會產生什麼結果：

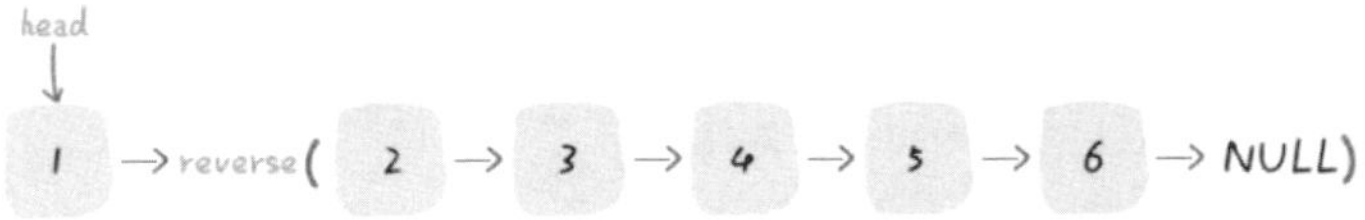

head

1 → reverse(2 → 3 → 4 → 5 → 6 → NULL)

圖 3-38

按照 `reverse` 函數的定義，執行完 `reverse(head.next)` 後將返回反轉之後的頭節點，此處以變數 `last` 接收，現在整個鏈結串列變成這樣：

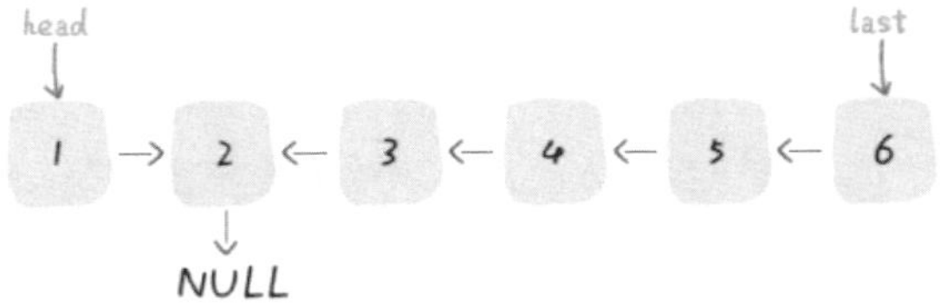

head　　last

1 → 2 ← 3 ← 4 ← 5 ← 6

NULL

圖 3-39

再看下面的程式碼：

```
head.next.next = head;
```

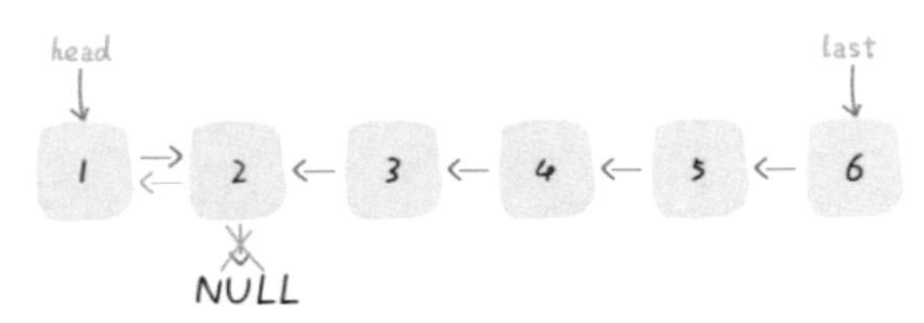

圖 3-40

接下來：

```
head.next = null;
return last;
```

head.next=head

head　　last

NULL ← 1 2 ← 3 ← 4 ← 5 ← 6

圖 3-41

神不神奇，整個鏈結串列反轉過來了！遞迴程式碼就是這麼簡潔優雅，不過其中需要注意兩個地方：

1. 遞迴函數要有 base case，亦即這句：

```
if (head == null || head.next == null)
    return head;
```

意思是如果鏈結串列只有一個節點，反轉也是它自己，直接返回即可。

2. 當鏈結串列遞迴反轉之後，新的頭節點是 `last`，而之前的 `head` 變成最後一個節點。別忘了鏈結串列的末尾要指向 null：

```
head.next = null;
```

理解這兩點後，準備進一步深入，接下來的問題其實都是該演算法的擴展。

3.10.2 反轉鏈結串列前 N 個節點

這次打算實作的函數如下：

```
// 反轉鏈結串列的前 n 個節點（n <= 鏈結串列長度）
ListNode reverseN(ListNode head, int n)
```

例如對於下圖所示的鏈結串列，執行 `reverseN(head, 3)`：

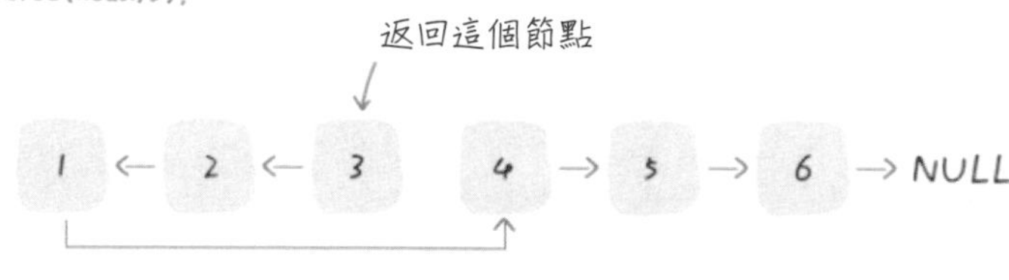

圖 3-42

解法和反轉整個鏈結串列差不多，只需稍加修改即可：

```
// 後驅節點
ListNode successor = null;

/* 反轉以 head 為起點的 n 個節點，並返回新的頭節點 */
```

```
ListNode reverseN(ListNode head, int n) {
    if (n == 1) {
        // 記錄第 n + 1 個節點，留待後用
        successor = head.next;
        return head;
    }
    // 以 head.next 為起點，必須反轉前 n - 1 個節點
    ListNode last = reverseN(head.next, n - 1);

    head.next.next = head;
    // 連結反轉之後的 head 節點和後面的節點
    head.next = successor;
    return last;
}
```

反轉前 N 個節點和反轉整個鏈結串列的差別：

1. base case 變為 `n == 1`，反轉一個元素，就是它本身。
2. 要記錄後驅節點 `successor`。

反轉整個鏈結串列時，直接把 `head.next` 設為 null，因為整個鏈結串列反轉後，原來的 `head` 變成整個鏈結串列的最後一個節點。但現在 `head` 節點在遞迴反轉之後，不一定是最後一個節點，因此得記錄後驅 `successor`（第 `n + 1` 個節點），反轉之後將 `head` 接上去。

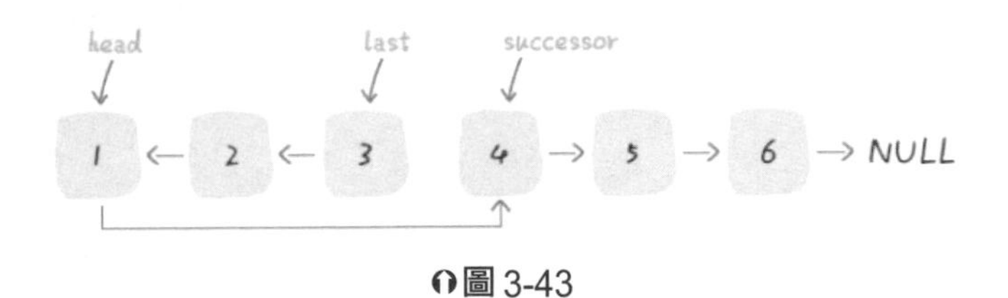

圖 3-43

如果能夠看懂這個函數，就離實作「反轉一部分鏈結串列」不遠了。

3.10.3 反轉鏈結串列的一部分

現在解決前面提出的問題，給定一個索引區間 `[m, n]`（索引從 1 開始），請反轉區間中的鏈結串列元素。

首先，如果 `m == 1`，相當於反轉鏈結串列開頭的 `n` 個元素，亦即剛才完成的功能：

```
ListNode reverseBetween(ListNode head, int m, int n) {
    // base case
    if (m == 1) {
        // 相當於反轉前 n 個元素
        return reverseN(head, n);
    }
    // ...
}
```

如果 m != 1 怎麼辦？假設把 head 的索引視為 1，那麼打算從第 m 個元素開始反轉吧？如果把 head.next 的索引視為 1 呢？相對於 head.next，反轉的區間應該是從第 m - 1 個元素開始；那麼相對於 head.next.next 呢……

和迭代概念不同，這就是遞迴概念，因此可以完成程式碼：

```
ListNode reverseBetween(ListNode head, int m, int n) {
    // base case
    if (m == 1) {
        return reverseN(head, n);
    }
    // 對於 head.next 來說，就是反轉區間 [m - 1, n - 1]
    // 前進到反轉的起點觸發 base case
    head.next = reverseBetween(head.next, m - 1, n - 1);
    return head;
}
```

至此，終於解決最大的難題。

3.10.4 最後總結

遞迴的概念相對於迭代，稍微有點難以理解，處理的技巧是：**不要跳進遞迴，而是利用明確的定義實作演算法邏輯。**

處理看起來比較困難的問題時，嘗試化整為零，先修改一些簡單的解法，以便解決困難的問題。

值得一提的是，以遞迴方式操作鏈結串列並不有效。和迭代解法相比，雖然時間複雜度都是 $O(N)$，但是它的空間複雜度是 $O(1)$；而遞迴解法要求堆疊，空間複雜度是 $O(N)$。所以，以遞迴方式操作鏈結串列，通常作為遞迴演算法的練習或者拿去炫耀。一旦考慮效率的話，還是使用迭代演算法更好。

3.11 秀操作之 k 個一組反轉鏈結串列

前一節**「3.10 秀操作之純遞迴反轉鏈結串列」**講解如何遞迴地反轉一部分鏈結串列，有人就會問如何迭代地反轉鏈結串列。本節待解決的問題也需要反轉鏈結串列的函數，不妨就以迭代方式來解決。

本節要解決「`k` 個一組反轉鏈結串列」，題目很簡單：

輸入一個單向鏈結串列和一個正整數 `k`，請以每 `k` 個節點為一組，反轉此鏈結串列，然後返回反轉之後的結果。如果鏈結串列長度不是 `k` 的整數倍，最後不足 `k` 個的節點則保持原有順序。

函數簽章如下：

```
ListNode reverseKGroup(ListNode head, int k);
```

例如輸入的鏈結串列為 `1->2->3->4->5`，`k` 如果為 2，那麼演算法返回一條鏈結串列 `2->1->4->3->5`。但如果輸入的 `k` 是 3，演算法則返回 `3->2->1->4->5`。

這個問題經常在「面試」中出現，而且在 LeetCode 的難度是 Hard，真的有那麼難嗎？

基本資料結構的演算法問題其實都不難，只要結合特點一點點拆解分析，一般都沒什麼難處。底下就來拆解這個問題。

3.11.1 分析問題

首先，**「1.1 學習演算法和刷題的概念框架」**曾提及，鏈結串列是一種兼具遞迴和迭代性質的資料結構，認真思考之後便可發現，**此問題具有遞迴性質。**

什麼叫遞迴性質？例如對這個鏈結串列呼叫 `reverseKGroup(head, 2)`，亦即以 2 個節點為一組反轉鏈結串列：

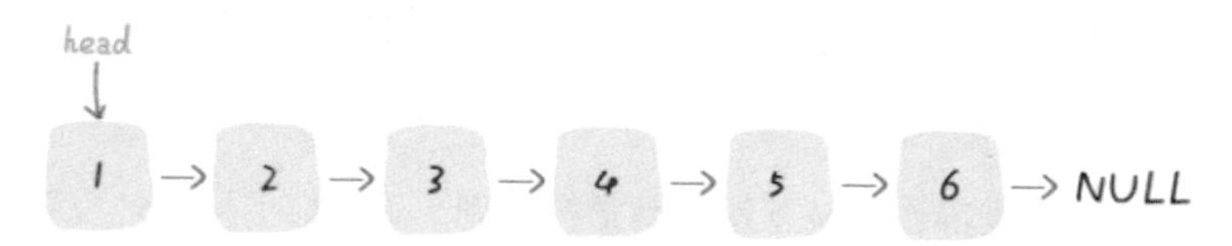

圖 3-44

如果設法反轉前 2 個節點，那麼該怎麼處理後面的節點？後面的節點也是一條鏈結串列，而且規模（長度）比原來的鏈結串列小，此即為**子問題**：

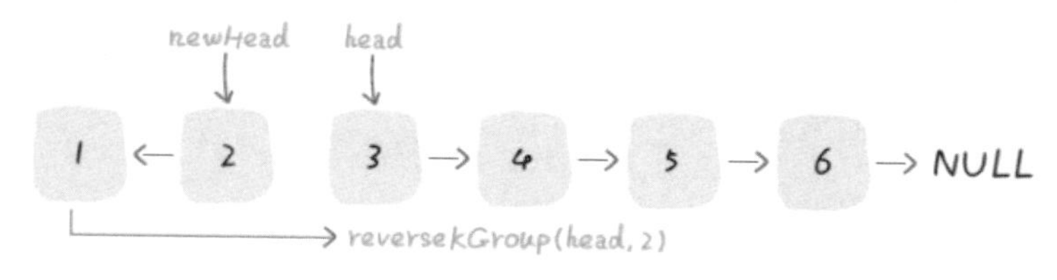

圖 3-45

換句話說，`reverseKGroup` 函數只需關心如何反轉前 `k` 個節點，然後遞迴呼叫自己即可。因為子問題和原問題的結構完全相同，這便是所謂的遞迴性質。

發現遞迴性質後，就可得到大致的演算法流程：

1. 先反轉以 `head` 開頭的 `k` 個元素。

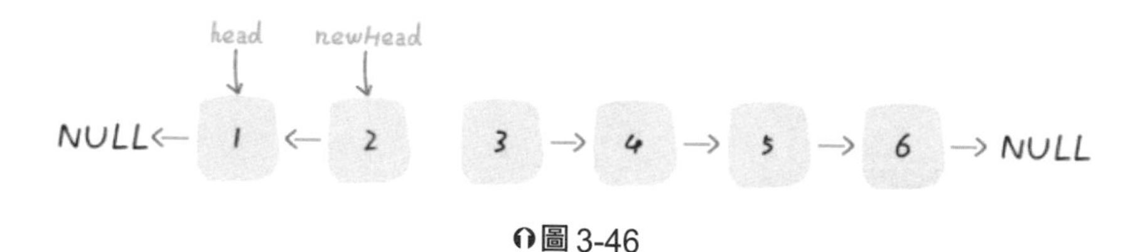

圖 3-46

2. 將第 `k + 1` 個元素作為 `head`，遞迴呼叫 `reverseKGroup` 函數。

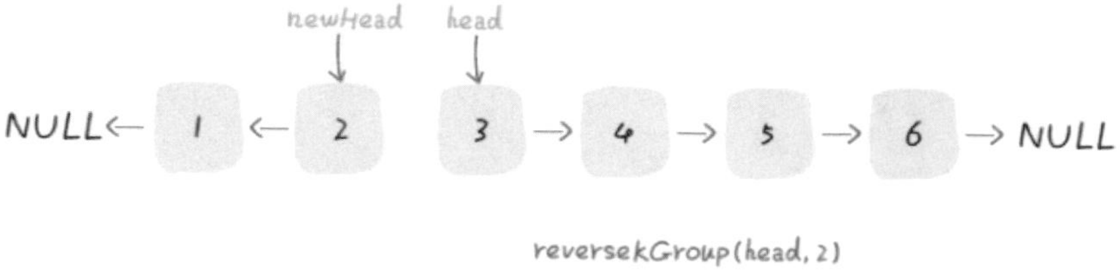

圖 3-47

3. **將上述兩個過程的結果連接起來。**

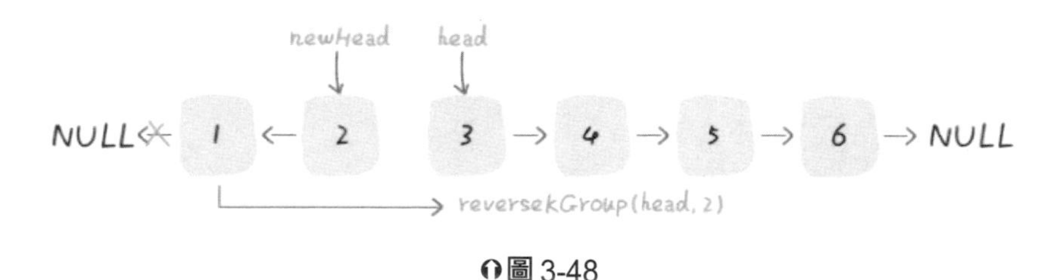

圖 3-48

整體流程就是這樣，最後一點請注意，遞迴函數都有個 base case，對於這個問題是什麼呢？

題目講過，如果最後的元素不足 `k` 個，就保持不變。此即為 base case，稍後呈現於程式碼中。

3.11.2 程式碼實作

首先，實作 `reverse` 函數反轉一個區間之內的元素。此處再簡化一下，給定鏈結串列頭節點，如何反轉整個鏈結串列？

```
// 反轉以 a 為頭節點的鏈結串列
ListNode reverse(ListNode a) {
    ListNode pre, cur, nxt;
    pre = null; cur = a; nxt = a;
    while (cur != null) {
        nxt = cur.next;
        // 逐個節點反轉
        cur.next = pre;
        // 更新指標位置
        pre = cur;
        cur = nxt;
    }
    // 返回反轉後的頭節點
    return pre;
}
```

上述就是利用迭代概念實作的標準反轉鏈結串列演算法，而「反轉以 `a` 為頭節點的鏈結串列」，其實便是「反轉節點 `a` 到 null 之間的節點」。此刻如果要求「反轉 `a` 到 `b` 之間的節點」，有沒有問題？

只需更改函數簽章，並把上述程式碼的 `null` 改成 `b` 即可：

```
/** 反轉區間 [a, b) 的元素，注意是左閉右開 */
ListNode reverse(ListNode a, ListNode b) {
    ListNode pre, cur, nxt;
    pre = null; cur = a; nxt = a;
    // 修改一下 while 終止條件就行了
    while (cur != b) {
        nxt = cur.next;
        cur.next = pre;
        pre = cur;
        cur = nxt;
    }
    // 返回反轉後的頭節點
    return pre;
}
```

現在已經用迭代實作反轉部分鏈結串列的功能，接下來按照之前的邏輯撰寫 `reverseKGroup` 函數：

```
ListNode reverseKGroup(ListNode head, int k) {
    if (head == null) return null;
    // 區間 [a, b) 包含 k 個待反轉元素
    ListNode a, b;
    a = b = head;
    for (int i = 0; i < k; i++) {
        // 不足 k 個，不需要反轉，base case
        if (b == null) return head;
        b = b.next;
    }
    // 反轉前 k 個元素
    ListNode newHead = reverse(a, b);
    // 遞迴反轉後續的鏈結串列，並連接起來
    a.next = reverseKGroup(b, k);
    return newHead;
}
```

for 迴圈在尋找一個長度為 `k` 的左閉右開區間 `[a, b)`，然後呼叫 `reverse` 函數反轉區間 `[a, b)`，最後遞迴反轉以 `b` 為頭節點的鏈結串列：

圖 3-49

不展開遞迴部分，整個函數遞迴完成之後就是下列結果，完全符合題意：

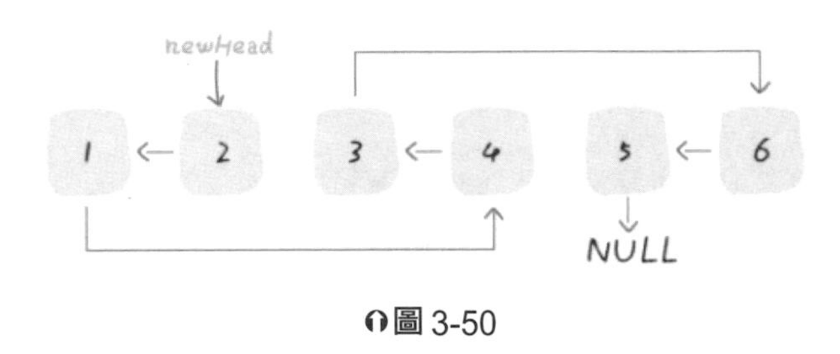

圖 3-50

3.11.3 最後總結

從資料上來看，閱讀基本資料結構相關演算法文章的人不多，個人想說這是要吃虧的。

大家喜歡看動態規劃相關的問題，可能是因為常見於面試中，但就個人的理解，很多演算法概念都是源於資料結構。**學習資料結構的概念框架**一節曾提及，什麼動態規劃、回溯、分治演算法，其實都是樹的巡訪，而樹狀結構不就是個多元鏈結串列嗎？

如果能夠處理基本資料結構的問題，那麼解決一般的演算法問題應該也不會有困難。

Chapter 04 演算法思維系列

本章透過經典演算法問題，闡明一些常用的演算法技巧，例如字首和技巧、回溯概念、暴力列舉技巧等等。

前幾章已經講過很多演算法模式，相信讀者對資料結構也較為熟悉，但是面對千變萬化的演算法題目，到底怎麼才能將複雜問題層層拆解，簡化成最簡單的框架呢？

4.1 回溯演算法解決子集、組合、排列問題

本節聊聊三道考察頻率高，而且容易讓人混亂的演算法問題，分別是求子集（subset）、排列（permutation）和組合（combination）。它們在 LeetCode 上分別是第 78 題、第 46 題和第 77 題。

這幾道題都可以用回溯演算法範本解決，同時數學歸納概念還能解決子集問題。建議記住這幾個問題的回溯範本，就不怕弄不清楚了。

4.1.1 子集

問題很簡單，輸入一個**不包含重覆數字**的陣列，要求演算法輸出這些數字的所有子集。

```
vector<vector<int>> subsets(vector<int>& nums);
```

例如輸入 `nums = [1, 2, 3]`，演算法應該輸出 8 個子集，包含空集合與本身，順序可以不同：

```
[ [], [1], [2], [3], [1, 3], [2, 3], [1, 2], [1, 2, 3] ]
```

第一個解法是利用數學歸納的概念：假設現在知道規模更小的子問題的結果，如何推導出目前問題的結果呢？

具體來說，現在待求 `[1, 2, 3]` 的子集，如果已知 `[1, 2]` 的子集，是否可以推導出 `[1, 2, 3]` 的子集呢？首先列出 `[1, 2]` 的子集：

```
[ [], [1], [2], [1, 2] ]
```

發現其中有一個規律：

```
subset([1, 2, 3]) - subset([1, 2])
= [3], [1, 3], [2, 3], [1, 2, 3]
```

亦即，`[1, 2, 3]` 的子集就是把 `[1, 2]` 的子集中，每個集合再加上 `3`。

換句話說，如果 `A = subset([1, 2])`，那麼：

```
subset([1, 2, 3])
= A + [A[i].add(3) for i = 1..len(A)]
```

這就是一個典型的遞迴結構，`[1, 2, 3]` 的子集可由 `[1, 2]` 追加得出，`[1, 2]` 的子集則由 `[1]` 追加得出。base case 顯然是當輸入集合為空集合時，輸出子集便是一個空集合。

翻譯成程式碼就很容易理解：

```
vector<vector<int>> subsets(vector<int>& nums) {
    // base case，返回一個空集合
    if (nums.empty()) return {{}};
    // 拿出最後一個元素
    int n = nums.back();
    nums.pop_back();
    // 先遞迴算出前面元素的所有子集
    vector<vector<int>> res = subsets(nums);

    int size = res.size();
    for (int i = 0; i < size; i++) {
        // 然後追加到之前的結果
        res.push_back(res[i]);
        res.back().push_back(n);
    }
```

```
    return res;
}
```

本問題的時間複雜度計算比較容易讓人迷惑。先前介紹計算遞迴演算法時間複雜度的方法，是找到遞迴深度，然後乘以每次遞迴中迭代的次數。就這個問題而言，遞迴深度顯然是 N，但我們發現每次遞迴 for 迴圈的迭代次數，取決於 `res` 的長度，並不是固定的數字。

根據剛才的想法，`res` 的長度應該是每次遞迴都翻倍，所以整體的迭代次數是 2^N。或者不用這麼麻煩，你試想一個大小為 N 的集合，其子集總共有幾個？ 2^N 個，因此至少要對 `res` 增加 2^N 次元素。

那麼演算法的時間複雜度是 $O(2^N)$ 嗎？還是不對，2^N 個子集是由 `push_back` 加入 `res`，所以要考慮 `push_back` 這個操作的效率：

```
for (int i = 0; i < size; i++) {
    res.push_back(res[i]); // O(N)
    res.back().push_back(n); // O(1)
}
```

因為 `res[i]` 也是一個陣列，`push_back` 是把 `res[i]` 複製一份加到陣列的最後，所以一次操作的時間是 $O(N)$。

綜合前言，整體的時間複雜度便是 $O(2^N N)$，還是比較耗時。

至於空間複雜度，如果不計算儲存返回結果所佔的空間，只需要 $O(N)$ 的遞迴堆疊空間。如果計算 `res` 所需的空間，應該是 $O(2^N N)$。

第二種通用方法是回溯演算法。在**回溯演算法詳解**曾提及，回溯演算法無非就是一棵決策樹，其範本如下：

```
result = []
def backtrack(路徑, 選擇清單):
    if 滿足結束條件:
        result.add(路徑)
        return
    for 選擇 in 選擇清單:
        做選擇
        backtrack(路徑, 選擇清單)
        撤銷選擇
```

如何列舉所有子集呢？肯定要有條理地思考，以 `nums = [1, 2, 3]` 為例：

首先，空集合 `[]` 肯定是一個子集。

然後，以 1 開頭的子集有哪些呢？有 `[1], [1, 2], [1, 3], [1, 2, 3]`。

以 2 開頭的子集有哪些呢？有 `[2], [2, 3]`。

以 3 開頭的子集有哪些呢？有 `[3]`。

最後，把上面這些子集加起來，就是 `[1, 2, 3]` 的所有子集。

當然，理論上「子集」是無序的集合，不能說以某個數字開頭的子集，不過這樣說便於理解。例如「以 2 開頭的子集」中，因為 1 排在 2 前面，所以不會包含 `[2, 1]` 這種情況，因而避免和之前的集合 `[1, 2]` 重覆。

那麼按照前述思路，**其實 `[1, 2, 3]` 的全部子集，就是下列遞迴樹的所有節點：**

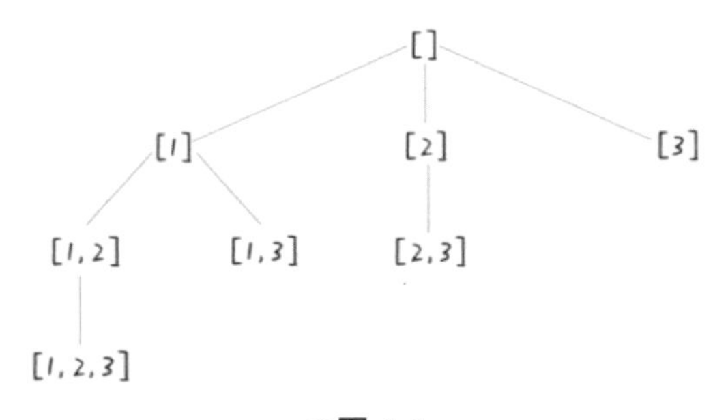

圖 4-1

所以回溯演算法產生子集的核心觀念，就是用一個 `start` 參數控制遞迴，以產生上述的一棵樹。實際上，只要修改回溯演算法的範本即可：

```
// 儲存所有子集
vector<vector<int>> res;

/* 主函數 */
vector<vector<int>> subsets(vector<int>& nums) {
    // 記錄走過的路徑
    vector<int> track;
    backtrack(nums, 0, track);
    return res;
}
```

```
/* 套用回溯演算法範本 */
void backtrack(vector<int>& nums, int start, vector<int>& track) {
    // 前序巡訪的位置
    res.push_back(track);
    // 從 start 開始，防止產生重覆的子集
    for (int i = start; i < nums.size(); i++) {
        // 做選擇
        track.push_back(nums[i]);
        // 遞迴回溯
        backtrack(nums, i + 1, track);
        // 撤銷選擇
        track.pop_back();
    }
}
```

由此得知，`start` **參數實現剛才說的「以某個數字開頭的子集」**；而對 `res` 的更新處在前序巡訪的位置，因此 `res` **記錄樹上的所有節點，亦即所有子集。**

4.1.2 組合

輸入兩個數字 `n, k`，演算法輸出 `[1..n]` 中 `k` 個數字的所有組合。

```
vector<vector<int>> combine(int n, int k);
```

例如輸入 `n = 4, k = 2`，輸出下列結果，順序無所謂，但是不能重覆（按照組合的定義，`[1, 2]` 和 `[2, 1]` 也算重覆）：

```
[ [1, 2], [1, 3], [1, 4], [2, 3], [2, 4], [3, 4] ]
```

仿照剛才計算子集的分析方法，以 `combine(4, 2)` 為例：

首先，以 1 開頭，長度為 2 的組合有哪些？有 `[1, 2], [1, 3], [1, 4]]`。

然後，以 2 開頭，長度為 2 的組合有哪些？有 `[2, 3], [2, 4]`。

以 3 開頭，長度為 2 的組合有哪些？有 `[3, 4]`。

以 4 開頭，沒有長度為 2 的組合。

最後，把這些結果匯總起來，就是 `combine(4, 2)` 的結果。

類似前面計算子集的範本，**照理說組合也沒有順序之分，但文內說 「以某個數字開頭的組合」，也是為了避免像 [1, 2] 和 [2, 1] 這樣的重覆組合出現。**

按照剛才的分析，`combine(4, 2)` 的結果其實便是下面這棵樹的所有**葉子節點**：

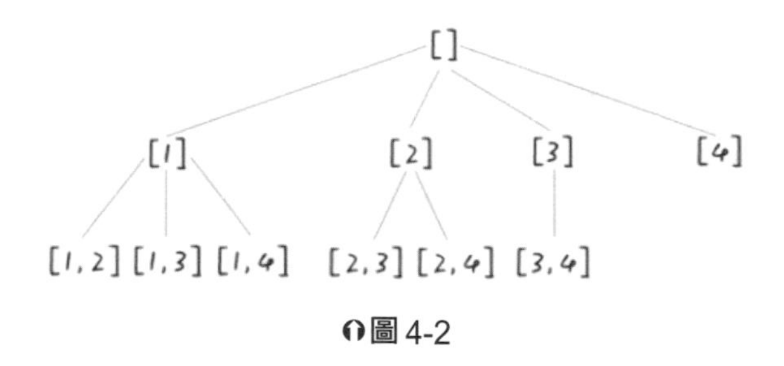

圖 4-2

這是典型的回溯演算法，`k` 限制樹的高度，`n` 則限制樹的寬度，繼續套用回溯演算法範本框架即可：

```
// 記錄所有組合
vector<vector<int>>res;

/* 主函數 */
vector<vector<int>> combine(int n, int k) {
   if (k <= 0 || n <= 0) return res;
   vector<int> track;
   backtrack(n, k, 1, track);
   return res;
}

// 套用回溯演算法範本
void backtrack(int n, int k, int start, vector<int>& track) {
   // 到達葉子節點才更新 res
   if (k == track.size()) {
      res.push_back(track);
      return;
   }
   // i 從 start 開始遞增
   for (int i = start; i <= n; i++) {
      // 做選擇
      track.push_back(i);
      // 遞迴回溯
```

```
        backtrack(n, k, i + 1, track);
        // 撤銷選擇
        track.pop_back();
    }
}
```

細心的讀者甚至會發現，所謂「組合」其實就是某一特定長度的「子集」。例如 `combine(3, 2)` 表示 `subset([1, 2, 3])` 中所有長度為 2 的子集。

因此，計算組合和計算子集的 `backtrack` 函數差不多，差別在於，更新 `res` 的時機是樹到達底端葉子節點。

4.1.3 排列

輸入一個**不包含重覆數字**的陣列 `nums`，返回這些數字的全部排列。

```
vector<vector<int>> permute(vector<int>& nums);
```

例如輸入陣列 `[1, 2, 3]`，輸出結果如下，順序無所謂，但不允許重覆：

```
[ [1, 2, 3], [1, 3, 2], [2, 1, 3], [2, 3, 1], [3, 1, 2], [3, 2, 1] ]
```

回溯演算法詳解一節就是拿這個問題解釋回溯範本，該處做過詳細分析，這裡主要比較「排列」和「組合」、「子集」問題的區別。

組合和子集問題都需要一個 `start` 變數防止重覆，而排列問題中，`[1, 2, 3]` 和 `[1, 3, 2]` 不同，所以不需要防止重覆。

畫出排列問題的回溯樹，如下所示：

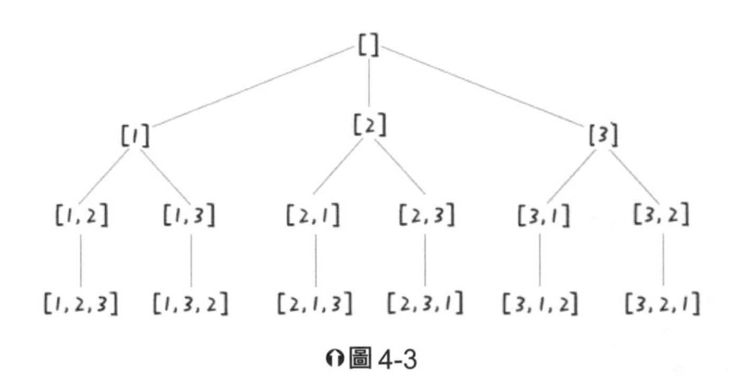

圖 4-3

以 Java 撰寫的解法如下：

```
List<List<Integer>> res = new LinkedList<>();

/* 主函數，輸入一組不重覆的數字，返回它們的全排列 */
List<List<Integer>> permute(int[] nums) {
    // 記錄「路徑」
    LinkedList<Integer> track = new LinkedList<>();
    backtrack(nums, track);
    return res;
}

void backtrack(int[] nums, LinkedList<Integer> track) {
    // 到達葉子節點
    if (track.size() == nums.length) {
        res.add(new LinkedList(track));
        return;
    }

    for (int i = 0; i < nums.length; i++) {
        // 排除不合法的選擇
        if (track.contains(nums[i]))
            continue;
        // 做選擇
        track.add(nums[i]);
        // 進入下一層決策樹
        backtrack(nums, track);
        // 取消選擇
        track.removeLast();
    }
}
```

排列與子集、組合的不同之處是，排列問題每次透過 `contains` 方法，排除在 `track` 中已經選擇過的數字；而組合問題則是傳入一個 `start` 參數，以排除 `start` 索引之前的數字。

以上就是排列、組合和子集三個問題的解法，總結一下：

組合問題利用回溯概念，結果可以抽象成樹狀結構，關鍵點在於要以一個 `start` 排除已經選擇的數字，並將所有葉子節點作為結果。

排列問題是回溯概念，也可以抽象成樹狀結構套用回溯範本，關鍵點在於以 `contains` 方法排除已經選擇的數字，並將所有葉子節點作為結果。

子集問題則是利用數學歸納概念，假設已知一個規模較小的問題的結果，思考如何推導出原問題的結果。或者抽象成樹狀結構使用回溯演算法，以 `start` 參數排除已選擇的數字，並記錄整棵樹的節點作為結果。

記住這幾種樹的形狀，就足以應付大部分回溯演算法問題，無非就是 `start` 或者 `contains` 剪枝，也沒有什麼別的技巧。

4.2 回溯演算法最佳實踐：解數獨

經常應用回溯演算法的地方，無非就是八皇后問題和排列問題。本節透過**實際且有趣的例子**講解如何利用回溯演算法解決數獨問題。

4.2.1 直觀感受

話說筆者小時候嘗試玩過數獨遊戲，但從來都沒有完成過一次。做數獨是有技巧的，記得有些比較專業的數獨遊戲軟體，會教導玩數獨的技巧，不過個人看來都太複雜，根本沒有興趣看下去。

自從學習演算法之後，無論多困難的數獨問題都不存在。電腦如何解決數獨問題呢？其實非常簡單，答案就是列舉：

演算法對每一個空格列舉 1 到 9，如果遇到不合法的數字（在同一行、同一列或同一個 3×3 的區域中，存在相同的數字）則跳過；如果找到一個合法的數字，便繼續列舉下一個空格。

對於數獨遊戲，也許還會有一個盲點：下意識地認為如果給定的數字越少，那麼解決起來的難度就越大。

此結論對人類來說應該沒問題，但對於電腦而言，給的數字越少，反而列舉的步數越少，得到答案的速度便越快。至於為什麼，後面探討程式碼實作時將詳述。

言歸正傳，下文就具體探討如何以演算法求解數獨問題。

4.2.2 程式碼實作

本小節準備解決「解數獨」的問題，演算法的函數簽章如下：

```
void solveSudoku(char[][] board);
```

輸入是一個 9×9 的棋盤，其中有一些格子已經預先填入數字，空白格子以小點號符號 `.` 表示。演算法需要在原地更改棋盤，將空白格子填上數字，以得到一個可行解。

至於數獨的要求，想必大家都很熟悉，每行、每列以及每一個3×3的小方格，都不能出現相同的數字。那麼現在直接套用回溯框架即可求解。

根據前文的回溯演算法框架，求解數獨的觀念很簡單直接，就是列舉每一個格子所有可能的數字。對於每個位置，應該如何列舉，有幾種選擇呢？**很簡單，從1到9就是選擇，全部試一遍即可**：

```
// 對board[i][j]進行列舉嘗試
void backtrack(char[][] board, int i, int j) {
    int m = 9, n = 9;
    for (char ch = '1'; ch <= '9'; ch++) {
        // 做選擇
        board[i][j] = ch;
        // 繼續列舉下一個位置
        backtrack(board, i, j + 1);
        // 撤銷選擇
        board[i][j] = '.';
    }
}
```

繼續細化，1到9並不是都可以取到，有的數字不是不滿足數獨的合法條件嗎？而且，現在只是對`j`加一，如果`j`加到最後一行，該怎麼辦？

很簡單，當`j`到達超過每一列的最後一個索引時，轉為增加`i`開始列舉下一列，並且在「做選擇」之前加上一個判斷，跳過不滿足條件的數字：

```
void backtrack(char[][] board, int i, int j) {
    int m = 9, n = 9;
    if (j == n) {
        // 列舉到最後一行的話，就換到下一列重新開始
        backtrack(board, i + 1, 0);
        return;
    }

    // 如果該位置是預設的數字，則不用操心
    if (board[i][j] != '.') {
        backtrack(board, i, j + 1);
        return;
    }

    for (char ch = '1'; ch <= '9'; ch++) {
```

```
            // 如果遇到不合法的數字，就跳過
            if (!isValid(board, i, j, ch))
                continue;
            // 做選擇
            board[i][j] = ch;
            // 開始列舉下一個位置
            backtrack(board, i, j + 1);
            // 撤銷選擇
            board[i][j] = '.';
        }
    }

// 判斷board[i][j]是否可以填入數字n
boolean isValid(char[][] board, int r, int c, char n) {
    for (int i = 0; i < 9; i++) {
        // 判斷列是否存在重覆
        if (board[r][i] == n) return false;
        // 判斷行是否存在重覆
        if (board[i][c] == n) return false;
        // 判斷 3 x 3 方框是否存在重覆
        if (board[(r/3)*3 + i/3][(c/3)*3 + i%3] == n)
            return false;
    }
    return true;
}
```

基本上，現在已經寫出解法，還剩最後一個問題：此演算法沒有 base case，永遠不會停止遞迴。

什麼時候該結束遞迴呢？**顯然 `r == m` 時表示列舉完最後一列，完成所有的列舉，就是 base case。**

另外，前文也曾提及，為了減少複雜度，可以讓 `backtrack` 函數的返回值為 `boolean`，如果找到一個可行解就返回 true，這樣便可阻止後續的遞迴。只找一個可行解，也是題目的本意。

最終，程式碼修改如下：

```
boolean backtrack(char[][] board, int i, int j) {
    int m = 9, n = 9;
    if (j == n) {
```

```
        // 列舉到最後一行的話，就換到下一列重新開始
        return backtrack(board, i + 1, 0);
    }
    if (i == m) {
        // 找到一個可行解，觸發base case
        return true;
    }

    if (board[i][j] != '.') {
        // 如果有預設數字，則不用列舉
        return backtrack(board, i, j + 1);
    }

    for (char ch = '1'; ch <= '9'; ch++) {
        // 如果遇到不合法的數字，就跳過
        if (!isValid(board, i, j, ch))
            continue;

        board[i][j] = ch;
        // 如果找到一個可行解，立即結束
        if (backtrack(board, i, j + 1)) {
            return true;
        }
        board[i][j] = '.';
    }
    // 列舉完1~9，依然沒有找到可行解
    // 要求前面的格子換個數字列舉
    return false;
}

boolean isValid(char[][] board, int r, int c, char n) {
    // 見上文
}
```

現在回答之前的問題，為什麼演算法執行的次數有時候多，有時候少？為什麼對於電腦而言，確定的數字越少，反而算出答案的速度越快？

前面已經實作一遍演算法，掌握了原理，回溯就是從1開始對每個格子列舉，最後只要試出一個可行解，便立即停止後續的遞迴列舉。所以暴力試出答案的次數和隨機產生的棋盤關係很大，答案十分不準確。

如果給定的數字越少，相當於給出的約束條件越少，對於回溯演算法的列舉策略來說，更容易進行下去，而不容易走回頭路重新回溯。因此，如果僅找出一個可行解，列舉的速度反而比較快。

當然，如果題目是求出**所有可行的結果**，那麼給定的數字越少，說明可行解越多，需要列舉的空間越大，肯定會更慢。

有人可能還會問，**既然執行次數說不準，那麼這個演算法的時間複雜度是多少呢？**

類似這種時間複雜度的計算，通常只能給出一個最壞情況，也就是 $O(9^M)$，其中 M 是棋盤中空著的格子數量。想想看，對每個空格列舉 9 個數，就是指數級的結果。

時間複雜度非常高，但稍做思考就能發現，實際上並沒有真的對每個空格都列舉 9 次，有的數字會跳過，有的數字根本就沒被列舉，因為當找到一個可行解時便立即結束，沒有展開後續的遞迴。

$O(9^M)$ 的複雜度實際上是完全列舉，或者說是找到**所有**可行解的時間複雜度。

至此，回溯演算法已經足以解決數獨問題，本質上是利用遞迴暴力列舉所有可能的填法，十分原始，但很有用。不過，還有一種更聰明的解數獨演算法叫作 X-Chaintechnique，有興趣的讀者不妨搜尋看看。

4.3 回溯演算法最佳實踐：括弧產生

括弧問題可以簡單分成兩類，一類是如何判定括弧合法性（將於 5.9 節介紹），一類是合法括弧的產生。對於括弧合法性的判斷，主要是藉助「堆疊」資料結構；而對於括弧的產生，一般都是利用回溯遞迴的觀念。

關於回溯演算法，前幾章已經講過，透過本節還能進一步瞭解回溯演算法框架的使用方法。

回到主題，「括弧產生」問題便是一道類似的題目，要求如下：

請撰寫一種演算法，輸入一個正整數 `n`，輸出是 `n` 對括弧的所有合法組合，函數簽章如下：

```
vector<string> generateParenthesis(int n);
```

例如，輸入 `n=3`，輸出為底下的 5 個字串：

```
"((()))", "(()())", "(())()", "()(())", "()()()"
```

有關括弧問題，只要記住以下性質，很容易就能想出解法：

1. **一個「合法」括弧組合的左括弧數量，一定等於右括弧數量。**
2. **對於一個「合法」的括弧字串組合 `p`，必然對於任何 `0 <= i < len(p)` 都有：子字串 `p[0..i]` 中左括弧的數量，都大於或等於右括弧的數量。**

對於第一個性質，顯而易見，但對於第二個性質，則可能不太容易發現。但稍微想一下，其實很容易理解，因為從左往右算的話，肯定是左括弧多，直到最後左右括弧數量相等，說明是合法的括弧組合。

相反的，例如括弧組合 `))((`，前幾個子字串都是右括弧多於左括弧，顯然不是合法的括弧組合。

下面準備實踐回溯演算法框架。

回溯思路

明白合法括弧的性質，如何把這道題關聯到回溯演算法呢？

演算法輸入一個整數 n，請計算 n 對括弧能夠組成幾種合法的括弧組合，可以改寫成下列問題：

現在有 2n 個位置，每個位置允許放置字元 (或者)，其中有多少個合法的括弧組合？

此命題和題目的意思完全一樣吧，首先想想如何得到全部 2^{2n} 種組合，然後再根據上面總結合法括弧組合的性質，篩選出合法的組合，不就完成了？

如何得到所有的組合呢？答案就是標準的暴力列舉回溯框架，**「1.3 回溯演算法解題範本框架」**一節已總結過：

```
result = []
def backtrack(路徑, 選擇清單):
    if 滿足結束條件:
        result.add(路徑)
        return

    for 選擇 in 選擇清單:
        做選擇
        backtrack(路徑, 選擇清單)
        撤銷選擇
```

對於我們的需求，如何輸出所有的括弧組合呢？套用框架即可，虛擬碼如下：

```
void backtrack(int n, int i, string& track) {
    // i 代表目前的位置，共有 2n 個位置
    // 列舉到最後一個位置，得到一個長度為 2n 的組合
    if (i == 2 * n) {
        print(track);
        return;
    }

    // 對於每個位置，可以是左括弧或右括弧兩種選擇
    for choice in ['(', ')'] {
        // 做選擇
        track.push(choice);
        // 列舉下一個位置
        backtrack(n, i + 1, track);
        // 撤銷選擇
        track.pop(choice);
```

```
    }
}
```

那麼現在能夠輸出所有的括弧組合，如何從其中篩選合法的括弧組合呢？很簡單，按照前面總結合法括弧的兩個規律，加幾個條件進行「剪枝」就行了。

對於 `2n` 個位置，必然有 `n` 個左括弧、`n` 個右括弧，所以不是簡單地記錄列舉位置 `i`，而是**以 `left` 記錄還能使用多少個左括弧，`right` 記錄還可以使用多少個右括弧**，這樣便能透過剛才的合法括弧規律進行篩選：

```
/* 主函數 */
vector<string> generateParenthesis(int n) {
    if (n == 0) return {};
    // 記錄所有合法的括弧組合
    vector<string> res;
    // 回溯過程中的路徑
    string track;
    // 可用的左括弧和右括弧數量初始化為 n
    backtrack(n, n, track, res);
    return res;
}

/* 可用的左括弧數量為 left 個，可用的右括弧數量為 right 個 */
void backtrack(int left, int right, string& track, vector<string>& res) {
    // 數量小於 0 肯定不合法
    if (left < 0 || right < 0) return;
    // 若剩下的左括弧較多，說明不合法
    if (right < left) return;
    // 當所有括弧都恰好用完時，得到一個合法的括弧組合
    if (left == 0 && right == 0) {
        res.push_back(track);
        return;
    }

    // 嘗試增加一個左括弧
    track.push_back('('); // 選擇
    backtrack(left - 1, right, track, res);
    track.pop_back(); // 撤銷選擇

    // 嘗試增加一個右括弧
```

```
    track.push_back(')'); // 選擇
    backtrack(left, right - 1, track, res);
    track.pop_back(); // 撤銷選擇
}
```

如此一來，演算法就完成了，其複雜度是多少呢？**此點比較難分析，對於遞迴相關的演算法，可這樣計算時間複雜度：遞迴次數 × 遞迴函數本身的時間複雜度。**

`backtrack` 就是遞迴函數，其中沒有任何 for 迴圈程式碼，所以遞迴函數本身的時間複雜度是 $O(1)$，但關鍵是該函數的遞迴次數是多少？換句話說，給定一個 `n`，`backtrack` 函數被遞迴呼叫多少次？

還記得前文怎麼分析動態規劃演算法的遞迴次數嗎？主要是看「狀態」的個數。其實回溯演算法和動態規劃的本質都是列舉，只不過動態規劃存在「重疊子問題」可以最佳化，而回溯演算法不存在而已。

因此，這裡也可以使用「狀態」的概念，**對於 `backtrack` 函數，狀態有三個，分別是 `left, right, track`**。這三個變數的所有組合個數，就是 `backtrack` 函數的狀態個數（呼叫次數）。

`left` 和 `right` 的組合好說，它們的取值介於 0~n 範圍內，組合起來也就 n^2 種而已。這個 `track` 的長度，雖然取值在 0~2n 範圍內，但對於每個長度，它還有指數級的括弧組合，這點便不好計算。

說了這麼多，目的是讓大家知道此演算法的複雜度是指數級，而且不好計算，因此就不具體展開，有興趣的讀者可以搜尋「卡塔蘭數」相關的知識，進而瞭解如何算出複雜度。

4.4 BFS 演算法暴力破解各種智力題

大家應該都玩過滑動拼圖遊戲，下圖是一個 4×4 的滑動拼圖：

圖 4-4

拼圖有一個空的格子，可以利用這個格子移動其他數字。只要透過移動這些數字，得到某個特定的排列順序，這樣就算贏了。

小時候還玩過一款名為「華容道」的益智遊戲，它和滑動拼圖十分類似：

圖 4-5

那麼該怎麼玩這種遊戲呢？記得有一些模式，類似魔術方塊還原公式。但是本節不打算研究讓人禿頭的技巧，**這些益智遊戲都可利用暴力搜尋演算法解決，因此就學以致用，使用 BFS 演算法框架快速解決這些遊戲。**

4.4.1 題目解析

看一道滑動拼圖問題：

給定一個 2×3 的滑動拼圖，以一個 2×3 的陣列 `board` 表示。拼圖中有數字 0~5，其中數字 0 表示空著的格子，可以移動其中的數字，當 `board` 變為 `[[1, 2, 3], [4, 5, 0]]` 時，便贏得遊戲。

請撰寫一種演算法，計算贏得遊戲所需的最少移動次數，如果無法贏得遊戲，則返回 -1。

例如，輸入的二維陣列是 `board = [[4, 1, 2], [5, 0, 3]]`，演算法應該返回 5：

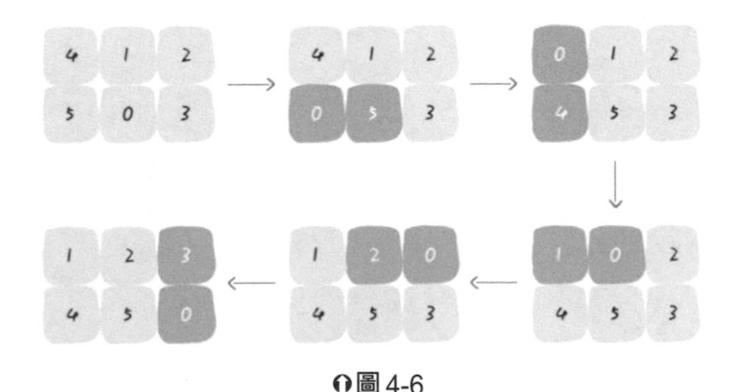

圖 4-6

如果輸入的是 `board = [[1, 2, 3], [5, 0, 4]]`，則演算法返回 -1，代表這種局面下，無論如何都不能贏得遊戲。

4.4.2 思路分析

對於計算最小步數的問題，必須敏感地聯想到 BFS 演算法。

這個題目轉化成 BFS 演算法問題帶有一些技巧，面臨的問題如下：

1. 一般的 BFS 演算法，是從一個起點 `start` 開始，向著終點 `target` 進行搜路。但是拼圖問題不是搜路，而是不斷地交換數字，應該怎麼轉換成 BFS 演算法問題呢？
2. 即使能夠轉化成 BFS 問題，如何處理起點 `start` 和終點 `target` 呢？它們都是陣列，將陣列放進佇列，再套用 BFS 框架，想想就覺得麻煩且低效率。

首先回答第一個問題，**BFS 演算法並不只是一種搜路演算法，而是一種暴力搜尋演算法。**只要是涉及暴力列舉的問題，便能使用 BFS，而且可以更快地找到答案。

試著想想電腦是怎麼解決問題？沒有那麼多旁門左道，基本就是暴力列舉出所有的可行解，然後從中找到一個最佳解罷了。

明白這個道理後，上述的問題就轉化成：**如何列舉 `board` 目前局面下可能衍生的所有局面。**這樣就簡單了，查看數字 0 的位置，然後和上下左右的數字進行交換即可。

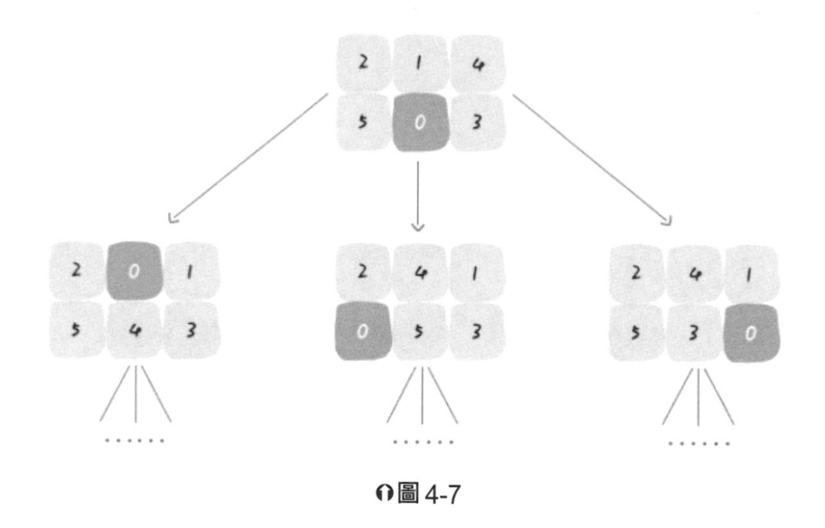

圖 4-7

這就是一個 BFS 問題，每次先找到數字 0，然後和周圍的數字進行交換，形成新的局面加入佇列……當第一次到達 `target` 時，便得到贏得遊戲的最少步數。

對於第二個問題，這裡的 `board` 僅是 2×3 的二維陣列，因此可以壓縮成一個一維字串。**較有技巧性的點在於，二維陣列有「上下左右」的概念，壓縮成一維後，如何得到某一個索引上下左右的索引？**

很簡單，只需手動寫出此映射就行了：

```
vector<vector<int>> neighbor = {
    { 1, 3 },
    { 0, 4, 2 },
    { 1, 5 },
    { 0, 4 },
```

```
    { 3, 1, 5 },
    { 4, 2 }
};
```

其涵義就是，在一維字串中，索引 i 在二維陣列的相鄰索引為 `neighbor[i]`：

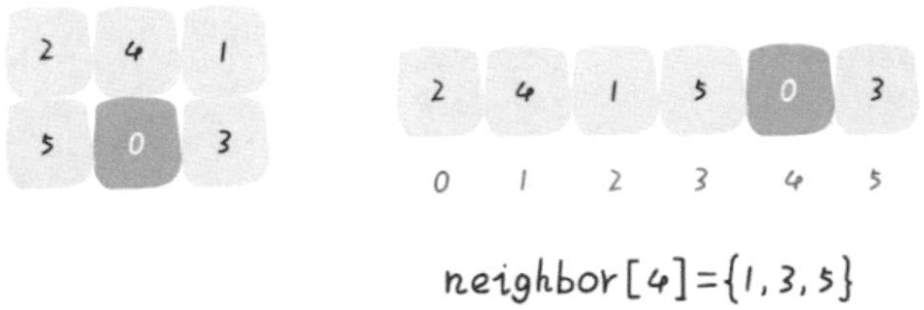

圖 4-8

以上圖為例，數字 0 在一維陣列的索引是 4，那麼它的相鄰數字，在一維陣列的索引就是 `neighbor[4] = {3, 1, 5}`，對應的數字是 5, 4, 3，亦即二維陣列中數字 0 的相鄰數字。

至此，這個問題完全轉化成標準的 BFS 問題，藉助**「1.4　BFS 演算法範本框架」**一節的程式碼框架，便可直接套出解法程式碼：

```
int slidingPuzzle(vector<vector<int>>& board) {
    int m = 2, n = 3;
    string start = "";
    string target = "123450";
    // 將 2×3 的陣列轉化成字串
    for (int i = 0; i < m; i++) {
        for (int j = 0; j < n; j++) {
            start.push_back(board[i][j] + '0');
        }
    }
    // 記錄一維字串的相鄰索引
    vector<vector<int>> neighbor = {
        { 1, 3 },
        { 0, 4, 2 },
        { 1, 5 },
        { 0, 4 },
        { 3, 1, 5 },
        { 4, 2 }
    };
```

```
    /******* BFS 演算法框架開始 *******/
    queue<string> q;
    unordered_set<string> visited;
    q.push(start);
    visited.insert(start);

    int step = 0;
    while (!q.empty()) {
        int sz = q.size();
        for (int i = 0; i < sz; i++) {
            string cur = q.front(); q.pop();
            // 判斷是否達到目標局面
            if (target == cur) {
                return step;
            }
            // 找到數字 0 的索引
            int idx = 0;
            for (; cur[idx] != '0'; idx++);
            // 將數字 0 和相鄰的數字交換位置
            for (int adj : neighbor[idx]) {
                string new_board = cur;
                swap(new_board[adj], new_board[idx]);
                // 防止走回頭路
                if (!visited.count(new_board)) {
                    q.push(new_board);
                    visited.insert(new_board);
                }
            }
        }
        step++;
    }
    return -1;
    /******* BFS 演算法框架結束 *******/
}
```

至此，這道題目就解決了。其實框架完全沒有變，都是一樣的模式，只是花了比較多的時間，將滑動拼圖遊戲轉化成 BFS 演算法。

很多益智遊戲都是這樣，雖然看起來特別巧妙，但都逃不脫暴力列舉。所以常用的演算法就是回溯演算法或者 BFS 演算法，平時建議多思考，如何使用演算法解決這些問題。

4.5 2Sum 問題的核心觀念

LeetCode 有好幾道 2Sum 系列問題，本節挑出具有代表性的幾道，介紹該怎麼解決這種問題。

4.5.1 2Sum I

問題的基本形式如下：

給定一個陣列 `nums` 和一個整數 `target`，並確保陣列中**存在**兩個數的和為 `target`，請返回這兩個數的索引。

例如輸入 `nums = [3, 1, 3, 6], target = 6`，演算法應該返回陣列 `[0, 2]`，因為 3 + 3 = 6。

如何解決這個問題呢？最簡單粗暴的辦法，當然是列舉：

```
int[] twoSum(int[] nums, int target) {
    // 列舉這兩個數的所有可能
    for (int i = 0; i < nums.length; i++)
        for (int j = i + 1; j < nums.length; j++)
            if (nums[j] == target - nums[i])
                return new int[] { i, j };

    // 不存在這兩個數字
    return new int[] {-1, -1};
}
```

上述解法非常直接，時間複雜度為 $O(N^2)$，空間複雜度為 $O(1)$。

如果想讓時間複雜度下降，一般是用空間換時間，透過一個雜湊表記錄元素值到索引的映射，以減少時間複雜度：

```
int[] twoSum(int[] nums, int target) {
    int n = nums.length;
    index<Integer, Integer> index = new HashMap<>();
    // 建構一個雜湊表：元素映射到對應的索引
    for (int i = 0; i < n; i++)
```

```
        index.put(nums[i], i);

    for (int i = 0; i < n; i++) {
        int other = target - nums[i];
        // 如果other存在且不是nums[i]本身
        if (index.containsKey(other) && index.get(other) != i)
            return new int[] {i, index.get(other)};
    }

    return new int[] {-1, -1};
}
```

如此一來，由於雜湊表的查詢時間為 $O(1)$，演算法的時間複雜度降低到 $O(N)$，但是需要 $O(N)$ 的空間複雜度儲存雜湊表。不過綜合來看，效率要比暴力解法高。

個人覺得2Sum系列問題就是想教導如何利用雜湊表處理問題，接著往後看。

4.5.2 2Sum II

稍微修改一下前面的問題。接著設計一個類別，提供兩個API：

```
class TwoSum {
    // 對資料結構增加一個數number
    public void add(int number);
    // 尋找目前資料結構是否存在兩個數的和為value
    public boolean find(int value);
}
```

如何設計這兩個API呢？仿照上一道題目，利用一個雜湊表輔助find方法：

```
class TwoSum {
    Map<Integer, Integer> freq = new HashMap<>();

    public void add(int number) {
        // 記錄number出現的次數
        freq.put(number, freq.getOrDefault(number, 0) + 1);
    }

    public boolean find(int value) {
        for (Integer key : freq.keySet()) {
```

```java
        int other = value - key;
        // 情況一
        if (other == key && freq.get(key) > 1)
            return true;
        // 情況二
        if (other != key && freq.containsKey(other))
            return true;
    }
    return false;
  }
}
```

涉及 find 的時候有兩種情況，舉個例子：

情況一：add[3, 3, 2, 5] 之後，執行 find(6)，由於 3 出現了兩次，3 + 3 = 6，所以返回 true。

情況二：add[3, 3, 2, 5] 之後，執行 find(7)，那麼 key 為 2，other 為 5 時，演算法返回 true。

除了上述兩種情況，find 只能返回 false。

至於本解法的時間複雜度呢？ add 方法是 $O(1)$，find 方法是 $O(N)$，空間複雜度為 $O(N)$，和上一道題目類似。

繼續擴展一下，這個類別非常頻繁地使用 find 方法，每次都要 $O(N)$ 的時間，豈不是很浪費時間嗎？對於這種情況，是否可以最佳化？

針對頻繁使用 find 方法的場景，建議嘗試**雜湊集合**，針對性地最佳化 find 方法：

```java
class TwoSum {
    Set<Integer> sum = new HashSet<>();
    List<Integer> nums = new ArrayList<>();

    public void add(int number) {
        // 記錄所有可能組成的和
        for (int n : nums)
            sum.add(n + number);
        nums.add(number);
    }
```

```java
    public boolean find(int value) {
        return sum.contains(value);
    }
}
```

sum 儲存所有加入數字可能組成的和，每次 find 只要花費 $O(1)$ 的時間在集合判斷是否存在。**但是，代價也很明顯，最壞情況下每次 add 後，sum 的大小都會翻一倍，所以空間複雜度是 $O(2^N)$ ！**

因此，除非資料規模非常小，否則還是不要做最佳化，畢竟一定要想辦法避免指數級的複雜度。

4.5.3 最後總結

對於 2Sum 問題，一個難處就是給定的陣列無序。對於一個無序的陣列，似乎無法套用什麼技巧，只能暴力列舉所有可能。

一般情況下，首先會排序陣列再考慮雙指標技巧。 2Sum 帶來的啟發是，HashMap 或者 HashSet 也可以協助處理無序陣列相關的簡單問題。

另外，設計的核心在於權衡，利用不同的資料結構，便可取得一些針對性的加強。

最後，如果 2Sum I 給的是有序的陣列，應該如何編寫演算法呢？答案很簡單：

```java
int[] twoSum(int[] nums, int target) {
    int left = 0, right = nums.length - 1;
    while (left < right) {
        int sum = nums[left] + nums[right];
        if (sum == target) {
            return new int[]{left, right};
        } else if (sum < target) {
            left++; // 讓 sum 大一點
        } else if (sum > target) {
            right--; // 讓 sum 小一點
        }
    }
    // 不存在這兩個數字
    return new int[]{-1, -1};
}
```

4.6 一個函數解決 nSum 問題

經常至 LeetCode 刷題的讀者，肯定知道鼎鼎有名的 2Sum 問題，前一節**「4.5 2Sum 問題的核心觀念」**就解析了 2Sum 的幾種變形。

但是，除了 2Sum 問題外，LeetCode 還有 3Sum、4Sum 問題，估計以後出現 5Sum、6Sum 也不是不可能。

那麼對於這種問題類型，有沒有什麼好辦法套用模式解決呢？本節將由淺入深，層層推進，利用一個函數解決所有 nSum 類型的問題。

4.6.1 2Sum 問題

本節設計一道 2Sum 題目：

輸入一個陣列 `nums` 和一個目標和 `target`，**請返回 `nums` 中能夠湊出 `target` 的兩個元素的值**。例如輸入 `nums = [1, 3, 5, 6], target = 9`，那麼演算法返回兩個元素 `[3, 6]`，假設有且僅有一對元素可以湊出 `target`。

首先對 `nums` 排序，然後利用**「1.5　雙指標技巧範本框架」**提及的左、右雙指標技巧，從兩端相向而行即可：

```
vector<int> twoSum(vector<int>& nums, int target) {
    // 先排序陣列
    sort(nums.begin(), nums.end());
    // 左右指標
    int lo = 0, hi = nums.size() - 1;
    while (lo < hi) {
        int sum = nums[lo] + nums[hi];
        // 根據 sum 和 target 的比較，移動左、右指標
        if (sum < target) {
            lo++;
        } else if (sum > target) {
            hi--;
        } else if (sum == target) {
            return {nums[lo], nums[hi]};
        }
```

```
    }
    return {};
}
```

這樣就能解決問題，不過繼續擴展題目，將其變得更泛化、更困難一點：

nums 中可能有多對元素之和等於 target，請返回所有和為 target 的元素對，但不允許重覆。

函數簽章如下：

```
vector<vector<int>> twoSumTarget(vector<int>& nums, int target);
```

例如輸入 nums = [1, 3, 1, 2, 2, 3], target = 4，那麼演算法返回的結果就是：[[1, 3], [2, 2]]。

對於修改後的問題，關鍵難處是現在可能有多個和為 target 的數字對，還不允許重覆，諸如上例中 [1, 3] 和 [3, 1] 已重覆，因此只能算一次。

首先，基本想法肯定還是排序加雙指標：

```
vector<vector<int>> twoSumTarget(vector<int>& nums, int target {
    // 先排序陣列
    sort(nums.begin(), nums.end());
    vector<vector<int>> res;
    int lo = 0, hi = nums.size() - 1;
    while (lo < hi) {
        int sum = nums[lo] + nums[hi];
        // 根據 sum 和 target 的比較，移動左、右指標
        if (sum < target) lo++;
        else if (sum > target) hi--;
        else {
            res.push_back({lo, hi});
            lo++; hi--;
        }
    }
    return res;
}
```

但是，這麼做會造成重覆的結果，例如 nums = [1, 1, 1, 2, 2, 3, 3], target = 4，肯定會得到重覆的結果 [1, 3]。

有問題的地方在於 `sum == target` 條件的 if 分支，當對 `res` 加入一次結果後，`lo` 和 `hi` 在改變 1 的同時，還得跳過所有重覆的元素：

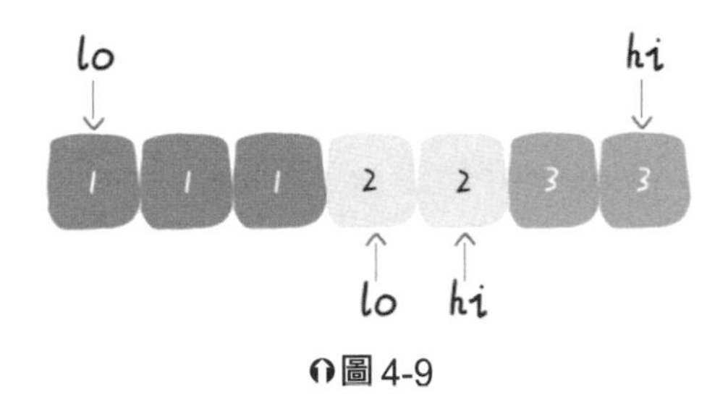

圖 4-9

所以可以針對雙指標的 while 迴圈做出下列修改：

```
while (lo < hi) {
    int sum = nums[lo] + nums[hi];
    // 記錄索引 lo 和 hi 最初對應的值
    int left = nums[lo], right = nums[hi];
    if (sum < target) lo++;
        else if (sum > target) hi--;
    else {
        res.push_back({left, right});
        // 跳過所有重覆的元素
        while (lo < hi && nums[lo] == left) lo++;
        while (lo < hi && nums[hi] == right) hi--;
    }
}
```

如此一來，就能確保一個答案只被加入一次，並跳過重覆的結果，以得到正確的答案。不過，受這個想法的啟發，其實前兩個 if 分支也可以最佳化效率，跳過相同的元素：

```
vector<vector<int>> twoSumTarget(vector<int>& nums, int target) {
    // nums 陣列必須排序
    sort(nums.begin(), nums.end());
    int lo = 0, hi = nums.size() - 1;
    vector<vector<int>> res;
    while (lo < hi) {
        int sum = nums[lo] + nums[hi];
        int left = nums[lo], right = nums[hi];
        if (sum < target) {
```

```
            while (lo < hi && nums[lo] == left) lo++;
        } else if (sum > target) {
            while (lo < hi && nums[hi] == right) hi--;
        } else {
            res.push_back({left, right});
            while (lo < hi && nums[lo] == left) lo++;
            while (lo < hi && nums[hi] == right) hi--;
        }
    }
    return res;
}
```

因此，一個通用化的 `2Sum` 函數就誕生了，請確保理解該演算法的邏輯，後面解決 `3Sum` 和 `4Sum` 的時候，將重覆使用這個函數。

本函數的時間複雜度非常容易看出來，雙指標操作的部分雖然有多個 while 迴圈，但時間複雜度還是 $O(N)$，而排序的時間複雜度是 $O(N\log N)$，所以此函數的時間複雜度是 $O(N\log N)$。

4.6.2 3Sum 問題

給定一個陣列 `nums`，請判斷其中是否存在三個元素 `a, b, c`，使得 `a + b + c = 0`？如果有的話，請找出所有滿足條件且不重覆的三元組。

例如輸入 `nums = [-1, 0, 1, 2, -1, -4]`，演算法應該返回兩個三元組 `[[-1, 0, 1], [-1, -1, 2]]`。請注意，結果不能包含重覆的三元組。

函數簽章如下：

```
vector<vector<int>> threeSum(vector<int>& nums);
```

再泛化一下題目，不要只求和為 0 的三元組，乾脆計算和為 `target` 的三元組吧！寫個輔助函數加上 `target` 參數：

```
vector<vector<int>> threeSum(vector<int>& nums) {
    // 求和為 0 的三元組
    return threeSumTarget(nums, 0);
}

vector<vector<int>> threeSumTarget(vector<int>& nums, int target) {
```

```
    // 輸入陣列 nums，返回所有和為 target 的三元組
}
```

怎麼解決這個問題呢？很簡單，列舉。若想找和為 `target` 的三個數字，那麼對於第一個數字，可能是什麼？ `nums` 的每一個元素 `nums[i]` 都有可能！

確定第一個數字之後，剩下的兩個數字可以是什麼呢？其實就是和為 `target - nums[i]` 的兩個數字，這不就是 `twoSumTarget` 函數解決的問題。

直接撰寫程式碼，稍加修改 `twoSumTarget` 函數，即可重覆使用：

```
/* 從 nums[start] 開始，計算有序陣列
 * nums 中所有和為 target 的二元組 */
vector<vector<int>> twoSumTarget(
    vector<int>& nums, int start, int target) {
    // 左指標改為從 start 開始，其他不變
    int lo = start, hi = nums.size() - 1;
    vector<vector<int>> res;
    while (lo < hi) {
        ...
    }
    return res;
}

/* 計算陣列 nums 中所有和為 target 的三元組 */
vector<vector<int>> threeSumTarget(vector<int>& nums, int target) {
    // 陣列需排序
    sort(nums.begin(), nums.end());
    int n = nums.size();
    vector<vector<int>> res;
    // 列舉 threeSum 的第一個數
    for (int i = 0; i < n; i++) {
        // 對 target - nums[i] 計算 twoSum
        vector<vector<int>>
            tuples = twoSumTarget(nums, i + 1, target - nums[i]);
        // 如果存在滿足條件的二元組，再加上 nums[i] 便是結果三元組
        for (vector<int>& tuple : tuples) {
            tuple.push_back(nums[i]);
            res.push_back(tuple);
        }
        // 跳過第一個數字重覆的情況，否則會出現重覆結果
```

```
        while (i < n - 1 && nums[i] == nums[i + 1]) i++;
    }
    return res;
}
```

請特別注意，類似 `twoSumTarget`，`threeSumTarget` 的結果也可能重覆。例如輸入 `nums = [1, 1, 1, 2, 3], target = 6`，結果就會重覆。

關鍵點在於，不能讓第一個數字重覆，至於後面的兩個數字，重用的 `twoSumTarget` 函數會確保它們不重覆。 所以程式碼必須利用一個 while 迴圈，進而確保 `threeSumTarget` 中第一個元素不重覆。

至此就解決了 3Sum 問題，不難計算時間複雜度，排序的複雜度為 $O(N\log N)$，`twoSumTarget` 函數的雙指標操作為 $O(N)$，`threeSumTarget` 函數在 for 迴圈呼叫 `twoSumTarget`，所以整體的時間複雜度為 $O(N\log N + N^2) = O(N^2)$。

4.6.3 4Sum 問題

四數之和和之前的問題類似：

輸入一個陣列 `nums` 和一個目標值 `target`，請問 `nums` 中是否存在 4 個元素 `a, b, c, d`，使得 `a + b + c + d = target`？請找出所有符合條件且不重覆的四元組。

例如輸入 `nums = [-2, 0, 1, 2, -1, -4], target = 0`，演算法應該返回下列三個四元組：

```
[ [-1, 0, 0, 1], [-2, -1, 1, 2], [-2, 0, 0, 2] ]
```

函數簽章如下：

```
vector<vector<int>> fourSum(vector<int>& nums, int target);
```

既然講到這裡，4Sum 問題完全可以利用相同的思路：列舉第一個數字，然後呼叫 `3Sum` 函數計算剩下的三個數字，最後組合出和為 `target` 的四元組。

```
vector<vector<int>> fourSum(vector<int>& nums, int target) {
    // 陣列需排序
    sort(nums.begin(), nums.end());
    int n = nums.size();
    vector<vector<int>> res;
```

```
    // 列舉 fourSum 的第一個數字
    for (int i = 0; i < n; i++) {
        // 對 target - nums[i] 計算 threeSum
        vector<vector<int>>
            triples = threeSumTarget(nums, i + 1, target - nums[i]);
        // 如果存在滿足條件的三元組，再加上 nums[i] 便是結果四元組
        for (vector<int>& triple : triples) {
            triple.push_back(nums[i]);
            res.push_back(triple);
        }
        // fourSum 的第一個數字不能重覆
        while (i < n - 1 && nums[i] == nums[i + 1]) i++;
    }
    return res;
}

/* 從 nums[start] 開始，計算有序陣列
 * nums 中所有和為 target 的三元組 */
vector<vector<int>> threeSumTarget(
    vector<int>& nums, int start, int target) {
    int n = nums.size();
    vector<vector<int>> res;
    // i 從 start 開始列舉，其他都不變
    for (int i = start; i < n; i++) {
        ...
    }
    return res;
}
```

如此一來，按照相同的模式，就解決了 4Sum 問題，時間複雜度的分析和前文類似。for 迴圈呼叫 `threeSumTarget` 函數，所以整體的時間複雜度為 $O(N^3)$。

4.6.4 100Sum 問題

在一些刷題平台上，4Sum 差不多已經到頭了，**但是回想剛才撰寫 3Sum 和 4Sum 的過程，實際上是遵循相同的模式。**相信只需要稍微修改一下 4Sum 的函數，就能重用並解決 5Sum 問題，然後解決 6Sum 問題……

那如果想求 100Sum 問題，怎麼辦呢？其實透過觀察上面的解法，便可統一成一個 `nSum` 函數：

```
/* 注意：呼叫本函數之前，一定要先對 nums 排序 */
vector<vector<int>> nSumTarget(
    vector<int>& nums, int n, int start, int target) {

    int sz = nums.size();
    vector<vector<int>> res;
    // 至少是 2Sum，且陣列大小不應該小於 n
    if (n < 2 || sz < n) return res;
    // 2Sum 是 base case
    if (n == 2) {
        // 雙指標的操作
        int lo = start, hi = sz - 1;
        while (lo < hi) {
            int sum = nums[lo] + nums[hi];
            int left = nums[lo], right = nums[hi];
            if (sum < target) {
                while (lo < hi && nums[lo] == left) lo++;
            } else if (sum > target) {
                while (lo < hi && nums[hi] == right) hi--;
            } else {
                res.push_back({left, right});
                while (lo < hi && nums[lo] == left) lo++;
                while (lo < hi && nums[hi] == right) hi--;
            }
        }
    } else {
        // n > 2 時，遞迴計算 (n-1)Sum 的結果
        for (int i = start; i < sz; i++) {
            vector<vector<int>>
            sub = nSumTarget(nums, n - 1, i + 1, target - nums[i]);
            for (vector<int>& arr : sub) {
                // (n-1)Sum 加上 nums[i]，就是 nSum
                arr.push_back(nums[i]);
                res.push_back(arr);
            }
            while (i < sz - 1 && nums[i] == nums[i + 1]) i++;
        }
    }
    return res;
}
```

嗯，看起來很長，實際上就是合併之前題目的解法。`n == 2` 時是 `twoSum` 的雙指標解法，`n > 2` 時便是列舉第一個數字，然後遞迴呼叫計算 `(n-1)Sum`，再組裝答案。

請注意，呼叫 `nSum` 函數之前，一定要先對 `nums` 陣列排序。因為 `nSum` 是一個遞迴函數，如果在 `nSum` 函數裡呼叫排序函數，那麼每次遞迴都會進行沒必要的排序，效率非常低。

例如，現在撰寫剛才討論的 4Sum 問題的解法：

```
vector<vector<int>> fourSum(vector<int>& nums, int target) {
    sort(nums.begin(), nums.end());
    // n 為 4，從 nums[0] 開始計算和為 target 的四元組
    return nSumTarget(nums, 4, 0, target);
}
```

再比如撰寫剛才討論的 3Sum 問題，找 `target == 0` 的三元組：

```
vector<vector<int>> threeSum(vector<int>& nums) {
    sort(nums.begin(), nums.end());
    // n 為 3，從 nums[0] 開始計算和為 0 的三元組
    return nSumTarget(nums, 3, 0, 0);
}
```

因此，即使要計算 `100Sum` 問題，直接呼叫這個函數就行了。

4.7 拆解複雜問題：實作計算器

運算式求值演算法是一個 Hard 級別的問題，本節準備解決它。最終實作一個包含下列功能的計算器：

1. 輸入一個字串，允許有 `+ - * /`、數字、括弧以及空格，演算法必須返回運算結果。
2. 需符合運算法則，括弧的優先順序最高，先乘除後加減。
3. 除號是整數除法，無論正負都向 0 取整（5/2 = 2，-5/2 =-2）。
4. 假設輸入的算式一定合法，而且計算過程不會出現整數型溢出，也沒有除數為 0 的意外情況。

例如輸入下列字串，演算法會返回 9：

```
3 * (2-6 /(3 -7))
```

由此得知，這已經非常接近實際生活使用的計算器。雖然多多少少都用過計算器，但如果簡單思考其演算法實作，恐怕會大驚失色：

1. 按照常理處理括弧，首先是計算最內層的括弧，然後向外慢慢化簡。這個過程連手算都容易出錯，何況寫成演算法！
2. 需做到先乘除後加減，這點教會小朋友還算容易，但教給電腦恐怕有點困難。
3. 要處理空格。為了美觀，一般會習慣性地在數字和運算子之間加上空格，但是計算時需想辦法忽略這些空格。

本節就來說明怎麼實作上述功能完備的計算器，**其關鍵在於層層拆解問題，化整為零，逐一擊破，相信這種思維方式能幫助大家解決各種複雜問題。**

接下來就從最簡單的一個問題開始。

4.7.1 字串轉整數

是的，就是這麼簡單的一個問題，首先請思考，怎麼把一個字串形式的**正整數**轉成 int 類型？

```
string s = "458";
int n = 0;
for (int i = 0; i < s.size(); i++) {
    char c = s[i];
    n = 10 * n + (c - '0');
}
// n現在就等於458
```

解決很簡單，套用現成的模式。即便這麼簡單，依然有陷阱：**不能省略 `(c - '0')` 的括弧，否則可能造成整數型溢出。**

因為char類型變數 `c` 是一個ASCII碼，其實就是一個數字，如果不加括弧便會先加後減。試著想像一下，`s` 如果接近INT_MAX，就會溢出，所以需用括弧確保先減後加才行。

4.7.2 處理加減法

現在進一步，**如果輸入的算式只包含加減法，而且不存在空格**，該怎麼計算結果？以字串算式 `1-12+3` 為例，說明一個很簡單的思路：

1. 先對第一個數字加上一個預設符號 `+`，變成 `+1-12+3`。
2. 把一個運算子和數字組成一對，也就是三對 `+1`、`-12`、`+3`，把它們轉成數字，然後放到一個堆疊中。
3. 將堆疊中所有的數字求和，便是原算式的結果。

直接看程式碼：

```
int calculate(string s) {
    stack<int> stk;
    // 記錄算式中的數字
    int num = 0;
    // 記錄num前的符號，初始化為+
    char sign = '+';
    for (int i = 0; i < s.size(); i++) {
        char c = s[i];
        // 如果是數字，連續讀取出來
        if (isdigit(c))
            num = 10 * num + (c - '0');
        // 如果不是數字，代表遇到下一個符號，
        // 之前的數字和符號就存進堆疊中
```

```
        if (!isdigit(c) || i == s.size() - 1) {
            switch (sign) {
                case '+':
                    stk.push(num); break;
                case '-':
                    stk.push(-num); break;
            }
            // 更新符號為目前符號，數字歸零
            sign = c;
            num = 0;
        }
    }
    // 將堆疊中所有結果求和就是答案
    int res = 0;
    while (!stk.empty()) {
        res += stk.top();
        stk.pop();
    }
    return res;
}
```

估計不好理解中間帶 `switch` 語句的部分，`i` 是從左到右掃描，`sign` 和 `num` 跟在它身後。當 `s[i]` 遇到一個運算子時，情況如下：

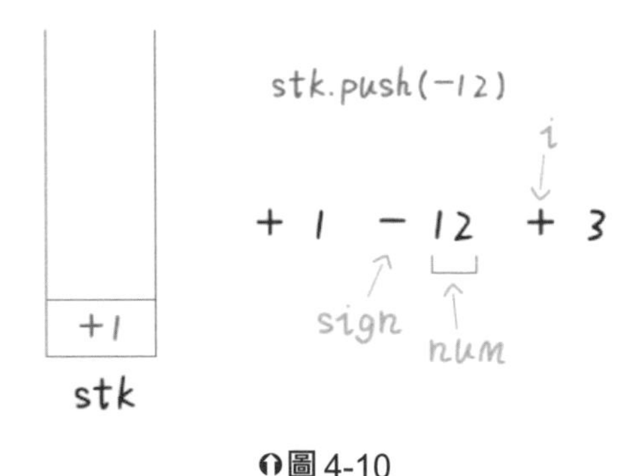

圖 4-10

因此，此時要根據 `sign` 的 case 不同，選擇 `nums` 的正負號存入堆疊，然後更新 `sign` 並歸零 `nums`，以記錄下一對符號和數字的組合。

另外應注意，不只遇到新的符號會置入堆疊，當 `i` 走到算式的盡頭（`i == s.size()-1`）時，也應該將前面的數字放入堆疊，方便後續計算最終結果。

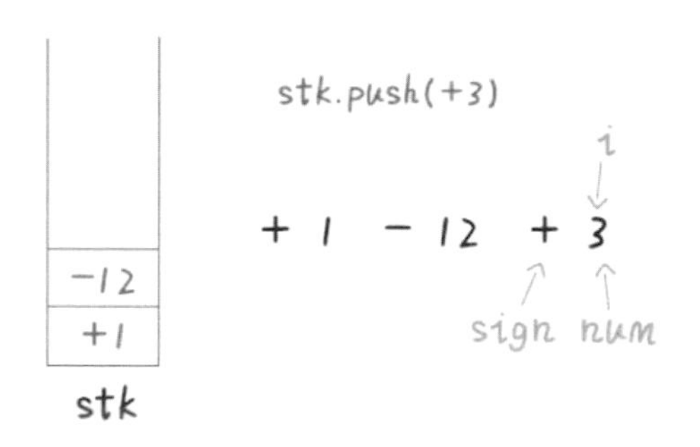

圖 4-11

至此，已寫出僅處理緊湊加減法字串的演算法，請確保理解以上內容，後續的解決根據此框架修修改改就完成了。

4.7.3 處理乘除法

思路和僅處理加減法沒什麼區別，以字串 `2-3*4+5` 為例，核心觀念依然是把字串分解成符號和數字的組合。

例如上述例子就可分解為 `+2`、`-3`、`*4`、`+5` 幾對，前文尚未處理乘、除號，很簡單，**其他部分都不用改變**，在 `switch` 部分加上對應的 case 即可：

```
for (int i = 0; i < s.size(); i++) {
    char c = s[i];
    if (isdigit(c))
        num = 10 * num + (c - '0');

    if (!isdigit(c) || i == s.size() - 1) {
        switch (sign) {
            int pre;
            case '+':
                stk.push(num); break;
            case '-':
                stk.push(-num); break;
            // 只要拿出前一個數字做對應運算即可
            case '*':
                pre = stk.top();
                stk.pop();
                stk.push(pre * num);
                break;
```

```
        case '/':
            pre = stk.top();
            stk.pop();
            stk.push(pre / num);
            break;
    }
    // 更新符號為目前符號，數字歸零
    sign = c;
    num = 0;
  }
}
```

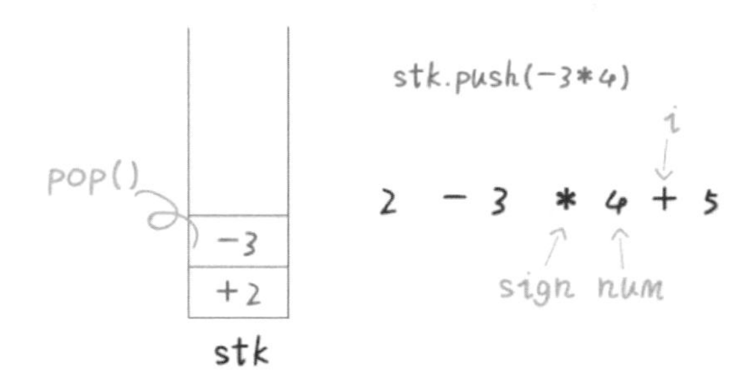

圖 4-12

乘除法優先於加減法體現在：乘除法可以和堆疊頂部的數字結合，然後把結果加入堆疊；而加減法只能把自己放入堆疊。

現在思考一下**如何處理字串中可能出現的空格字元**。其實也十分簡單，空格字元的出現，會影響現有程式碼的哪一部分？

```
// 如果c非數字
if (!isdigit(c) || i == s.size() - 1) {
    switch (c) {...}
    sign = c;
    num = 0;
}
```

顯然空格會進入上述的 if 語句，但是我們不打算如此，因為這裡會更新 `sign` 並歸零 `nums`，空格根本就不是運算子，應該忽略。

那麼只要多加一個條件即可：

```
if ((!isdigit(c) && c != ' ') || i == s.size() - 1) {
    switch (c) {...}
    sign = c;
    num = 0;
}
```

好了，現在演算法已經可以按照正確的法則計算加減乘除，並且自動忽略空格，剩下的就是如何讓演算法正確識別括弧。

4.7.4 處理括弧

處理算式中的括弧看起來最難，但實際上沒有那麼難，**無論括弧嵌套多少層，都可用一個遞迴解決。**

為了規避程式語言的繁瑣細節，先將前面的程式碼翻譯成 Python 版本：

```
def calculate(s: str) -> int:

    def helper(s: List) -> int:
        stack = []
        sign = '+'
        num = 0

        while len(s) > 0:
            # 將 s[0] pop 出來
            c = s.pop(0)
            if c.isdigit():
                num = 10 * num + int(c)

            if (not c.isdigit() and c != ' ') or len(s) == 0:
                if sign == '+':
                    stack.append(num)
                elif sign == '-':
                    stack.append(-num)
                elif sign == '*':
                    stack[-1] = stack[-1] * num
                elif sign == '/':
                    # 這是 Python 除法向 0 取整的寫法
                    # 無論正負數都可以向 0 取整
```

```
            stack[-1] = int(stack[-1] / float(num))
        num = 0
        sign = c
    return sum(stack)
# 需要把字串轉成串列方便操作
return helper(list(s))
```

這段程式碼和之前的 C++ 程式碼幾乎完全相同，唯一的區別是，不是從左到右巡訪字串，而是不斷從左邊 `pop` 出字元，本質上還是一樣的。

那為什麼處理括弧沒有看起來那麼困難呢，**因為括弧具有遞迴性質。**以字串 `3*(4-5/2)-6` 為例：

```
calculate(3*(4-5/2)-6) = 3 * calculate(4-5/2) - 6 = 3 * 2 - 6 = 0
```

想像一下，無論嵌套多少層括弧，透過 calculate 函數遞迴呼叫自己，便可將括弧中的算式化簡成一個數字。**換句話說，括弧包含的算式，直接視為一個數字就行了。**

現在的問題是，遞迴的開始條件和結束條件是什麼？**遇到 `'('` 開始遞迴，遇到 `')'` 結束遞迴：**

```
def calculate(s: str) -> int:

    def helper(s: List) -> int:
        stack = []
        sign = '+'
        num = 0

        while len(s) > 0:
            c = s.pop(0)
            if c.isdigit():
                num = 10 * num + int(c)
            # 遇到左括弧開始遞迴計算 num
            if c == '(':
                num = helper(s)
            if (not c.isdigit() and c != ' ') or len(s) == 0:
                if sign == '+':
                    stack.append(num)
                elif sign == '-':
```

```
            stack.append(-num)
        elif sign == '*':
            stack[-1] = stack[-1] * num
        elif sign == '/':
            stack[-1] = int(stack[-1] / float(num))
        num = 0
        sign = c
    # 遇到右括弧返回遞迴結果
    if c == ')': break
  return sum(stack)

return helper(list(s))
```

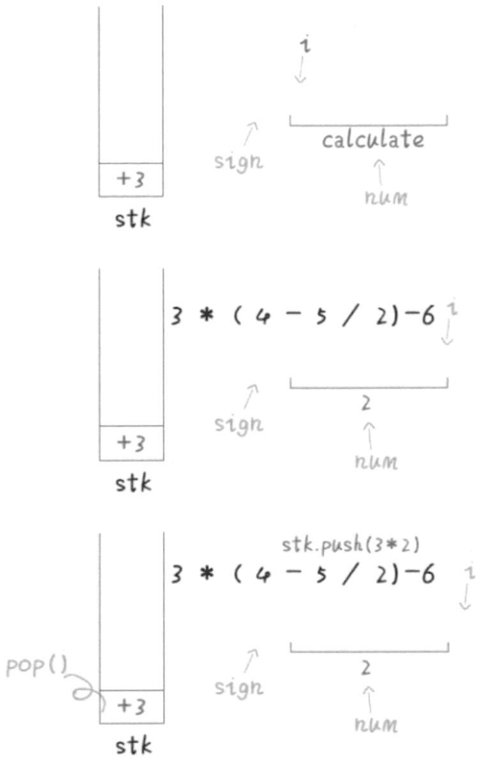

圖 4-13

由此得知，加了兩三行程式碼，就能處理括弧了，這就是遞迴的魅力。至此，已完成計算器的全部功能，透過對問題的層層拆解、化整為零，再回頭看看，這個問題似乎也沒那麼複雜。

4.7.5 最後總結

本節藉由實作計算器的問題，主要想表達一種處理複雜問題的思路。

首先從字串轉數字這個簡單的問題開始，進而處理只包含加減法的算式、包含加減乘除四則運算的算式、空格字元，最後是包含括弧的算式。

可見，對於一些比較困難的問題，其解法並不是一蹴可幾，而是按步就班、步步推進。如果一開始看到原題，不會做，甚至看不懂答案都很正常，關鍵在於自己如何簡化問題、以退為進。

退而求其次是一種很聰明的策略。想像一下，假設這是一道考試題，設計不出計算器，但是寫了字串轉整數的演算法，並且指出容易溢出的陷阱，起碼可以得 20 分；如果能夠處理加減法，便可得 40 分；如果還能處理加減乘除四則運算，起碼有 70 分了；再加上處理空格字元，80 分便有了。我就是不會處理括弧，那就算了，80 分已經很好了，對吧？

4.8 攤煎餅也得有點遞迴思維

煎餅排序是個很有意思的實際問題：假設盤子上有 n **塊面積大小不一**的煎餅，如何以一把鍋鏟進行若干次翻轉，讓這些煎餅大小有序地排列（小的在上，大的在下）？

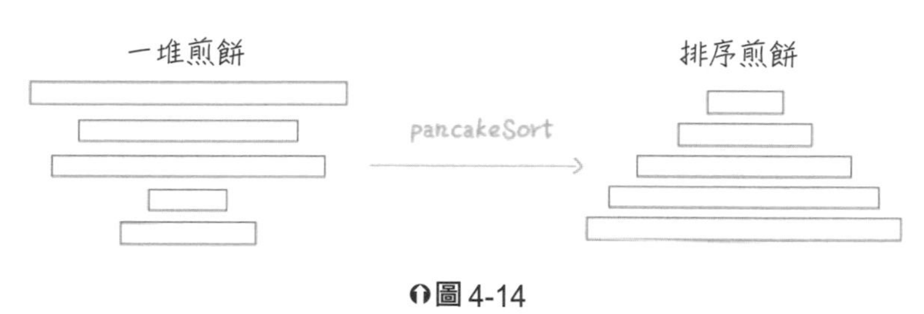

圖 4-14

想像一下以鍋鏟翻轉一堆煎餅的情景，其實有一些限制，每次只能翻轉最上面的若干塊煎餅：

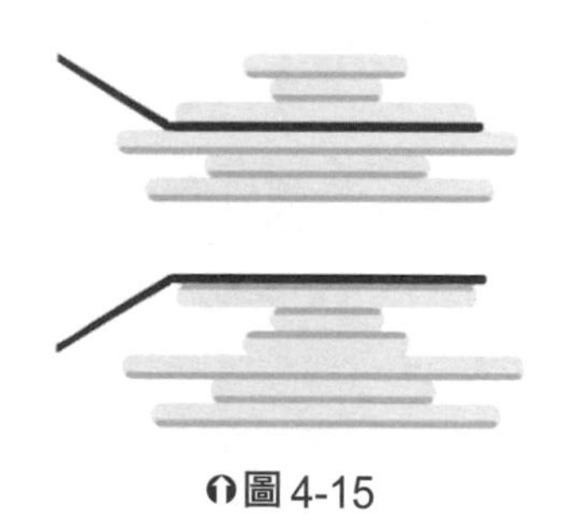

圖 4-15

問題是，**如何以演算法得到一個翻轉序列，使得煎餅堆變成有序？**

首先，需要抽象這個問題，用陣列表示煎餅堆，「煎餅排序」問題如下：

給定陣列 A，允許對其進行多次「煎餅翻轉」：選擇一個小於等於 len(A) 的正整數 k，然後反轉 A 的前 k 個元素的順序。

現在要按順序進行若干次「煎餅翻轉」，使得陣列 A 有序，演算法的執行結果應返回這些「煎餅翻轉」的 k 值。

函數簽章如下：

```
List<Integer> pancakeSort(int[] cakes);
```

例如輸入 A = [3, 2, 4, 1]，演算法應該返回 [4, 2, 4, 3]，因為：

第 1 次翻轉後 (k=4): A = [1, 4, 2, 3]；

第 2 次翻轉後 (k=2): A = [4, 1, 2, 3]；

第 3 次翻轉後 (k=4): A = [3, 2, 1, 4]；

第 4 次翻轉後 (k=3): A = [1, 2, 3, 4]。

經過 4 次翻轉之後，A 完成排序。

如何解決這個問題呢？其實需要**遞迴觀念**。

4.8.1 思路分析

為什麼這個問題有遞迴性質呢？例如需要設計一個函數：

```
// cakes 是一堆煎餅，函數會將前 n 個煎餅排序
void sort(int[] cakes, int n);
```

一旦找到前 n 個煎餅中最大的那個，便設法將它翻轉到最底下：

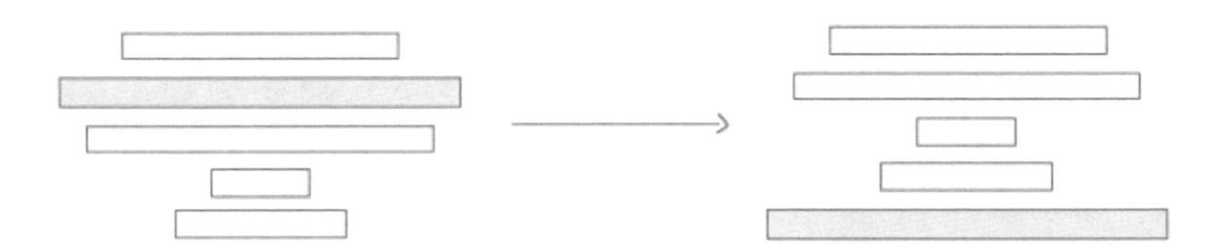

圖 4-16

那麼原問題的規模就可以減小，遞迴呼叫 pancakeSort(A, n-1) 即可：

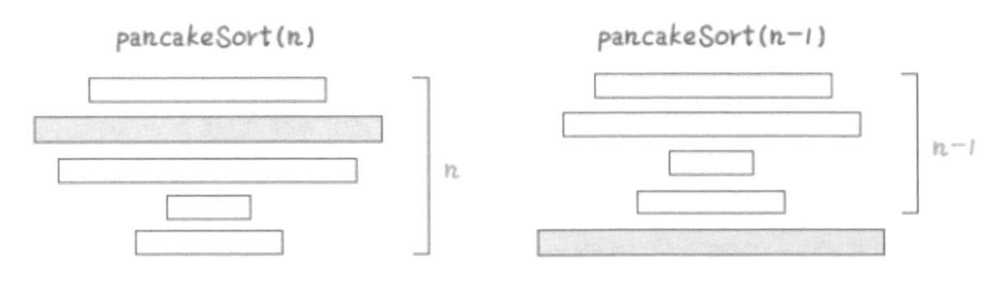

圖 4-17

接下來，對於上面的 n - 1 塊煎餅，如何排序呢？依然是：先從 n - 1 個煎餅中找到最大的一個，然後把它放到底下，再遞迴呼叫 pancakeSort(A, n-1-1)……

瞧瞧，這就是遞迴性質，總結一下觀念就是：

1. 找到 `n` 個煎餅中最大的那個。
2. 把它移到最底下。
3. 遞迴呼叫 `pancakeSort(A, n - 1)`。

base case：`n == 1` 時，排序 1 個煎餅時不需要翻轉。

那麼最後剩下一個問題，如何設法將某塊煎餅翻到最底下呢？

其實很簡單，例如第 3 塊餅最大，若想把它換到最後，或說換到第 `n` 塊。可以這樣操作：

1. 用鍋鏟將前 3 塊煎餅翻轉一下，最大的餅就翻到最上面。
2. 用鍋鏟將前 `n` 塊煎餅全部翻轉，這樣最大的餅就翻到第 `n` 塊，也就是最後一塊。

理解以上兩個流程之後，基本上就能寫出解法，不過題目要求寫出具體的反轉操作序列，這點也很簡單，只要在每次翻轉煎餅時記錄下來即可。

4.8.2 程式碼實作

本小節把上述的思路以程式碼實作出來，唯一需要注意的是，陣列索引從 0 開始，而待返回的結果則是從 1 開始。

```
// 記錄反轉操作鏈結串列
LinkedList<Integer> res = new LinkedList<>();

List<Integer> pancakeSort(int[] cakes) {
    sort(cakes, cakes.length);
    return res;
}
// 排序前 n 塊煎餅
void sort(int[] cakes, int n) {
    // base case
    if (n == 1) return;

    // 尋找最大煎餅的索引
    int maxCake = 0;
    int maxCakeIndex = 0;
    for (int i = 0; i < n; i++)
        if (cakes[i] > maxCake) {
            maxCakeIndex = i;
```

```
            maxCake = cakes[i];
        }
    // 第一次翻轉，將最大煎餅翻到最上面
    reverse(cakes, 0, maxCakeIndex);
    // 記錄這一次翻轉
    res.add(maxCakeIndex + 1);
    // 第二次翻轉，將最大煎餅翻到最下面
    reverse(cakes, 0, n - 1);
    // 記錄這一次翻轉
    res.add(n);
    // 遞迴呼叫，翻轉剩下的煎餅
    sort(cakes, n - 1);
}

/* 翻轉 arr[i..j] 的元素 */
void reverse(int[] arr, int i, int j) {
    while (i < j) {
        int temp = arr[i];
        arr[i] = arr[j];
        arr[j] = temp;
        i++; j--;
    }
}
```

經過剛才的詳細解釋，應該很清楚上述程式碼。

很容易計算演算法的時間複雜度，因為遞迴呼叫的次數是 `n`，每次遞迴呼叫都需要一次 for 迴圈，時間複雜度是 $O(n)$，所以整體的複雜度是 $O(n^2)$。

最後，請思考一個問題：按照上述想法，得出的操作序列長度應該為 `2(n - 1)`，因為每次遞迴都得進行 2 次翻轉並記錄操作，總共有 `n` 層遞迴。但是，由於 base case 直接返回結果，不進行翻轉，因此最終的操作序列長度應該是固定的 `2(n - 1)`。

顯然，這不是最佳（最短）的結果。例如有一堆煎餅 `[3, 2, 4, 1]`，演算法得到的翻轉序列是 `[3, 4, 2, 3, 1, 2]`，但是最快捷的翻轉方法應該是 `[2, 3, 4]`：

初始狀態：`[3, 2, 4, 1]`，翻轉前 2 個：`[2, 3, 4, 1]`，翻轉前 3 個：`[4, 3, 2, 1]`，翻轉前 4 個：`[1, 2, 3, 4]`。

如果要求演算法計算排序煎餅的**最短**操作序列，該如何計算呢？或者說，解決這種求最佳解法的問題，其核心觀念是什麼，需要使用什麼演算法技巧呢？

4.9 字首和技巧解決子陣列問題

本節講解「和為 k 的子陣列」，一道簡單卻十分巧妙的演算法問題：

輸入一個整數陣列 `nums` 和一個整數 `k`，算出 `nums` 中一共有幾個和為 `k` 的子陣列。

函數簽章如下：

```
int subarraySum(int[] nums, int k);
```

例如輸入 `nums = [1, 1, 1, 2], k = 2`，演算法返回 3，分別為 `[1, 1], [1, 1], [2]`。

一種簡單粗暴的思路是：列舉出所有子陣列，計算它們的和，看看誰的和等於 `k` 不就行了？

關鍵是，**如何快速得到某個子陣列的和呢？**例如有一個陣列 `nums`，請實作一個介面 `sum(i, j)`，這個介面要返回 `nums[i..j]` 的和，而且會多次呼叫，那麼該如何設計這個介面？

因為要多次呼叫介面，顯然不能每次都去巡訪 `nums[i..j]`，有沒有一種快速的方法，在 $O(1)$ 時間內算出子陣列 `nums[i..j]` 的和？這裡就需要字首和技巧了。

4.9.1 什麼是字首和

字首和的概念如下，對於一個給定的陣列 `nums`，額外開闢一個字首和陣列進行預處理：

```
int n = nums.length;
// 字首和陣列
int[] preSum = new int[n + 1];
preSum[0] = 0;
for (int i = 0; i < n; i++)
    preSum[i + 1] = preSum[i] + nums[i];
```

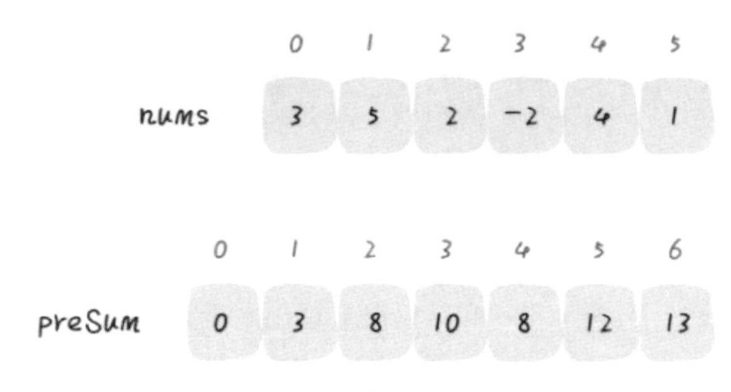

圖 4-18

很容易理解字首和陣列 preSum 的涵義：**preSum[i] 就是 nums[0..i-1] 的和**。

如果想求 nums[i..j] 的和，只需要一步操作 preSum[j+1]-preSum[i] 即可，無須重新巡訪陣列。

回到子陣列問題，若想求有多少個子陣列的和為 k，藉助字首和技巧，便很容易寫出一個解法：

```
int subarraySum(int[] nums, int k) {
    int n = nums.length;
    // 建構字首和
    int[] sum = new int[n + 1];
    sum[0] = 0;
    for (int i = 0; i < n; i++)
        sum[i + 1] = sum[i] + nums[i];

    int ans = 0;
    // 列舉所有子陣列
    for (int i = 1; i <= n; i++)
        for (int j = 0; j < i; j++)
            // sum of nums[j..i-1]
            if (sum[i] - sum[j] == k)
                ans++;

    return ans;
}
```

本解法的時間複雜度為 $O(N^2)$，空間複雜度為 $O(N)$，並不是最佳解法。不過，透過它理解字首和陣列的工作原理之後，便可使用一些巧妙的辦法，進一步降低時間複雜度。

4.9.2 最佳化解法

前面的字首和解法有巢狀的 for 迴圈：

```
for (int i = 1; i <= n; i++)
    for (int j = 0; j < i; j++)
        if (sum[i] - sum[j] == k)
            ans++;
```

第二層 for 迴圈的目的是什麼呢？翻譯一下就是：**計算有幾個 `j`，能夠使得 `sum[i]` 和 `sum[j]` 的差為 `k`**，找到一個這樣的 `j`，就把結果加一。

可將 if 語句裡的條件判斷轉移，改成這樣：

```
if (sum[j] == sum[i] - k)
    ans++;
```

最佳化的想法是：**直接記錄有幾個 `sum[j]` 和 `sum[i] - k` 相等，直接更新結果，避免內層的 for 迴圈**。或者使用雜湊表，當記錄字首和的同時寫下該字首和出現的次數。

```
int subarraySum(int[] nums, int k) {
    int n = nums.length;
    // map：字首和 -> 該字首和出現的次數
    HashMap<Integer, Integer>
        preSum = new HashMap<>();
    // base case
    preSum.put(0, 1);

    int ans = 0, sum0_i = 0;
    for (int i = 0; i < n; i++) {
        sum0_i += nums[i];
        // 這是待找的字首和 nums[0..j]
        int sum0_j = sum0_i - k;
        // 如果前面有字首和，則直接更新答案
        if (preSum.containsKey(sum0_j))
            ans += preSum.get(sum0_j);
        // 加入字首和 nums[0..i]，並記錄出現次數
        preSum.put(sum0_i,
            preSum.getOrDefault(sum0_i, 0) + 1);
    }
    return ans;
}
```

例如下面這個情況，只要找到字首和為 8，便能找到和為 `k` 的子陣列。之前的暴力解法需要巡訪陣列計算有幾個 8，而最佳化解法藉助雜湊表，可以直接得知有幾個字首和為 8。

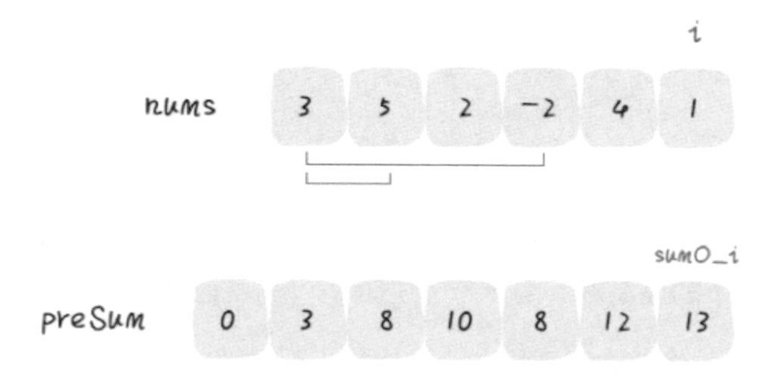

圖 4-19

如此一來，就把時間複雜度降到 $O(N)$，可說是最佳解法。

4.9.3 最後總結

字首和技巧並不困難，但很有用，主要用來處理陣列區間的問題。

例如，統計班上同學考試成績在不同分數段的百分比，也可以利用字首和技巧：

```
int[] scores; // 儲存所有同學的分數
// 試卷滿分 150 分
int[] count = new int[150 + 1]
// 記錄每個分數有幾個同學
for (int score : scores)
    count[score]++
// 建構字首和
for (int i = 1; i < count.length; i++)
    count[i] = count[i] + count[i-1];
```

因此，給定任何一個分數段，都能透過字首和相減，快速計算此分數段的人數，包括百分比。

但是，稍微複雜一些的演算法問題，不只考察簡單的字首和技巧。例如本節探討的題目，就得藉助字首和的思路進一步最佳化，加上雜湊表去除不必要的巢狀迴圈。可見對題目的理解和細節的分析能力，對於演算法的最佳化非常重要。

4.10 扁平化巢狀串列

本節講解一道非常有啟發性的設計題目，為什麼說它有啟發性？詳述於後文。

4.10.1 題目描述

有一種資料結構叫 `NestedInteger`，**該結構存放的資料可能是一個 `Integer` 整數，或者是一個 `NestedInteger` 串列。** 請注意，這個串列裡面裝的是 `NestedInteger`，亦即其中的每個元素可能是整數，也可能是串列，然後無限循環嵌套下去……

`NestedInteger` 提供下列 API：

```
public class NestedInteger {
    // 如果其中存的是一個整數，則返回 true，否則返回 false
    public boolean isInteger();

    // 如果其中存的是一個整數，則返回此整數，否則返回 null
    public Integer getInteger();

    // 如果其中存的是一個串列，則返回此串列，否則返回 null
    public List<NestedInteger> getList();
}
```

演算法會輸入到一個 `NestedInteger` 串列，要做的就是撰寫一個迭代器類別，將這個帶有巢狀結構 `NestedInteger` 的串列「拍平」：

```
public class NestedIterator implements Iterator<Integer> {
    // 建構子輸入一個 NestedInteger 串列
    public NestedIterator(List<NestedInteger> nestedList) {}

    // 返回下一個整數
    public Integer next() {}

    // 是否還有下一個元素？
    public boolean hasNext() {}
}
```

這個類別的呼叫順序如下：**先呼叫 `hasNext` 方法，然後是 `next` 方法：**

```
NestedIterator i = new NestedIterator(nestedList);
while (i.hasNext())
    print(i.next());
```

例如輸入的巢狀串列為 `[[1, 1], 2, [1, 1]]`，其中有三個 `NestedInteger`，兩個串列類型的 `NestedInteger` 和一個整數類型的 `NestedInteger`，演算法返回打平的串列 `[1, 1, 2, 1, 1]`。

再比如輸入的巢狀串列為 `[1, [4, [6]]]`，演算法返回打平的串列 `[1, 4, 6]`。

學過設計模式的讀者應該知道，**迭代器也是設計模式的一種，目的就是為呼叫者遮罩底層資料結構的細節，簡單地透過 `hasNext` 和 `next` 方法，有序地進行巡訪。**

為什麼說這個題目很有啟發性呢？因為筆者最近使用一款叫作 Notion 的筆記軟體。這套軟體的一個亮點就是「萬物皆 block」，像是標題、頁面、表格等都是 block。有的 block 甚至可以無限嵌套，於是打破了傳統筆記本「資料夾」→「筆記本」→「筆記」的三層結構。

回想上述的演算法問題，`NestedInteger` 結構實際上也是一種支援無限嵌套的結構，而且可以同時表示整數和串列兩種不同類型。推測 Notion 的核心資料結構 block，也是這樣的一種設計思路。

話說回來，對於這個演算法問題，該怎麼解決呢？ `NestedInteger` 結構允許無限嵌套，怎麼把這個結構「打平」，為迭代器的呼叫者遮罩底層細節，得到扁平化的輸出呢？

4.10.2 解題思路

顯然，`NestedInteger` 這個神奇的資料結構是問題的關鍵，不過題目專門點出：

```
You should not implement it, or speculate about its implementation.
```

不應該嘗試實作 `NestedInteger` 結構，也不要猜測它的實作？**為什麼？憑什麼？是不是題目在誤導大家？是否進行推測之後，這道題就不攻自破了？**

你看，筆者就是這樣，越不讓人去做，我反倒要去推測！於是就實作出 `NestedInteger` 這個結構：

```
public class NestedInteger {
    private Integer val;
    private List<NestedInteger> list;
    public NestedInteger(Integer val) {
        this.val = val;
        this.list = null;
    }
    public NestedInteger(List<NestedInteger> list) {
        this.list = list;
        this.val = null;
    }

    // 如果其中存的是一個整數，則返回 true，否則返回 false
    public boolean isInteger() {
        return val != null;
    }

    // 如果其中存的是一個整數，則返回此整數，否則返回 null
    public Integer getInteger() {
        return this.val;
    }

    // 如果其中存的是一個串列，則返回此串列，否則返回 null
    public List<NestedInteger> getList() {
        return this.list;
    }
}
```

其實實作起來也不難，一旦寫出來之後，不禁比較了 N 元樹的定義：

```
class NestedInteger {
    Integer val;
    List<NestedInteger> list;
}
```

```java
/* 基本的N元樹節點 */
class TreeNode {
    int val;
    List<TreeNode> children;
}
```

這不就是一棵 N 元樹嗎？葉子節點是 `Integer` 類型，其 `val` 欄位非空；其他節點都是 `List<NestedInteger>` 類型，其 `val` 欄位為空，但是 `list` 欄位非空，內存孩子節點。

例如輸入 `[[1, 1], 2, [1, 1]]`，其實就是下列的樹狀結構：

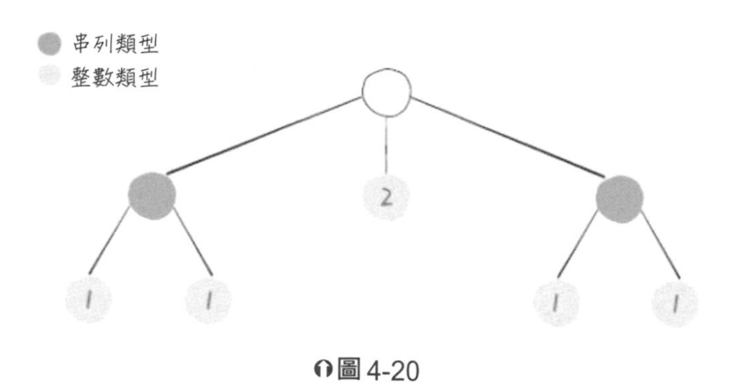

圖 4-20

好的，題目的要求是什麼？把一個 `NestedInteger` 扁平化，**等價於巡訪一棵 N 元樹的所有「葉子節點」**。若拿出所有的葉子節點，不就可以作為迭代器進行巡訪了？

怎麼實作 N 元樹的巡訪？不禁翻到**「1.1　學習演算法和刷題的概念框架」**找出框架：

```java
void traverse(TreeNode root) {
    for (TreeNode child : root.children)
        traverse(child);
```

此框架可以巡訪所有節點，但目前只對整數類型的 `NestedInteger` 感興趣，亦即只想要「葉子節點」。所以 `traverse` 函數在到達葉子節點的時候，把 `val` 加入結果串列即可：

```java
class NestedIterator implements Iterator<Integer> {

    private Iterator<Integer> it;

    public NestedIterator(List<NestedInteger> nestedList) {
        // 存放將 nestedList 打平的結果
        List<Integer> result = new LinkedList<>();
        for (NestedInteger node : nestedList) {
            // 以每個節點為根巡訪
            traverse(node, result);
        }
        // 得到 result 串列的迭代器
        this.it = result.iterator();
    }

    public Integer next() {
        return it.next();
    }

    public boolean hasNext() {
        return it.hasNext();
    }

    // 巡訪以 root 為根的多元樹，將葉子節點的值加入 result 串列
    private void traverse(NestedInteger root, List<Integer> result) {
        if (root.isInteger()) {
            // 到達葉子節點
            result.add(root.getInteger());
            return;
        }
        // 巡訪框架
        for (NestedInteger child : root.getList()) {
            traverse(child, result);
        }
    }
}
```

如此一來，原問題便巧妙地轉化成一個 N 元樹的巡訪問題，並且得到解法。

4.10.3 進階思路

雖然以上解法可以成立，但是在面試中，也許有些瑕疵。

解法一次性算出所有葉子節點的值，全部裝入 `result` 串列，也就是記憶體中，`next` 和 `hasNext` 方法只是對 `result` 串列做迭代。如果輸入的規模非常大，建構函數的計算就會很慢，而且十分佔用記憶體。

一般的迭代器求值應該是「惰性的」，換句話說，如果要求一個結果，它就計算一個（或一小部分）結果出來，而不是一次算出所有的結果。

若想做到這點，以遞迴函數進行 DFS 巡訪肯定不行，而且本題其實只關心「葉子節點」，因此傳統的 BFS 演算法也不行。實際的想法很簡單：

呼叫 `hasNext` 時，如果 `nestedList` 的第一個元素是串列類型，則不斷展開這個元素，直到第一個元素是整數類型。

由於呼叫 `next` 方法之前一定會呼叫 `hasNext` 方法，便可確保每次呼叫 `next` 方法的時候，第一個元素是整數類型，因此直接返回並刪除第一個元素即可。

看一下程式碼：

```
public class NestedIterator implements Iterator<Integer> {
    private LinkedList<NestedInteger> list;

    public NestedIterator(List<NestedInteger> nestedList) {
        // 不直接使用 nestedList 的參照，是因為不能確定它的底層實作
        // 必須確保是 LinkedList，否則下面的 addFirst 效率極低
        list = new LinkedList<>(nestedList);
    }

    public Integer next() {
        // hasNext 方法確保了第一個元素一定是整數類型
        return list.remove(0).getInteger();
    }

    public boolean hasNext() {
        // 迴圈拆分串列元素，直到第一個元素是整數類型
        while (!list.isEmpty() && !list.get(0).isInteger()) {
            // 當串列第一個元素是串列類型時，進入迴圈
```

```
            List<NestedInteger> first = list.remove(0).getList();
            // 將第一個串列打平，並按順序加到開頭
            for (int i = first.size() - 1; i >= 0; i--) {
                list.addFirst(first.get(i));
            }
        }
        return !list.isEmpty();
    }
}
```

上述方法符合迭代器惰性求值的特性，可說是比較好的解法。

Chapter 05 常見面試系列

恭喜你終於闖到最後一關，本章將介紹一些經典、常見的面試題，配合前面學到的演算法思維，應可輕鬆解決。

過不了多久，大家就可以擺脫筆者，獨自在演算法世界遨遊啦！

5.1 如何有效尋找質數

質數的定義看起來很簡單，如果一個數字只能被 1 和它本身整除，那麼此數就是質數。定義雖然簡單，但恐怕沒多少人真的能夠寫出質數相關的有效演算法。

現在實作一個函數，輸入一個正整數 `n`，函數返回區間 `[2, n)` 中質數的個數，函數簽章如下：

```
int countPrimes(int n);
```

例如輸入 `n = 10`，演算法返回 4，因為 2、3、5、7 是質數。

如何撰寫這個函數？可能的解法如下：

```
int countPrimes(int n) {
    int count = 0;
    for (int i = 2; i < n; i++)
        if (isPrime(i)) count++;
    return count;
}
// 判斷整數 n 是否為質數
boolean isPrime(int n) {
    for (int i = 2; i < n; i++)
        if (n % i == 0)
```

```
            // 有其他整除因子
            return false;
    return true;
}
```

上述的話時間複雜度為 $O(n^2)$，問題很大。**首先以** `isPrime` **函數一個一個判斷是否為質數，十分沒有效率；而且即使要用** `isPrime` **函數，演算法也存在計算冗餘。**

先簡單說明一下，如果想判斷一個數字是不是質數，應該如何撰寫演算法。只需稍微修改上面 `isPrime` 函數中的 for 迴圈條件：

```
boolean isPrime(int n) {
    for (int i = 2; i * i <= n; i++)
        if (n % i == 0)
            // 有其他整除因子
            return false;
    return true;
}
```

換句話說，`i` **不需要巡訪到** `n`**，只要到** `sqrt(n)` **即可**。為什麼呢，接下來舉個例子，假設 `n = 12`：

```
12 = 2 × 6
12 = 3 × 4
12 = sqrt(12) × sqrt(12)
12 = 4 × 3
12 = 6 × 2
```

由此得知，後兩個因數就是前面兩個因數反過來而已，反轉臨界點是 `sqrt(n)`。所以，如果在 `[2, sqrt(n)]` 區間之內沒有發現可整除因子，便可直接判斷 `n` 是質數，因為在區間 `[sqrt(n), n]` 也一定不會發現可整除因子。

現在，`isPrime` 函數的時間複雜度降為 $O(\text{sqrt}(n))$，**但是實作** `countPrimes` **函數時，其實並不需要這個函數**。以上只是希望讀者明白 `sqrt(n)` 的涵義，因為稍後還會用到。

有效實作

有效一些的方法核心思路，是和上面的常規思路相反，俗稱**「篩選法」**：

首先從 2 開始，已知 2 是一個質數，那麼所有 2 的倍數 2 × 2 = 4, 3 × 2 = 6, 4 × 2 =……都不可能是質數。

然後發現 3 也是質數，那麼所有 3 的倍數 3 × 2 = 6, 3 × 3 = 9, 3 × 4 = 12……也都不可能是質數。

看到這裡，是否有點明白這個排除法的邏輯了？先瀏覽第一版程式碼：

```
int countPrimes(int n) {
    boolean[] isPrime = new boolean[n];
    // 將陣列都初始化為 true
    Arrays.fill(isPrime, true);
    // 質數從 2 開始算
    for (int i = 2; i < n; i++)
        if (isPrime[i])
            // i 的倍數不可能是質數
            for (int j = 2 * i; j < n; j += i)
                isPrime[j] = false;

    int count = 0;
    for (int i = 2; i < n; i++)
        if (isPrime[i]) count++;
    return count;
}
```

如果能夠理解上述程式碼，代表已經掌握整體思路，但是還有兩個細微的地方可以最佳化。

首先，回想剛才判斷一個數字是否為質數的 `isPrime` 函數，由於乘法因子的對稱性，其中的 for 迴圈只需要巡訪 `[2,sqrt(n)]` 即可。這裡也是一樣的原因，**外層的 for 迴圈也只需要巡訪到** `sqrt(n)`：

```
for (int i = 2; i * i < n; i++)
    if (isPrime[i])
        ...
```

除此之外，很難注意到內層的 for 迴圈也可以最佳化。之前的做法是：

```
for (int j = 2 * i; j < n; j += i)
    isPrime[j] = false;
```

這樣便可將 `i` 的整數倍都標記為 `false`，不過仍然存在計算冗餘。

例如 `n = 25`，`i = 4` 時演算法會標記 4 × 2 = 8，4 × 3 = 12 等數字。但是，8 和 12 這兩個數字，其實已經被 `i = 2` 和 `i = 3` 的 2 × 4 和 3 × 4 標記過了。

因此可以稍微最佳化，讓 `j` 從 `i` 的平方開始，而不是從 `2 * i` 開始巡訪：

```
for (int j = i * i; j < n; j += i)
    isPrime[j] = false;
```

如此就有效實作了質數計數的演算法，其實該演算法有一個名稱，叫作埃拉托斯特尼質數篩選法（Sieve of Eratosthenes）。最終完整的程式碼如下：

```
int countPrimes(int n) {
    boolean[] isPrime = new boolean[n];
    Arrays.fill(isPrime, true);
    for (int i = 2; i * i < n; i++)
        if (isPrime[i])
            for (int j = i * i; j < n; j += i)
                isPrime[j] = false;

    int count = 0;
    for (int i = 2; i < n; i++)
        if (isPrime[i]) count++;
    return count;
}
```

比較難計算該演算法的時間複雜度，顯然時間和兩個巢狀的 for 迴圈有關，運算次數應該是：

$$n/2 + n/3 + n/5 + n/7 + \ldots$$
$$= n \times (1/2 + 1/3 + 1/5 + 1/7\ldots)$$

括弧中是質數的倒數。最終結果為 $O(N\log\log N)$，有興趣的讀者可以查一下該演算法的時間複雜度證明，這裡就不展開了。

以上就是質數演算法相關的內容。怎麼樣，是不是看似簡單的問題，卻隱藏不少細節可以最佳化呢？

5.2 如何有效進行模冪運算

本節探討一道與數學運算有關的題目「超級次方」，其中涉及大量的冪運算，然後求餘數。

函數簽章如下：

```
int superPow(int a, vector<int>& b);
```

要求演算法返回冪運算 `a^b` **的計算結果，以及與 1337 求模（mod，也就是取餘數）後的結果。** `b` 可以是一個非常大的數，因此 `b` 是以陣列的形式表示。

例如輸入 `a = 2, b = [1,2]`，請返回 `2^12` 和 1337 取餘數的結果，亦即 `4096 % 1337 = 85`。

這其實就是廣泛應用於離散數學的模冪演算法，一般不管為什麼要對 1337 取餘數，單就這道題有三個難處：

1. **如何處理以陣列表示的指數？**現在 `b` 是一個陣列，代表 `b` 可以非常大，沒辦法直接轉成整數，否則可能會溢出。如何把這個陣列作為指數，進行運算呢？
2. **如何得到取餘數之後的結果？**照理說，起碼應該先算出冪運算的結果，然後才能和 1337 取餘數。但問題是，指數運算的真實結果肯定會大得嚇人，換句話說，算出真實結果也沒辦法表示，早都溢出報錯了。
3. **如何有效進行冪運算？**冪運算也有演算法技巧，如果不瞭解此演算法，詳後面的講解。

對於這幾個問題，文內將分別思考，逐一擊破。

5.2.1 如何處理陣列指數

首先確認問題：現在 `b` 是一個陣列，無法表示為整數類型，而且陣列的特點是隨機存取，刪除最後一個元素比較有效。

不考慮取餘數的要求，以 `b = [1, 5, 6, 4]` 為例，結合指數運算的法則，便可發現一個規律：

```
a[1, 5, 6, 4]
= a4 × a[1, 5, 6, 0]
= a4 × (a[1, 5, 6])10
```

看到這裡，讀者肯定已經敏感地意識到，這就是遞迴的特性啊！因為問題的規模縮小了：

```
superPow(a, [1, 5, 6, 4])
=> superPow(a, [1, 5, 6])
```

那麼，發現規律後，便可簡單翻譯出程式碼框架：

```
// 計算 a 的 k 次方的結果，後文會具體實作
int mypow(int a, int k);

int superPow(int a, vector<int>& b) {
    // 遞迴的 base case
    if (b.empty()) return 1;
    // 取出最後一個數字
    int last = b.back();
    b.pop_back();
    // 將原問題化繁為簡，縮小規模遞迴求解
    int part1 = mypow(a, last);
    int part2 = mypow(superPow(a, b), 10);
    // 合併結果
    return part1 * part2;
}
```

看到這裡，應該不難理解吧！我們已經解決 `b` 是一個陣列的問題，下一步是看看如何處理 mod，避免結果太大而導致的整數溢出。

5.2.2 如何處理 mod 運算

首先確認問題：由於電腦的編碼方式，形如 `(a * b) % base` 這類的運算，可能導致乘法的結果溢出。此處希望找到一種技巧，能夠簡化此運算式，避免溢出同時得到結果。

正如二分搜尋中，求中點索引時將 `(l+r)/2` 轉化成 `l+(r-l)/2`，避免溢出的同時也能得到正確的結果。

舉一個關於模組式算術的技巧，畢竟常見於演算法中：

```
(a * b) % k = (a % k)(b % k) % k
```

證明很簡單，假設：

```
a = Ak + B；b = Ck + D
```

其中A、B、C、D是任意常數，那麼：

```
ab = ACk^2 + ADk + BCk +BD
```

推導出：

```
ab % k = BD % k
```

又因為：

```
a % k = B；b % k = D
```

所以：

```
(a % k)(b % k) % k = BD % k
```

綜合前言，就能得到簡化取餘數的等式。

簡單來說，對乘法的結果取餘數，等價於先對每個因子取餘數，然後對因子相乘的結果再取餘數。

那麼回到這道題，求一個數字的冪次方，不就是對這個數連乘嗎？因此只要簡單擴展剛才的想法，便可對冪運算取餘數：

```
int base = 1337;
// 計算a的k次方，然後與base取餘數的結果
int mypow(int a, int k) {
    // 對因子取餘數
    a %= base;
    int res = 1;
    for (int _ = 0; _ < k; _++) {
        // 這裡有乘法，是潛在的溢出點
        res *= a;
```

```
        // 對乘法的結果取餘數
        res %= base;
    }
    return res;
}

int superPow(int a, vector<int>& b) {
    if (b.empty()) return 1;
    int last = b.back();
    b.pop_back();
    int part1 = mypow(a, last);
    int part2 = mypow(superPow(a, b), 10);
    // 每次乘法都要取餘數
    return (part1 * part2) % base;
}
```

先對因子 `a` 取餘數，然後每次都對乘法結果 `res` 取餘數，這樣便可確保 `res *= a` 程式碼執行時，兩個因子都是小於 `base`，代表一定不會造成溢出，同時也是正確的結果。

至此，完全解決了這個問題。

但是，有的讀者可能會問，求冪的演算法這麼簡單嗎，直接給一個 for 迴圈累乘就行了？複雜度會不會比較高，有沒有更有效的演算法呢？

答案是有，不過單就這道題目來說，已經足夠。

試想一下，呼叫 `mypow` 函數傳入的 `k` 最大是多少？ `k` 不過是陣列 `b` 中的一個常數，處於 0~9 之間，可以說這裡每次呼叫 `mypow` 的時間複雜度就是 $O(1)$。整個演算法的時間複雜度是 $O(N)$，N 為 `b` 的長度。

既然談到冪運算，不妨順道講講如何有效計算冪運算。

5.2.3 如何有效求冪

快速求冪的演算法不只一種，本節介紹一種應該掌握的基本思路。利用冪運算的特性，便可寫出底下的遞迴式：

$$a^b = \begin{cases} a \times a^{b-1}, & b \text{ 為奇數} \\ (a^{b/1})^2, & b \text{ 為偶數} \end{cases}$$

上述想法肯定比直接用 for 迴圈求冪更有效，因為有機會直接把問題規模（b 的大小）直接減小一半，該演算法的複雜度肯定是 log 級別。

接著修改之前的 mypow 函數，轉譯此遞迴公式，再加上取餘數的運算：

```
int base = 1337;

int mypow(int a, int k) {
    if (k == 0) return 1;
    a %= base;

    if (k % 2 == 1) {
        // k是奇數
        return (a * mypow(a, k - 1)) % base;
    } else {
        // k是偶數
        int sub = mypow(a, k / 2);
        return (sub * sub) % base;
    }
}
```

雖然對於本題，上述最佳化並沒有特別明顯的效率提升，但已升級了求冪演算法。以後如果有人提出要求，起碼要寫出這個演算法。

至此，「超級次方」就算完全解決，包括遞迴概念以及處理模組式算術、冪運算的技巧。實際上，這個題目還是很有意思。

5.3 如何運用二分搜尋演算法

二分搜尋到底運用於何處？

最常見就是教科書上的例子，在**有序陣列**中搜尋給定某個目標值的索引。再進一步，如果目標值存在重覆，修改版的二分搜尋可以返回目標值的左側或右側邊界索引。

以上提到的三種二分搜尋演算法形式，詳述於**二分搜尋詳解**一節的程式碼，建議回頭複習一下。

拋開有序陣列這種枯燥的資料結構，如何運用二分搜尋到實際的演算法問題呢？當搜尋空間有序時，便可透過二分搜尋「剪枝」，以大幅提升效率。

本節先以「Koko 吃香蕉」舉個例子。

5.3.1 問題分析

先描述問題：

輸入一個長度為 `N` 的正整數陣列 `piles` 代表 `N` 堆香蕉，`piles[i]` 則是第 `i` 堆香蕉的數量，現在，Koko 要在 `H` 小時之內吃完這些香蕉。

Koko 吃香蕉的速度為每小時 `K` 根，而且每小時最多吃一堆香蕉，如果吃不下的話便留到下一小時再吃。如果吃完這堆還有胃口，他也只會等到下一小時才吃下一堆。

在上述條件下，請撰寫一個演算法，**計算 Koko 每小時至少要吃幾根香蕉，才能在 `H` 小時內吃完？**

函數簽章如下：

```
int minEatingSpeed(int[] piles, int H);
```

如果直接給定這個情景，能夠想到利用二分搜尋演算法嗎？如果沒有見過類似的問題，恐怕很難把這個問題和二分搜尋關聯起來。

那麼，先拋開二分搜尋技巧，想想如何暴力解決此問題。

首先，**演算法要求的是「`H`小時之內吃完香蕉的最小速率」**，不妨稱 **Koko** 吃香蕉的速率為 `speed`，請問 `speed` 至多，以及至少可能是多少呢？

顯然 `speed` 最少為 1，最大為 `max(piles)`，因為一小時最多只能吃一堆香蕉。

如此一來，暴力解法就很簡單了，只要從 1 開始列舉到 `max(piles)`，一旦發現某個值可以在 `H` 小時之內吃完所有香蕉，該值便是最小速度：

```
int minEatingSpeed(int[] piles, int H) {
    // piles 陣列中的最大值
    int max = getMax(piles);
    for (int speed = 1; speed < max; speed++) {
        // 以 speed 速率是否能在 H 小時之內吃完香蕉
        if (canFinish(piles, speed, H))
            return speed;
        }
    return max;
}
```

注意 for 迴圈，它是在**連續的空間線性搜尋，這就是二分搜尋可以發揮作用的標誌**。由於要求的是最小速度，因此可以用一個**搜尋左側邊界的二分搜尋**代替線性搜尋，以提升效率：

```
int minEatingSpeed(int[] piles, int H) {
    // 套用搜尋左側邊界的演算法框架
    int left = 1, right = getMax(piles) + 1;
    while (left < right) {
        // 防止溢出
        int mid = left + (right - left) / 2;
        if (canFinish(piles, mid, H)) {
            right = mid;
        } else {
            left = mid + 1;
        }
    }
    return left;
}
```

如果對二分搜尋演算法的細節問題有疑問，建議複習**二分搜尋詳解**中搜尋左側邊界的演算法範本，這裡便不展開。

剩下的輔助函數也很簡單，一步步地拆解實作：

```
// 時間複雜度 O(N)
boolean canFinish(int[] piles, int speed, int H) {
    int time = 0;
    for (int n : piles) {
        time += timeOf(n, speed);
    }
    return time <= H;
}

// 以 speed 的速度吃 n 根香蕉，需要多久？
int timeOf(int n, int speed) {
    return (n / speed) + ((n % speed > 0) ? 1 : 0);
}

// 計算陣列的最大值
int getMax(int[] piles) {
    int max = 0;
    for (int n : piles)
        max = Math.max(n, max);
    return max;
}
```

至此，藉助二分搜尋技巧，演算法的時間複雜度為 $O(N\log N)$。

5.3.2 擴展延伸

同樣的，再看一道運輸貨物的問題：

給定一個正整數陣列 `weights` 和一個正整數 `D`，其中 `weights` 代表一系列貨物，`weights[i]` 的值表示第 `i` 件物品的重量，**貨物不可分割且必須按順序運輸。**

現在請撰寫一個演算法，**計算貨船能夠在 `D` 天內運完所有貨物的最低運載能力。**

函數簽章如下：

```
int shipWithinDays(int[] weights, int D);
```

例如輸入 `weights = [1, 2, 3, 4, 5, 6, 7, 8, 9, 10], D = 5`，那麼演算法需返回 15。

因為想在 5 天內完成運輸：

第 1 天運輸 5 件貨物 1、2、3、4、5；第 2 天運輸兩件貨物 6、7；第 3 天運輸一件貨物 8；第 4 天運輸一件貨物 9；第 5 天運輸一件貨物 10。

所以，船的最小載重應該是 15，再少就要超過 5 天了。

其實這和 Koko 吃香蕉的問題一樣，首先確定最小載重（以下稱為 `cap`）的最小值和最大值，分別為 `max(weights)` 和 `sum(weights)`。

如果是暴力演算法，便可在區間 `[max(weights), sum(weights)]` 進行搜尋。

要求**最小載重**，因此可以用搜尋左側邊界的二分搜尋演算法最佳化線性搜尋：

```
// 尋找左側邊界的二分搜尋
int shipWithinDays(int[] weights, int D) {
    // 載重可能的最小值
    int left = getMax(weights);
    // 載重可能的最大值 + 1
    int right = getSum(weights) + 1;
    while (left < right) {
        int mid = left + (right - left) / 2;
        if (canFinish(weights, D, mid)) {
            right = mid;
        } else {
            left = mid + 1;
        }
    }
    return left;
}

// 如果載重為 cap，是否能在 D 天內運完貨物？
boolean canFinish(int[] w, int D, int cap) {
    int i = 0;
```

```java
    for (int day = 0; day < D; day++) {
        int maxCap = cap;
        while ((maxCap -= w[i]) >= 0) {
            i++;
            if (i == w.length)
                return true;
        }
    }
    return false;
}
```

透過這兩個例子，應可明白二分搜尋在實際問題的應用。一般來説，通常是先寫出暴力演算法，然後觀察能否藉由二分搜尋最佳化暴力演算法的效率，進而設計二分搜尋解法。

5.4 如何有效解決接雨水問題

「接雨水」這道題目很有意思，常見於面試題中，本節就來步步最佳化，同時講解此題。

「接雨水」題目如下：

給定一個長度為 `n` 的 `nums` 陣列，代表二維平面內一排寬度為 1 的柱子，每個元素 `nums[i]` 都是非負整數，表示第 `i` 個柱子的高度。現在請計算，如果下雨了，這些柱子能夠裝下多少雨水？

說白了就是以一個陣列表示一個橫條圖，問此橫條圖最多能接多少雨水，函數簽章如下：

```
int trap(int[] height);
```

例如輸入 `height = [0, 1, 0, 2, 1, 0, 1, 3, 2, 1, 2, 1]`，輸出為 6，如下圖：

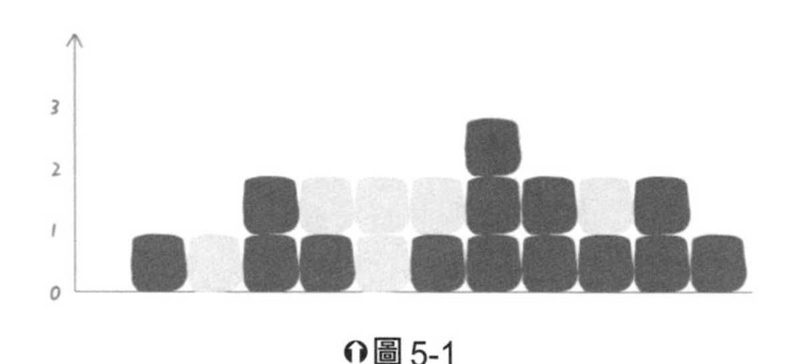

圖 5-1

下面由淺入深介紹暴力解法→備忘錄解法→雙指標解法，在 $O(N)$ 時間、$O(1)$ 空間內解決這個問題。

5.4.1 核心思路

第一次看到這個問題時，無計可施，完全沒有想法，相信很多朋友跟我一樣。對於這種問題，建議不要想著整體，而是局部；就像處理字串問題，不要考慮如何處理整個字串，而是思考怎麼處理每一個字元。

轉個觀念後，便可發現這道題的思路其實很簡單。具體來說，僅僅對於位置 `i`，能夠裝下多少水呢？

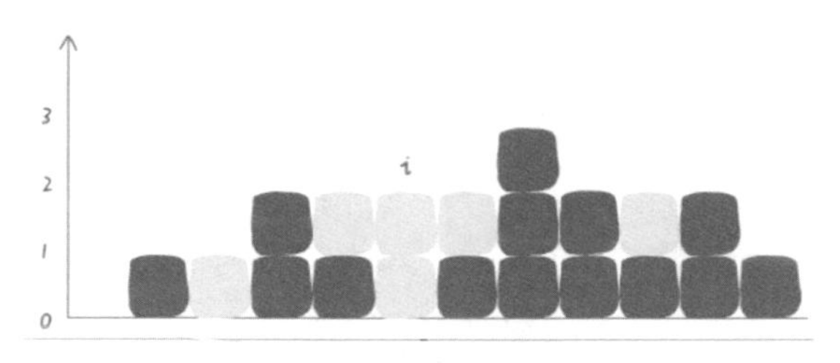

圖 5-2

能裝 2 格水。為什麼恰好是 2 格水呢？因為 `height[i]` 的高度為 0，而這裡最多能裝 2 格水，2-0=2。

為什麼位置 `i` 最多能裝 2 格水呢？因為，位置 `i` 允許達到的水柱高度，和其左邊與右邊的最高柱子有關，分別稱這兩個柱子的高度為 `l_max` 和 `r_max`。**位置 `i` 最大的水柱高度就是 `min(l_max, r_max)`**。

換句話說，對於位置 `i`，最多能夠裝的水為：

```
water[i] = min(
        # 左邊最高的柱子
        max(height[0..i]),
        # 右邊最高的柱子
        max(height[i..n-1])
    ) - height[i]
```

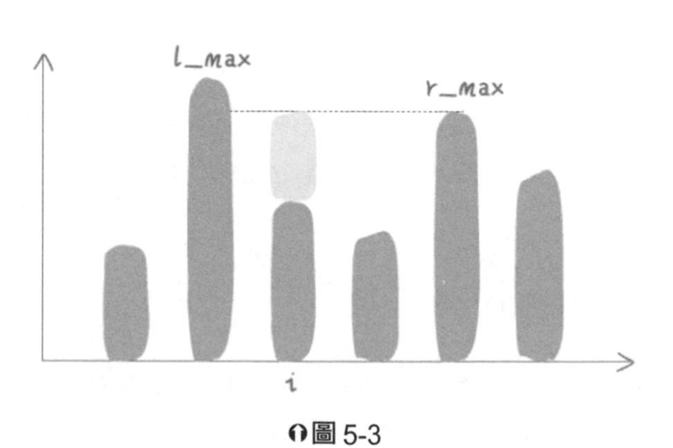

圖 5-3

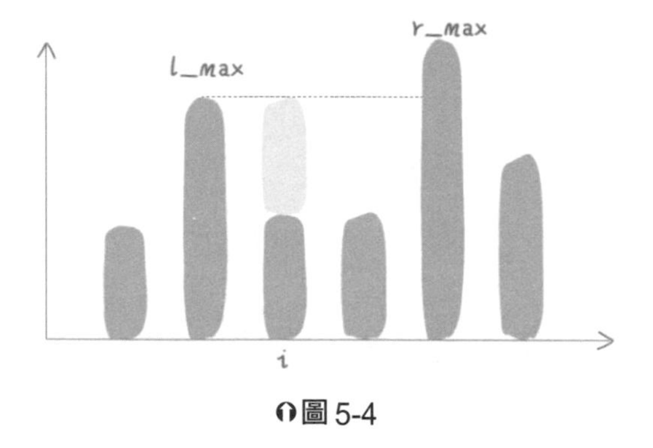

圖 5-4

這就是本問題的核心思路，因此可以簡單撰寫一個暴力演算法：

```
int trap(vector<int>& height) {
    int n = height.size();
    int ans = 0;
    for (int i = 1; i < n - 1; i++) {
        int l_max = 0, r_max = 0;
        // 找右邊最高的柱子
        for (int j = i; j < n; j++)
            r_max = max(r_max, height[j]);
        // 找左邊最高的柱子
        for (int j = i; j >= 0; j--)
            l_max = max(l_max, height[j]);
        // 計算能夠裝的水
        ans += min(l_max, r_max) - height[i];
    }
    return ans;
}
```

按照剛才的思路，這應該是很直接的解法，時間複雜度為 $O(N^2)$，空間複雜度為 $O(1)$。但是很明顯，計算 `r_max` 和 `l_max` 的方式非常笨拙，很容易想到的最佳化方法就是備忘錄。

5.4.2 備忘錄最佳化

之前的暴力解法，不是在每個位置 `i` 都要計算 `r_max` 和 `l_max` 嗎？直接把結果快取下來，不要每次都巡訪，於是時間複雜度就降下來了。

建立兩個**陣列** `r_max` 和 `l_max` 充當備忘錄，有點動態規劃的味道：

`l_max[i]` 表示 `nums[0..i]` 中最高柱子的高度；`r_max[i]` 則是 `nums[i..n-1]` 最高柱子的高度。

預先計算好這兩個陣列，即可避免重覆計算：

```
int trap(vector<int>& height) {
    if (height.empty()) return 0;
    int n = height.size();
    int ans = 0;
    // 陣列充當備忘錄
    vector<int> l_max(n), r_max(n);
    // 初始化base case
    l_max[0] = height[0];
    r_max[n - 1] = height[n - 1];
    // 從左向右計算l_max
    for (int i = 1; i < n; i++)
        l_max[i] = max(height[i], l_max[i - 1]);
    // 從右向左計算r_max
    for (int i = n - 2; i >= 0; i--)
        r_max[i] = max(height[i], r_max[i + 1]);
    // 計算答案
    for (int i = 1; i < n - 1; i++)
        ans += min(l_max[i], r_max[i]) - height[i];
    return ans;
}
```

上述最佳化避免暴力解法的重覆計算，把時間複雜度降為 $O(N)$，已經是最佳解。但是，空間複雜度為 $O(N)$。底下檢視一個精妙點的解法，能將空間複雜度降到 $O(1)$。

5.4.3 雙指標解法

這種解法的思路和前一種完全相同，但是實作手法非常巧妙。此時也不要以備忘錄提前計算，而是利用雙指標**邊走邊算**，節省空間複雜度。

先看一部分程式碼：

```
int trap(vector<int>& height) {
    int n = height.size();
    int left = 0, right = n - 1;
```

```
    int l_max = height[0];
    int r_max = height[n - 1];

    while (left <= right) {
        l_max = max(l_max, height[left]);
        r_max = max(r_max, height[right]);
        left++; right--;
    }
}
```

有個疑問，對於這部分程式碼，`l_max` 和 `r_max` 分別代表什麼意義呢？

很容易理解，**`l_max` 是 `height[0..left]` 中最高柱子的高度，`r_max` 是 `height[right..n-1]` 中最高柱子的高度。**

明白這點後，直接看解法：

```
int trap(vector<int>& height) {
    if (height.empty()) return 0;
    int n = height.size();
    int left = 0, right = n - 1;
    int ans = 0;

    int l_max = height[0];
    int r_max = height[n - 1];

    while (left <= right) {
        l_max = max(l_max, height[left]);
        r_max = max(r_max, height[right]);

        // ans += min(l_max, r_max) - height[i]
        if (l_max < r_max) {
            ans += l_max - height[left];
            left++;
        } else {
            ans += r_max - height[right];
            right--;
        }
    }
    return ans;
}
```

其中的核心觀念和之前一模一樣，換湯不換藥。但是，細心的讀者可能會發現此解法還是有點細節差異：

之前的備忘錄解法，`l_max[i]` 和 `r_max[i]` 代表的是 `height[0..i]` 和 `height[i..n-1]` 的最高柱子高度。

```
ans += min(l_max[i], r_max[i]) - height[i];
```

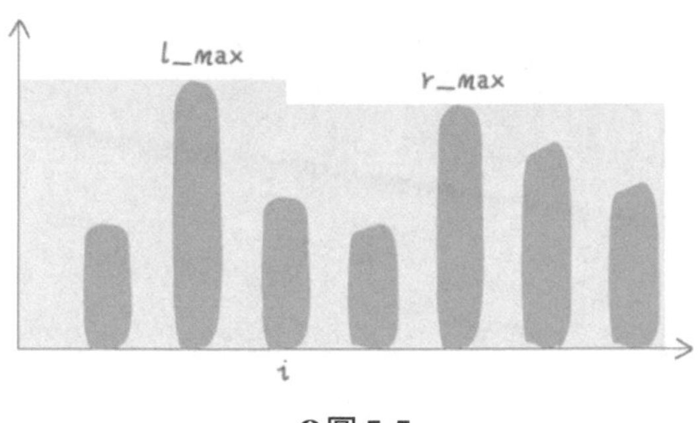

圖 5-5

但在雙指標解法中，`l_max` 和 `r_max` 代表的是 `height[0..left]` 和 `height[right..n-1]` 的最高柱子高度。例如下列程式碼：

```
if (l_max < r_max) {
   ans += l_max - height[left];
   left++;
}
```

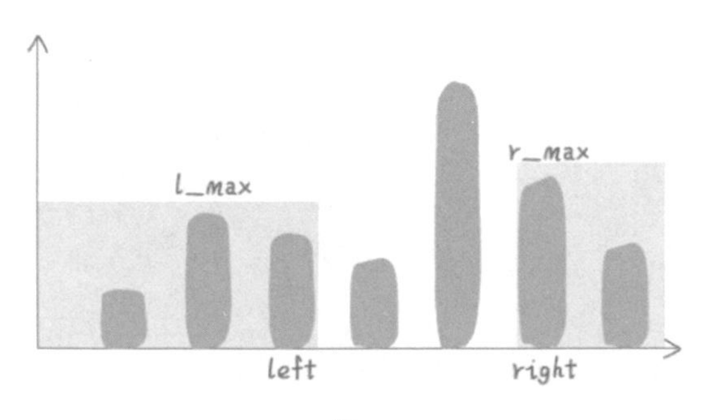

圖 5-6

此時的 `l_max` 是 `left` 指標左邊的最高柱子，但 `r_max` 並不一定是 `left` 指標右邊最高的柱子，這樣真的可以得到正確答案嗎？

其實此問題要這麼思考，一般只在乎 `min(l_max, r_max)`。對於上圖的情況，已知 `l_max < r_max`，至於這個 `r_max` 是不是右邊最大並不重要，重要的是 `height[i]` 能夠裝的水只和 `l_max` 有關。

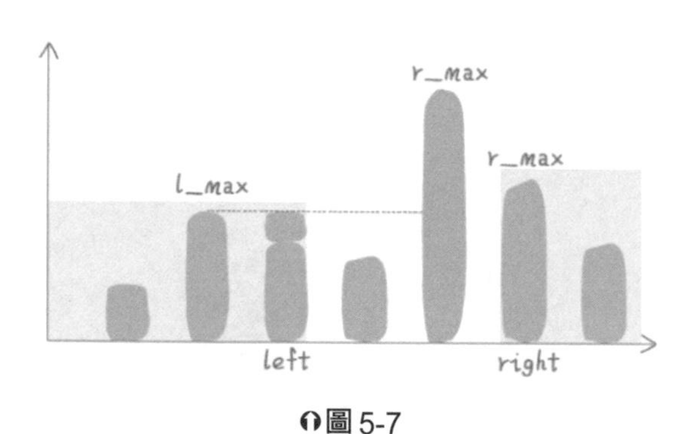

圖 5-7

綜合前言，雙指標解法也完成了，時間複雜度為 $O(N)$，空間複雜度為 $O(1)$。

5.5 如何去除有序陣列的重覆元素

對於陣列來說，在尾部插入、刪除元素比較有效，時間複雜度是 $O(1)$。但是，如果在中間或開頭插入、刪除元素，便會涉及資料的搬移，時間複雜度變為 $O(N)$，效率較低。

因此，對於一般處理陣列的演算法問題，要盡可能只對陣列尾部的元素操作，藉以避免額外的時間複雜度。

首先講解如何對刪除一個有序陣列的重覆資料，題目如下：

輸入一個**有序**的陣列，要求**原地刪除**重覆的元素，使得每個元素只出現一次，並返回去重後新陣列的長度。函數簽章如下：

```
int removeDuplicates(int[] nums);
```

例如輸入 `nums = [0, 1, 1, 2, 3, 3, 4]`，演算法應該返回 5，且 `nums` 的前 5 個元素分別為 `[0, 1, 2, 3, 4]`。至於後面的元素是什麼，一般並不關心。

顯然，由於陣列已經排序，所以重覆的元素一定連在一起，找出它們並不困難。但如果 找到一個重覆元素就立即刪除，亦即在陣列中間進行刪除操作，整體時間複雜度會達到 $O(N^2)$。此外，題目要求原地修改，也就是不能用輔助陣列，空間複雜度應是 $O(1)$。

其實，對於陣列相關的演算法問題，有一個通用的技巧：儘量避免在中間刪除元素，先想辦法把這個元素換到最後。如此一來，最終待刪除的元素都放到陣列尾部，接著一個一個彈出就行了，每次操作的時間複雜度便降低到 $O(1)$。

按照這個想法，又可衍生出解決類似需求的通用方式：雙指標技巧。具體來說，應該是快、慢指標。

讓慢指標 `slow` 走在後面，快指標 `fast` 走在前面探路，找到一個不重覆的元素就填到 `slow` 的位置，並讓 `slow` 前進一步。如此一來，當 `fast` 指標巡訪完整個陣列 `nums` 後，`nums[0..slow]` **便是不重覆元素，之後都是重覆元素。**

```java
int removeDuplicates(int[] nums) {
    int n = nums.length;
    if (n == 0) return 0;
    int slow = 0, fast = 1;
    while (fast < n) {
        if (nums[fast] != nums[slow]) {
            slow++;
            // 維護nums[0..slow]不重覆
            nums[slow] = nums[fast];
        }
        fast++;
    }
    // 長度為索引 + 1
    return slow + 1;
}
```

看一下演算法的執行過程：

nums 0 0 1 2 2 3 3

掃碼看動畫

圖 5-8

再簡單擴充一下，如果給定一個有序鏈結串列，如何刪除重覆資料呢？其實和陣列一模一樣，唯一的區別是把設定陣列值變成操作指標而已：

```java
ListNode deleteDuplicates(ListNode head) {
    if (head == null) return null;
    ListNode slow = head, fast = head.next;
    while (fast != null) {
        if (fast.val != slow.val) {
            // nums[slow] = nums[fast];
            slow.next = fast;
            // slow++
            slow = slow.next;
        }
        // fast++
        fast = fast.next;
    }
```

```
    // 斷開與後面重覆元素的連接
    slow.next = null;
    return head;
}
```

掃碼看動畫

▲圖 5-9

5.6 如何尋找最長迴文子字串

迴文串是面試經常遇到的問題（雖然問題本身沒什麼意義），本節就講解迴文串問題的核心概念。

首先，確認迴文串是什麼：**迴文串就是正著讀和反著讀都一樣的字串。**

例如字串 `aba` 和 `abba` 都是迴文串，因為它們對稱，反過來還是和本身一樣。而字串 `abac` 就不是迴文串。

由此得知，迴文串的長度可能是奇數，或者是偶數，因此增加了迴文串問題的難度，解決該類問題的核心是**雙指標**。

題目很簡單，給定一個字串 `s`，請返回該字串中最長的迴文子字串。

函數簽章如下：

```
string longestPalindrome(string s);
```

例如輸入 `s = acaba`，演算法返回 `aca`，或者返回 `aba` 也是正確的結果。

5.6.1 思考

對於這個問題，首先思考，給定一個字串 `s`，如何在 `s` 中找到一個迴文子字串？

有一個很有趣的想法：既然迴文串是一個正著、反著讀都一樣的字串，那麼如果反轉 `s`，稱為 `s'`，然後在 `s` 和 `s'` 中尋找**最長公用子字串**，應該就能找到最長迴文子字串。

例如字串 `s = abacd`，反過來是 `dcaba`，它們的最長公用子字串是 `aba`，代表最長迴文子字串。

但是上述想法是錯誤的，例如字串 `aacxycaa`，反轉之後是 `aacyxcaa`，最長公用子字串是 `aac`，但是最長迴文子字串應該是 `aa`。

雖然思路不正確，**但是把問題轉化為其他形式的思考方式，十分值得提倡。**

底下便說明正確的思路，如何使用雙指標。

尋找迴文串的核心概念是：從中間開始向兩邊擴散來判斷迴文串。對於最長迴文子字串，意思如下：

```
for 0 <= i < len(s):
    找到以 s[i] 為中心的迴文串
    根據找到的迴文串長度更新答案
```

不過，前面也提到，迴文串的長度可能是奇數或偶數，若為 abba 這種情況，代表沒有一個中心字元，上面的演算法就沒轍了，因此可以修改一下：

```
for 0 <= i < len(s):
    找到以 s[i] 為中心的迴文串
    找到以 s[i] 和 s[i+1] 為中心的迴文串
    更新答案
```

s[i + 1] 的索引可能會越界，具體的程式碼實作中會處理。

5.6.2 程式碼實作

按照上面的思路，首先實作一個函數尋找最長迴文串，此函數有點技巧：

```
// 從 s[l] 和 s[r] 開始向兩端擴散
// 返回以 s[l] 和 s[r] 為中心的最長迴文串
string palindrome(string& s, int l, int r) {
    // 防止索引越界
    while (l >= 0 && r < s.size() && s[l] == s[r]) {
        l--; r++;
    }
    return s.substr(l + 1, r - l - 1);
}
```

為什麼要傳入兩個索引指標 l 和 r 呢？因為這種方式可以同時處理迴文串長度為奇數和偶數的情況：

```
for 0 <= i < len(s):
    # 找到以 s[i] 為中心的迴文串
    palindrome(s, i, i)
    # 找到以 s[i] 和 s[i+1] 為中心的迴文串
```

```
palindrome(s, i, i + 1)
更新答案
```

當 l 和 r 相等時，表示尋找長度為奇數的迴文串；反之則是在找長度為偶數的迴文串。

下面是 longestPalindrome 的完整程式碼：

```
string longestPalindrome(string s) {
    string res;
    for (int i = 0; i < s.size(); i++) {
        // 尋找長度為奇數的迴文子字串
        string s1 = palindrome(s, i, i);
        // 尋找長度為偶數的迴文子字串
        string s2 = palindrome(s, i, i + 1);
        // res = longest(res, s1, s2)
        res = res.size() > s1.size() ? res : s1;
        res = res.size() > s2.size() ? res : s2;
    }
    return res;
}
```

至此，解決了這道最長迴文子字串的問題，時間複雜度為 $O(N^2)$，空間複雜度為 $O(1)$。

還有一種簡單的最佳化，上述解法中 palindrome 函數直接返回子字串，但是建構子字串的操作需要時間和空間。其實可以利用全域變數記錄結果子字串的 start 和 end 索引，palindrome 函數不要直接返回子字串，而是更新 start 和 end 的值，最後再透過 start 和 end 得到結果子字串。不過從 Big O 標記法來看，時間複雜度都一樣。

值得一提的是，本問題可以用動態規劃方法解決，時間複雜度一樣，但是空間複雜度至少要 $O(N^2)$ 儲存 DP table。這道題是少有的、動態規劃非最佳解法的問題。

另外，此問題還有一個巧妙的解法，時間複雜度只有 $O(N)$，不過解法比較複雜，個人認為沒必要掌握。該演算法的名稱叫 Manacher’s Algorithm（馬拉車演算法），有興趣的讀者請自行搜尋。

5.7 如何運用貪婪概念玩跳躍遊戲

可視貪婪演算法為一種特殊的動態規劃問題，擁有一些更特殊的性質，能夠進一步降低動態規劃演算法的時間複雜度。本節便講解兩道經典的貪婪演算法：跳躍遊戲 I 和跳躍遊戲 II。

這兩道題可分別使用動態規劃演算法和貪婪演算法求解，透過實踐，就能更深刻地理解貪婪和動態規劃這兩種演算法的區別和關聯。

5.7.1 跳躍遊戲 I

「跳躍遊戲 I」的難度是 Medium，但實際上比較簡單，首先描述一下題目：

輸入一個非負整數陣列 `nums`，陣列元素 `nums[i]` 代表站在位置 `i` 時，**最多**能夠向前跳幾步。現在站在第一個位置 `nums[0]`，請問能否跳到 `nums` 的最後一個位置？

函數簽章如下：

```
bool canJump(vector<int>& nums);
```

例如輸入 `nums = [2, 3, 1, 1, 4]`，演算法應該返回 true。因為可以從 `nums[0]` 向前跳一步到 `nums[1]`，然後再跳 3 步，於是到達最後一個位置（當然還有其他的跳法）。

再比如輸入 `nums = [3, 2, 1, 0, 4]`，演算法應該返回 false。因為無論如何都會跳到 `nums[3]`，而該位置無法前進，所以永遠不會跳到最後一個位置。

不知道讀者有沒有發現，有關動態規劃的問題，大多是求極值的，例如最長遞增子序列、最小編輯距離、最長公用子序列等。這就是規律，因為動態規劃本身就是運籌學裡一種求極值的演算法。

那麼，作為特殊的動態規劃法，貪婪演算法也是一樣，一定是求一個極值。雖然題目表面上不是求極值，但是可以修改一下：

請問透過題目的跳躍規則，最多能跳多遠？如果能夠越過最後一格，便返回 true，否則返回 false。

所以，這道題肯定可以用動態規劃求解。但由於比較簡單，下一題再以動態規劃和貪婪概念進行比較，現在直接瀏覽貪婪的思路：

```
bool canJump(vector<int>& nums) {
    int n = nums.size();
    int farthest = 0;
    for (int i = 0; i < n - 1; i++) {
        // 不斷計算能跳到的最遠距離
        farthest = max(farthest, i + nums[i]);
        // 可能碰到 0，卡住跳不動了
        if (farthest <= i) return false;
    }
    return farthest >= n - 1;
}
```

如果之前沒有做過類似的題目，真不一定能夠想出這種解法。每一步都計算從目前位置最遠能夠跳到哪裡，然後和一個全域最佳的最遠位置 `farthest` 做比較。透過每一步的最佳解，更新全域最佳解，這就是貪婪法。

很簡單吧？請記住這題的思路，再看第二題，就會發現事情沒有這麼簡單……

5.7.2 跳躍遊戲 II

「跳躍遊戲 II」也是在陣列上跳躍，不過難度是 Hard。

輸入依然是 `nums` 陣列，`nums[i]` 代表位置 `i` 最多能夠跳躍的步數，**現在確保一定可以跳到最後一格，請問最少要跳多少次才能跳過去**？

函數簽章如下：

```
int jump(vector<int>& nums);
```

例如輸入 `nums = [2, 3, 1, 1, 4]`，演算法應該返回 2，先從 `nums[0]` 跳 1 步到 `nums[1]`，然後再跳 3 步，直接到最後的位置。當然還有其他的跳法，但跳躍次數都大於 2，所以，**並不是每次跳得越多就越好**。

遇到這種問題，肯定要考慮動態規劃的思路。根據**「1.2　動態規劃解題範本框架」**一節的動態規化框架，問題的「狀態」就是站立的索引位置`p`，「選擇」代表可以跳躍的步數，從0到`nums[p]`。

如果採用自上而下的遞迴動態規劃，`dp`函數的定義如下：

```
// 定義：從索引 p 跳到最後一格，至少需要 dp(nums, p) 步
int dp(vector<int>& nums, int p);
```

求解的結果就是`dp(nums, 0)`，base case是當`p`超過最後一格時，便不需要跳躍：

```
if (p >= nums.size() - 1) {
    return 0;
}
```

暴力列舉所有可能的跳法，透過備忘錄`memo`消除重疊子問題，取其中的最小值作為最終答案：

```
// 備忘錄
vector<int> memo;
/* 主函數 */
int jump(vector<int>& nums) {
    int n = nums.size();
    // 備忘錄都初始化為 n，相當於 INT_MAX
    // 因為從 0 跳到 n - 1，不會超過 n - 1 步
    memo = vector<int>(n, n);
    return dp(nums, 0);
}

/* 返回從索引 p 跳到最後一格需要的最少步數 */
int dp(vector<int>& nums, int p) {
    int n = nums.size();
    // base case
    if (p >= n - 1) {
        return 0;
    }
    // 已經計算過子問題
    if (memo[p] != n) {
        return memo[p];
```

```
    }
    int steps = nums[p];
    // 列舉每一個選擇
    // 可以選擇跳 1 步，2 步，...nums[p] 步
    for (int i = 1; i <= steps; i++) {
        // 計算每一個子問題的結果
        int subProblem = dp(nums, p + i);
        // 取其中最小的作為最終結果
        memo[p] = min(memo[p], subProblem + 1);
    }
    return memo[p];
}
```

演算法的時間複雜度是遞迴深度 × 每次遞迴需要的時間複雜度，即 $O(N^2)$，在 LeetCode 上提交後，無法通過所有案例，會逾時。

貪婪演算法比動態規劃多了一個特性：貪婪選擇性質。大家都不喜歡閱讀嚴謹且枯燥的數學形式定義，那麼就直觀地看一下什麼樣的問題滿足貪婪選擇性質。

剛才的動態規劃思路，便是列舉所有子問題，然後取其中最小的作為結果，核心的程式碼框架如下：

```
int steps = nums[p];
// 可以選擇跳 1 步，2 步...
for (int i = 1; i <= steps; i++) {
    // 計算每一個子問題的結果
    int subProblem = dp(nums, p + i);
    res = min(subProblem + 1, res);
}
```

for 迴圈會陷入遞迴計算子問題，這是動態規劃時間複雜度高的根本原因。但是，真的需要「遞迴地」計算每一個子問題的結果，然後求極值嗎？

直觀地思考一下，似乎不需要遞迴，只需判斷哪一個選擇最具有「潛力」即可：

例如下圖的情況，站在索引 0 的位置，可以選擇向前跳 1、2 或 3 步，那麼應該選擇跳幾步呢？

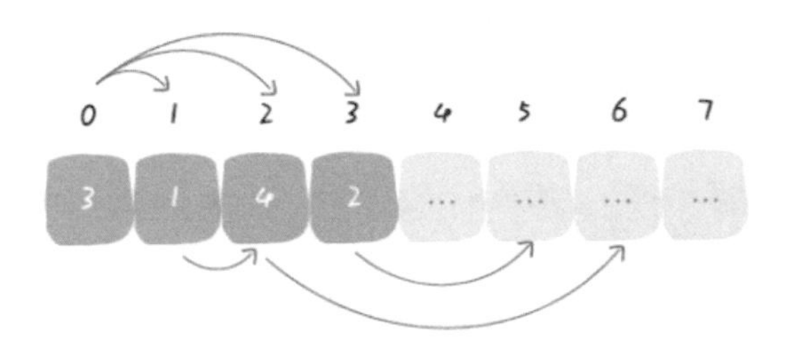

圖 5-10

動態規劃演算法的策略是：把這三種「選擇」的結果全都透過遞迴計算出來，然後比較取最小的結果。

但是，稍加觀察後就能發現，**顯然應該跳 2 步到 `nums[2]`，因為它的可跳躍區域涵蓋索引區間 `[3..6]`，比其他的範圍都大。**如果想求最少的跳躍次數，那麼跳往索引 2 必然是最佳的選擇。

這就是貪婪選擇性質，不需要「遞迴地」計算出所有選擇的具體結果，然後比較求極值，只需做出最有「潛力」、看起來最佳的選擇即可。

理解上述概念後，程式碼如下所示：

```
int jump(vector<int>& nums) {
    int n = nums.size();
    // 站在索引 i，最多能跳到索引 end
    int end = 0;
    // 從索引 [i..end] 起跳，最遠能到達的距離
    int farthest = 0;
    // 記錄跳躍次數
    int jumps = 0;
    for (int i = 0; i < n - 1; i++) {
        farthest = max(nums[i] + i, farthest);
        if (end == i) {
            jumps++;
            end = farthest;
        }
    }
    return jumps;
}
```

結合前一頁的圖，就知道這段短小精悍的程式碼的功用：

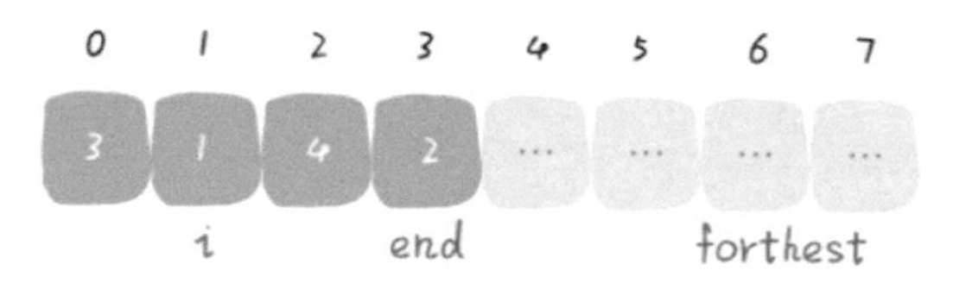

圖 5-11

`i` 和 `end` 限定可以選擇的跳躍步數，`farthest` 標記所有選擇 `[i..end]` 中能夠跳到的最遠距離，`jumps` 則記錄跳躍次數。

本演算法的時間複雜度為 $O(N)$，空間複雜度為 $O(1)$，可説是非常有效，動態規劃演算法只能自歎不如了。

至此，兩道跳躍問題都使用貪婪演算法解決。

其實，貪婪選擇性質是有嚴格的數學證明，有興趣的讀者不妨參考《演算法導論》第 16 章，有專門一個章節介紹貪婪演算法。這裡礙於篇幅和通俗性，就不展開了。

貪婪演算法的實際應用非常多，例如霍夫曼編碼便是一個經典的貪婪演算法應用。大多數運用貪婪演算法可能不是求最佳解，而是求次佳解以節約時間，諸如經典的旅行推銷員問題。

不過常見的貪婪演算法題目，正如本節的題目一般，大多一眼就能看出來。大不了先以動態規劃求解，如果動態規劃都逾時，説明該問題肯定存在貪婪選擇性質。

5.8 如何運用貪婪演算法做時間管理

什麼是貪婪演算法（又稱貪心演算法）呢？可將其視為動態規劃演算法的一個特例，相較動態規劃，貪婪演算法需要滿足更多的條件（貪婪選擇性質），但是效率比動態規劃要好。

例如一個演算法問題使用暴力解法需要指數級時間，如果改用動態規劃消除重疊子問題，就可降到多項式級別的時間；如果滿足貪婪選擇性質，還可進一步降低時間複雜度，達到線性級別。

什麼是貪婪選擇性質呢？簡單來說：每一步都做出一個局部最佳的選擇，最終的結果便是全域最佳。請注意，這是一種特殊性質，實際上只有一部分問題擁有此性質。

例如面前放著一百張紙鈔，只允許拿十張，怎樣才能拿到最多的面額？顯然每次選擇鈔票中面值最大的一張，最後一定是最佳的結果。

然而，大部分問題通常不具有貪婪選擇性質。諸如玩「鬥地主」，對手出對三，按照貪婪策略，應該出盡可能小的牌剛好壓制對方，但現實情況甚至可能會打出王炸。這種情況就不能採用貪婪演算法，而是以動態規劃解決。

5.8.1 問題概述

言歸正傳，本節解決一個十分經典的貪婪演算法問題 Interval Scheduling（區間調度問題）。給定很多形如 `[start, end]` 的閉區間，請設計一種演算法，**計算這些區間中最多有幾個互不相交的區間。**函數簽章如下：

```
int intervalSchedule(int[][] intvs);
```

舉例來說，`intvs = [[1, 3], [2, 4], [3, 6]]`，這些區間最多有 2 個區間互不相交，即 `[[1, 3], [3, 6]]`，因此演算法應該返回 2。請注意，邊界相同並不算相交。

這類問題在生活中的應用廣泛，好比今天有好幾個活動，每個活動都能用區間 `[start, end]` 表示開始和結束的時間，請問今天**最多能參加幾個活動呢**？顯然一個人不能同時參加兩個活動，所以這個問題等同於求這些時間區間的最大不相交子集。

5.8.2 貪婪解法

這個問題有許多看起來不錯的貪婪思路，卻都無法得到正確答案。例如，也許可以每次選擇可選區間中最早開始的那個？不過可能存在某些區間開始很早，但是很長，使得陰錯陽差地錯過一些短區間。或者每次選擇可選區間中最短的那個？選擇出現衝突最少的區間？這些方案都很容易舉出反例，不是正確的方案。

其實正確的思路很簡單，分為以下三步：

1 從區間集合 `intvs` 選擇一個區間 `x`，代表目前所有區間中**結束最早的**（`end` 最小）。

2 把所有與 `x` 區間相交的區間，從區間集合 `intvs` 中刪除。

3 重覆步驟 1 和步驟 2，直到 `intvs` 為空。之前選出的那些 `x`，便是最大不相交子集。

把上述思路實作成演算法的話，可以按照每個區間的 `end` 數值昇冪排序，這樣處理之後實現步驟 1 和步驟 2 都方便很多：

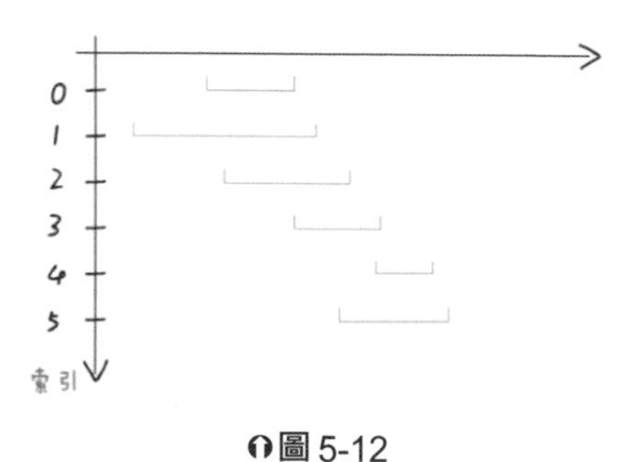

圖 5-12

現在實作演算法，對於步驟 1 而言，很容易選擇 `end` 最小的 `x`。關鍵在於，如何去除與 `x` 相交的區間，以選擇下一輪迴圈的 `x` 呢？

由於事先已排序，不難發現所有與 `x` 相交的區間，必然會與 `x` 的 `end` 相交；**如果一個區間不想與 `x` 的 `end` 相交，其 `start` 必須大於（或等於）`x` 的 `end`：**

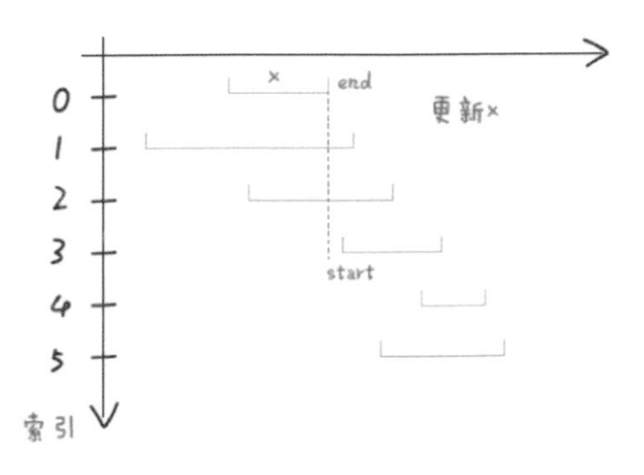

圖 5-13

程式碼如下：

```
int intervalSchedule(int[][] intvs) {
   if (intvs.length == 0) return 0;
   // 按照end昇冪排序
   Arrays.sort(intvs, new Comparator<int[]>() {
      public int compare(int[] a, int[] b) {
         return a[1] - b[1];
      }
   });
   // 至少有一個區間不相交
   int count = 1;
   // 排序後，第一個區間就是x
   int x_end = intvs[0][1];
   for (int[] interval : intvs) {
      int start = interval[0];
      if (start >= x_end) {
         // 找到下一個選擇的區間
         count++;
         x_end = interval[1];
      }
   }
   return count;
}
```

5.8.3 應用範例

下面列舉幾道具體的題目，以便應用區間調度演算法。

首先是「無重疊區間」問題：

輸入一個區間的集合，若想使其中的區間互不重疊，請計算至少需要移除幾個區間？

函數簽章如下：

```
int eraseOverlapIntervals(int[][] intvs);
```

其中，假設輸入區間的終點總是大於起點，另外邊界相等的區間只算接觸，不算相互重疊。

例如輸入 `intvs = [[1, 2], [2, 3], [3, 4], [1, 3]]`，演算法返回 1，因為只要移除 `[1, 3]`，剩下就沒有重疊的區間了。

透過剛才對區間調度問題的分析，我們已經會求「最多有幾個區間不會重疊」，剩下的不就是至少需要去除的區間嗎？

可直接重用 `intervalSchedule` 函數得到解法：

```
int eraseOverlapIntervals(int[][] intervals) {
    int n = intervals.length;
    return n - intervalSchedule(intervals);
}
```

再說一個問題「用最少的箭射破氣球」，先描述一下題目：

假設二維平面上有很多圓形的氣球，這些圓形投影到 x 軸時會形成一個區間。那麼，請輸入這些區間，沿著 x 軸前進，可以垂直向上射箭，請問至少要射幾箭，才能射破全部的氣球呢？

函數簽章如下：

```
int findMinArrowShots(int[][] intvs);
```

例如輸入 `[[10, 16], [2, 8], [1, 6], [7, 12]]`，演算法應該返回 2。因為可以在 `x` 為 6 的地方射一箭，射破 `[2, 8]` 和 `[1, 6]` 兩個氣球，然後在 `x` 為 10、11 或 12 的地方射一箭，射破 `[10, 16]` 和 `[7, 12]` 兩個氣球。

其實稍微思考一下，這個問題和區間調度演算法一模一樣！如果最多有 `n` 個不重疊的區間，那麼至少便需要 `n` 把箭穿透所有區間：

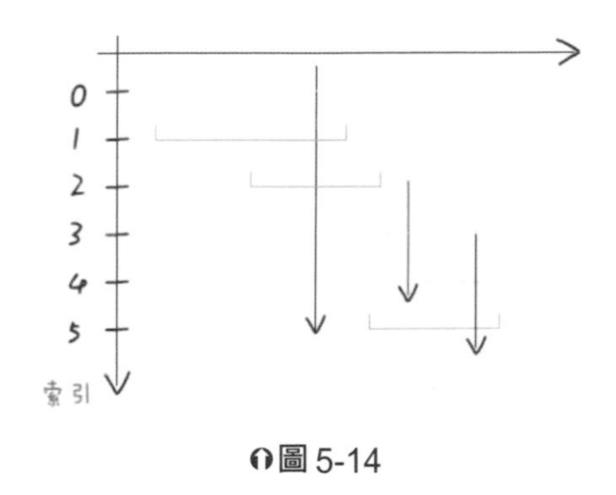

圖 5-14

只是有一點不同，在 `intervalSchedule` 演算法中，如果兩個區間的邊界觸碰，並不算重疊；而按照本道題目的描述，如果飛箭碰到氣球的邊界也會爆炸，亦即區間的邊界觸碰也算重疊：

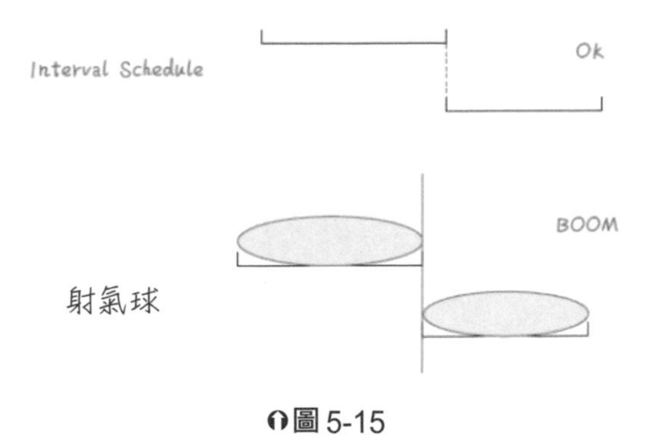

圖 5-15

因此，只要稍為修改之前的 `intervalSchedule` 演算法，就是這道題目的答案：

```
int findMinArrowShots(int[][] intvs) {
    if (intvs.length == 0) return 0;
    Arrays.sort(intvs, new Comparator<int[]>() {
        public int compare(int[] a, int[] b) {
            return a[1] - b[1];
        }
    });
```

```
    int count = 1;
    int end = intvs[0][1];
    for (int[] interval : intvs) {
        int start = interval[0];
        // 把 >= 改成 > 就行了
        if (start > x_end) {
            count++;
            x_end = interval[1];
        }
    }
    return count;
}
```

5.9 如何判斷括弧合法性

括弧的合法性判斷是一個很常見且實用的問題，例如程式碼中，編輯器和編譯器都會檢查括弧是否正確閉合。此外，程式碼可能會包含三種括弧 `[](){}`，判斷起來有一點難度。

本節講解一道關於判斷括弧合法性的演算法問題，相信能夠加深**堆疊**資料結構的理解。

輸入一個字串，其中包含 `[](){}` 六種括弧，請判斷由這個字串組成的括弧是否合法，函數簽章如下：

```
bool isValid(string s);
```

例如輸入 `s = "()[]{}"`，函數返回 true；而輸入 `s = "([)]"`，函數返回 false，因為 `s` 不是一串合法的括弧組合。

解決這個問題之前，先降低難度，請思考，**如果只有一種括弧** `()`，應該如何判斷字串組成的括弧是否合法呢？

5.9.1 處理一種括弧

字串中只有小括號，如果想讓該字串合法，必須做到：

每個右括弧 `)` 的左邊，必須有一個左括弧 `(` 和它對應。

例如字串 `()))((` 中，連續的三個右括弧**左邊**就沒有足夠的左括弧，所以這是不合法的括弧組合。

根據上述思路，便可寫出演算法：

```
bool isValid(string str) {
    // 待匹配的左括弧數量
    int left = 0;
    for (char c : str) {
        if (c == '(')
            left++;
        else // 遇到右括弧
```

```
            left--;

        if (left < 0)
            return false;
    }
    return left == 0;
}
```

如果只有小括號，這樣就能正確判斷合法性。對於三種括弧的情況，一開始本想模仿前述邏輯，定義三個變數 `left1`、`left2`、`left3` 分別處理每種括弧，雖然得多寫不少 if else 分支，但是似乎可以解決問題。

實際上，直接照搬這種邏輯並不可行。例如只有一個括弧的情況下，`(())` 是合法的，但在多種括弧的情況下，`[(])` 顯然不合法。

僅記錄每種左括弧出現的次數，已經無法做出正確的判斷，必須加大儲存的資訊量，因此可以利用堆疊模仿類似的思路。

5.9.2 處理多種括弧

堆疊是一種先進後出的資料結構，處理括弧問題的時候特別有用。

這道題就以一個名為 `left` 的堆疊代替之前的 `left` 變數，遇到左括弧就推入堆疊，**遇到右括弧便去堆疊尋找最近的左括弧，看是否匹配。**

```
bool isValid(string str) {
    stack<char> left;
    for (char c : str) {
        if (c == '(' || c == '{' || c == '[') {
            // 左括弧直接推入堆疊
            left.push(c);
        } else {
            // 字元 c 是右括弧
            if (!left.empty() && leftOf(c) == left.top())
                left.pop();
            else
                // 和最近的左括弧不匹配
                return false;
        }
    }
```

```
    // 是否都比對了所有的左括弧
    return left.empty();
}

// 返回對應的左括弧類型
char leftOf(char c) {
    if (c == '}') return '{';
    if (c == ')') return '(';
    return '[';
}
```

如此一來，無論有幾種不同的括弧類型，都能正確判斷括弧組合的合法性。

5.10 如何調度考生的座位

855. 考場就座

此為 LeetCode 第 855 題「考場就座」，有趣且具備一定技巧性。這種題目不像動態規劃演算法拼智商，而是考驗對常用資料結構的理解和撰寫程式碼的水準。

實際上，演算法框架就是慢慢從細節裡琢磨而出。即使能夠看明白演算法邏輯，也得親自實踐才行，紙上得來終覺淺，絕知此事要躬行。

先描述一下題目：假設有一個考場，其內有一排共`N`個座位，索引分別是`[0..N-1]`。考生會**陸續**進入考場考試，並且可能在**任何時候**離開考場。

身為考官，必須安排考生的座位，以滿足：**每當一個學生進場時，需要最大化他和最近其他人的距離；如果有多個滿足條件的座位**，便安排他到索引最小的那個。這很符合實際情況吧？

亦即，請實作下面的類別：

```
class ExamRoom {
    // 建構子，傳入座位總數 N
    public ExamRoom(int N);
    // 進來一名考生，返回分配的座位
    public int seat();
    // 坐在 p 位置的考生離開了
    public void leave(int p);
}
```

例如考場有 5 個座位，分別是`[0..4]`：

第一名學生進入時（呼叫`seat()`），坐在任何位置都行，但是要安排索引最小的位置，也就是返回位置 0。

第二名學生進入時（再呼叫`seat()`），要和旁邊的人距離最遠，也就是返回位置 4。

第三名學生進入時，要和旁邊的人距離最遠，應該坐到中間，也就是座位 2。

如果再進來一名學生，他可以坐在座位 1 或者 3，取較小的索引 1。

餘依此類推。

剛才所說的情況，並未呼叫 `leave` 函數，不過讀者肯定能夠發現規律：

若將每兩個相鄰的考生視為線段的兩個端點，新安排考生就是找最長的線段，然後讓他在中間把這個線段「二分」，中點便是分配的座位。其實 `leave(p)` 就是去除端點 `p`，使得相鄰的兩個線段合併為一個。

核心思路很簡單，所以這個問題實際上是在考察針對資料結構的理解。對於上述邏輯，該用什麼資料結構來實作呢？

5.10.1 思路分析

根據上述分析得知，首先要把坐在考場裡的學生抽象成線段，簡單地將一個大小為 2 的陣列儲存線段的兩個端點索引，視其為一條線段。

另外，找到「最長」的線段，還得去除線段、增加線段等。

舉凡遇到在動態過程取極值的要求，肯定要使用有序資料結構，常用的資料結構是二元堆積和平衡二元搜尋樹。二元堆實現的優先順序佇列取極值的時間複雜度是 $O(\log N)$，但是只能刪除最大值。平衡二元樹也可以取極值，或者修改、刪除任意一個值，而且時間複雜度都是 $O(\log N)$。

綜合前言，二元堆積不能滿足 `leave` 操作，應該使用平衡二元樹。因此這裡將採用 Java 的一種資料結構 `TreeSet`，這是一種有序資料結構，底層由紅黑樹（一種平衡二元搜尋樹）維護有序性。

順道一提，一講到集合（Set）或者映射（Map），有些讀者可能就想當然耳地認為是雜湊集合（HashSet）或雜湊映射（HashMap），這種理解方式不正確。

因為雜湊集合/映射底層是由雜湊函數和陣列實作，特性是巡訪無固定順序，但是操作效率高，時間複雜度為 $O(1)$。

而集合/映射還能依賴其他底層資料結構，最常見的就是紅黑樹，特性是自動維護其中元素的順序，操作效率是 $O(\log N)$。一般稱其為「有序集合/映射」。

本節使用的 `TreeSet` 便是一個有序集合，目的是保持線段長度的有序性，以快速找尋最大線段、快速刪除和插入。

5.10.2 簡化問題

首先，如果有多個可選座位，需要選擇索引最小的座位。**先簡化一下問題，暫時忽略此要求**，以實作上述邏輯。

本問題還用到一個常用的程式設計技巧，亦即以一個「虛擬線段」正確啟動演算法，這就和鏈結串列相關的演算法要求「虛擬頭節點」同一個道理。

```
// 將端點 p 映射到以 p 為左端點的線段
private Map<Integer, int[]> startMap;
// 將端點 p 映射到以 p 為右端點的線段
private Map<Integer, int[]> endMap;
// 根據線段長度，從小到大存放所有線段
private TreeSet<int[]> pq;
private int N;

public ExamRoom(int N) {
    this.N = N;
    startMap = new HashMap<>();
    endMap = new HashMap<>();
    pq = new TreeSet<>((a, b) -> {
        // 算出兩個線段的長度
        int distA = distance(a);
        int distB = distance(b);
        // 長度更長的排後面
        return distA - distB;
    });
    // 在有序集合中先放一個虛擬線段
    addInterval(new int[] {-1, N});
}

/* 去除線段 */
private void removeInterval(int[] intv) {
    pq.remove(intv);
    startMap.remove(intv[0]);
    endMap.remove(intv[1]);
}

/* 增加線段 */
private void addInterval(int[] intv) {
    pq.add(intv);
```

```java
    startMap.put(intv[0], intv);
    endMap.put(intv[1], intv);
}

/* 計算線段的長度 */
private int distance(int[] intv) {
    return intv[1] - intv[0] - 1;
}
```

實際上，「虛擬線段」就是為了將所有座位表示為線段：

圖 5-16

有了上述基本，便可寫出主要 API `seat` 和 `leave`：

```java
public int seat() {
    // 從有序集合取出最長的線段
    int[] longest = pq.last();
    int x = longest[0];
    int y = longest[1];
    int seat;
    if (x == -1) {
        // 情況一，最左邊沒人的話肯定坐最左邊
        seat = 0;
    } else if (y == N) {
        // 情況二，最右邊沒人的話肯定坐最右邊
        seat = N - 1;
    } else {
        // 情況三，不是邊界的話，就坐中間
        // 這是 (x + y) / 2 的防溢出寫法
        seat = (y - x) / 2 + x;
    }
    // 將最長的線段分成兩段
    int[] left = new int[] {x, seat};
    int[] right = new int[] {seat, y};
    removeInterval(longest);
```

```java
        addInterval(left);
        addInterval(right);
        return seat;
    }

    public void leave(int p) {
        // 找出p左右的線段
        int[] right = startMap.get(p);
        int[] left = endMap.get(p);
        // 將兩條線段合併為一條
        int[] merged = new int[] {left[0], right[1]};
        // 刪除舊線段，插入新線段
        removeInterval(left);
        removeInterval(right);
        addInterval(merged);
    }
```

圖 5-17

至此，基本上已完成演算法，程式碼雖多，但思路很簡單：找出最長的線段，從中間分隔成兩段，中點就是 `seat()` 的返回值；找出 `p` 的左右線段，合併成一條線段，即為 `leave(p)` 的邏輯。

5.10.3 進階問題

但是，題目要求多個座位時，選擇索引最小的那個。剛才忽略了這個問題，導致下面的情況會出錯：

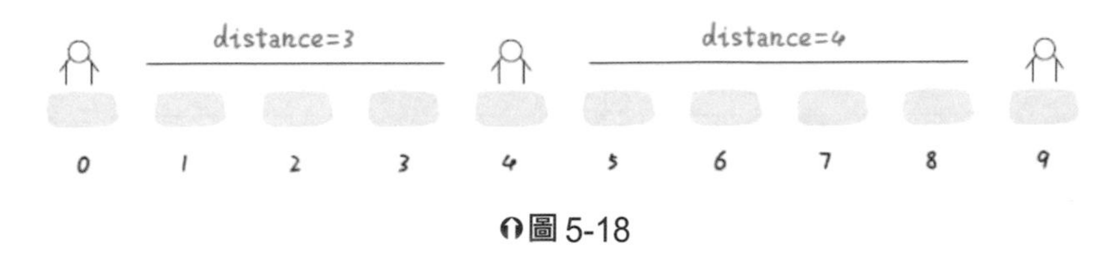

圖 5-18

現在有序集合裡有線段 `[0, 4]` 和 `[4, 9]`，最長線段 `longest` 為後者，按照 `seat` 的邏輯，就會分割 `[4, 9]`，亦即返回座位 6。但正確答案應該是座位 2，因為 2 和 6 都滿足最大化相鄰考生距離的條件，應該取較小的 2。

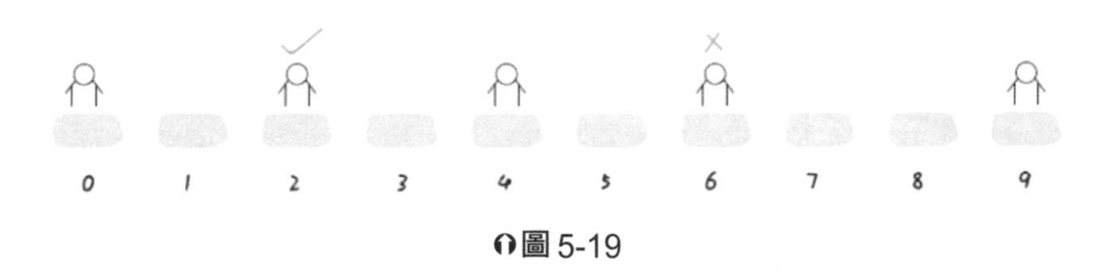

圖 5-19

遇到這種題目的要求，解決方式便是修改有序資料結構的排序方式。具體來說，就是修改 `TreeMap` 的比較函數邏輯：

```
pq = new TreeSet<>((a, b) -> {
    int distA = distance(a);
    int distB = distance(b);
    // 如果長度相同，就比較索引
    if (distA == distB)
        return b[0] - a[0];
    return distA - distB;
});
```

此外，還得修改 `distance` 函數，**不能簡單地計算一條線段兩個端點間的長度，而是計算該線段中點和端點之間的長度。**

```
private int distance(int[] intv) {
    int x = intv[0];
    int y = intv[1];
    if (x == -1) return y;
    if (y == N) return N - 1 - x;
    // 中點和端點之間的長度
    return (y - x) / 2;
}
```

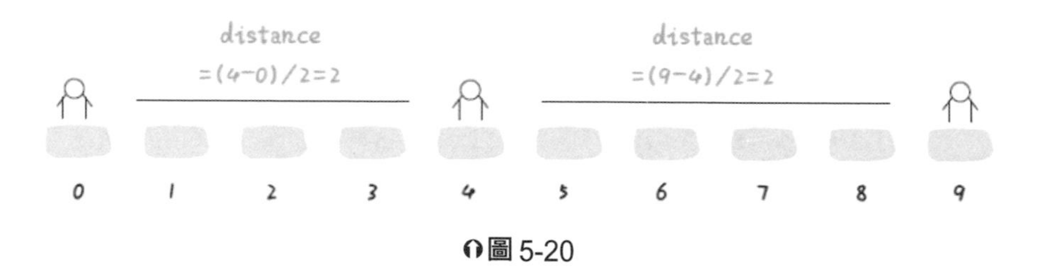

圖 5-20

如此一來，`[0, 4]`和`[4, 9]`的`distance`值相等，演算法會比較二者的索引，並取較小的線段進行分割。至此，這道題目算是完全解決。

5.10.4　最後總結

本節的問題其實並不困難，雖然程式碼很多，核心問題就是考察有序資料結構的理解和用途，下面梳理一下。

處理動態問題一般會使用有序資料結構，例如平衡二元搜尋樹和二元堆積，二者的時間複雜度差不多，但前者支援更多的操作。

既然平衡二元搜尋樹這麼好用，那麼二元堆積有何用處呢？二元堆積底層就是陣列，實作簡單，例如試試紅黑樹？但內部維護比較複雜，而且消耗的空間相對會多一些。具體問題，建議選擇最簡單有效的資料結構來解決。

5.11 Union-Find 演算法詳解

本節講解 Union-Find 演算法，也就是常說的併查集演算法，主要是解決圖論的「動態連通性」問題。名詞很厲害，其實特別容易理解，將詳述於後文。此外，該演算法的應用都非常有趣。

廢話不多說，直接上菜，先解釋什麼叫做動態連通性。

5.11.1 問題描述

簡單來說，動態連通性可以抽象成對一張圖連線。例如下圖，總共有 10 個節點，彼此互不相連，分別以 0~9 標記：

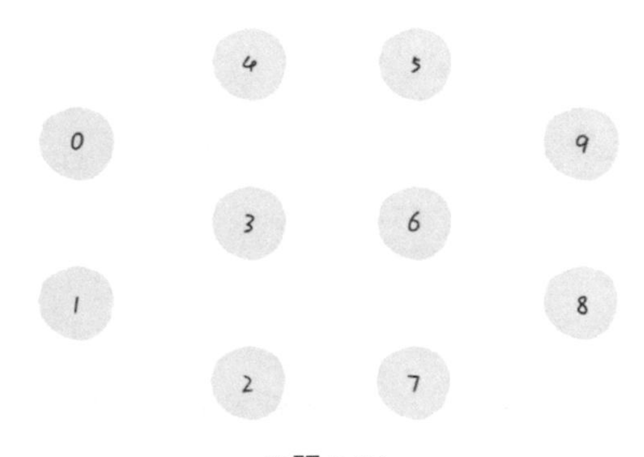

圖 5-21

Union-Find 演算法主要實作兩個 API：

```
class UnionFind {
    /* 將p和q連接 */
    public void union(int p, int q);
    /* 判斷p和q是否連通 */
    public boolean connected(int p, int q);
    /* 返回圖中有多少個連通分量 */
    public int count();
}
```

這裡的「連通」是一種等價關係，亦即具有下列三個性質：

1. 自反性：節點`p`和`p`是連通的。
2. 對稱性：如果節點`p`和`q`連通，代表`q`和`p`也連通。
3. 傳遞性：如果節點`p`和`q`連通，`q`又和`r`連通，那麼`p`和`r`也連通。

以上一張圖為例，0~9 任意兩個不同的點都不連通，呼叫`connected`都會返回 false，連通分量為 10 個。

如果現在呼叫`union(0, 1)`，代表連通 0 和 1，連通分量降為 9 個。

再呼叫`union(1, 2)`，這時 0、1、2 都被連通，呼叫`connected(0, 2)`也會返回 true，連通分量變為 8 個。

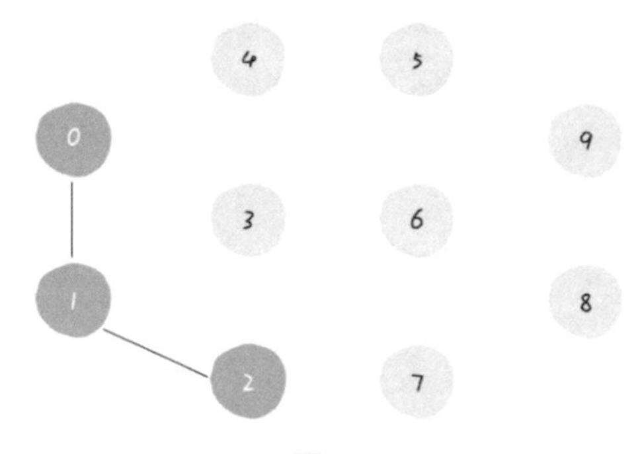

圖 5-22

判斷這種「等價關係」非常實用，例如編譯器判斷同一個變數的不同參照，或者社群網路的朋友圈計算等等。

應該大概明白什麼是動態連通性，Union-Find 演算法的關鍵就是`union`和`connected`函數的效率。那麼，該採用什麼模型表示這張圖的連通狀態呢？以什麼資料結構實作程式碼？

5.11.2 基本思路

請注意，上文把「模型」和具體的「資料結構」分隔開，這是有原因的。因為文內將以森林（若干棵樹）表示圖的動態連通性，並以陣列具體實作此森林。

怎麼用森林表示連通性？設定樹的每個節點有一個指標指向其父節點，若為根節點的話，這個指標便指向自己。例如剛才那張 10 個節點的圖，一開始的時候沒有相互連通，如下所示：

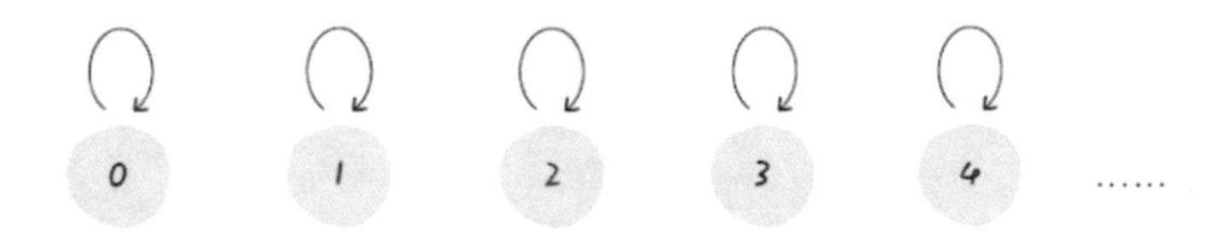

圖 5-23

```
class UnionFind {
    // 記錄連通分量
    private int count;
    // 節點 x 的父節點是 parent[x]
    private int[] parent;

    /* 建構子，n 為圖的節點總數 */
    public UnionFind(int n) {
        // 一開始互不連通
        this.count = n;
        // 父節點指標初始指向自己
        parent = new int[n];
        for (int i = 0; i < n; i++)
            parent[i] = i;
    }
    /* 其他函數 */
}
```

如果連通某兩個節點，則讓其中（任意）一個節點的根節點，接到另一個節點的根節點上：

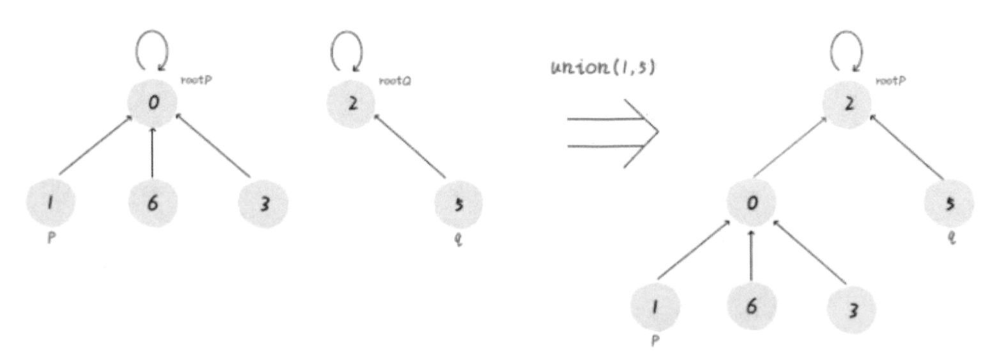

圖 5-24

```java
public void union(int p, int q) {
    int rootP = find(p);
    int rootQ = find(q);
    if (rootP == rootQ)
        return;
    // 將兩棵樹合併為一棵
    // parent[rootQ] = rootP 也可以
    parent[rootP] = rootQ;
    // 兩個分量二合為一
    count--;
}

/* 返回某個節點 x 的根節點 */
private int find(int x) {
    // 根節點的 parent[x] == x
    while (parent[x] != x)
        x = parent[x];
    return x;
}

/* 返回目前的連通分量個數 */
public int count() {
    return count;
}
```

如此一來，如果連通節點 p 和 q 的話，它們一定擁有相同的根節點：

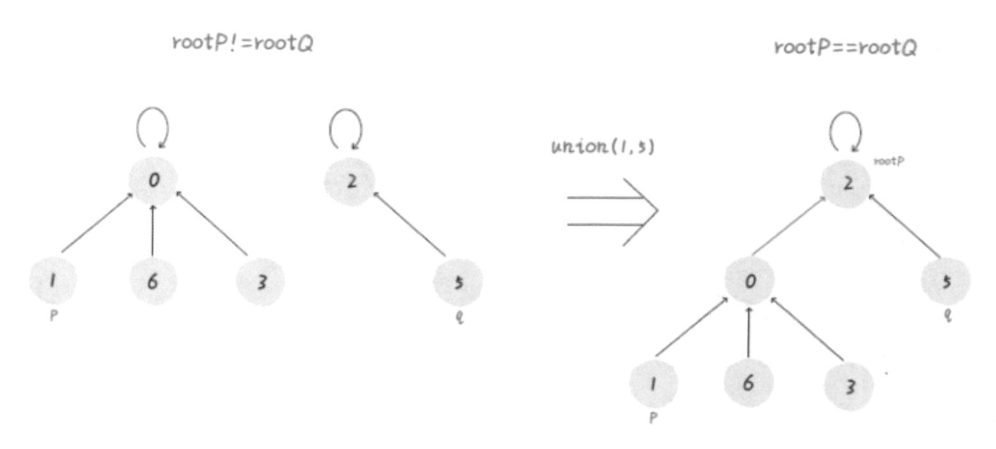

圖 5-25

```
public boolean connected(int p, int q) {
    int rootP = find(p);
    int rootQ = find(q);
    return rootP == rootQ;
}
```

至此，基本上已完成 Union-Find 演算法。是不是很神奇？竟然可以使用陣列模擬一個森林，如此巧妙地解決比較複雜的問題！

那麼，本演算法的複雜度是多少呢？由前文得知，主要 API `connected` 和 `union` 的複雜度都是由 `find` 函數造成，所以它們的複雜度和 `find` 一樣。

`find` 的主要功能是從某個節點向上巡訪到樹根，時間複雜度就是樹的高度。通常可能習慣性地認為樹的高度就是 $\log N$，事實上並不一定如此。$\log N$ 的高度只存在於平衡二元樹，一般的樹有機會出現極端不平衡的情況，使得「樹」幾乎退化成「鏈結串列」。最壞情況下，樹的高度可能變成 N。

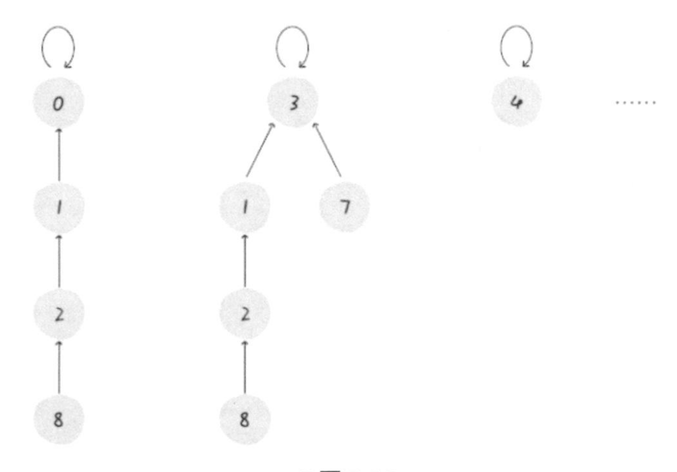

圖 5-26

所以，上面的解法中，`find`、`union`、`connected` 的最壞時間複雜度都是 $O(N)$。這是很不理想的結果，圖論解決的都是類似社群網路這類資料規模巨大的問題，對於 `union` 和 `connected` 的呼叫非常頻繁，完全不能忍受每次呼叫所需的線性時間。

問題的關鍵在於，如何想辦法避免樹的不平衡？略施小計即可。

5.11.3 平衡性最佳化

若想知道哪種情況可能出現不平衡現象，關鍵在於 `union` 過程：

```
public void union(int p, int q) {
   int rootP = find(p);
   int rootQ = find(q);
   if (rootP == rootQ)
      return;
   // 將兩棵樹合併為一棵
   parent[rootP] = rootQ;
   count--;
```

前面只是簡單粗暴地把 `p` 所在的樹，接到 `q` 所在樹的根節點下面，因此可能出現「頭重腳輕」的不平衡狀況，例如底下的局面：

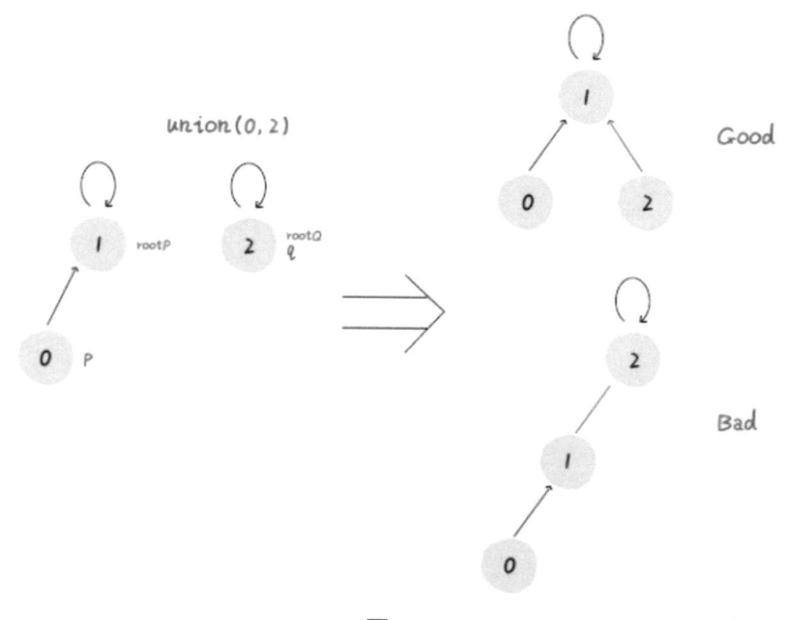

圖 5-27

長久下來，樹可能生長得很不平衡。**其實是希望，小一些的樹接到大一些的樹下面，如此就能避免頭重腳輕，更平衡一些。**解決方法是額外使用一個 `size` 陣列，記錄每棵樹包含的節點數，不妨稱為「重量」：

```java
class UnionFind {
    private int count;
    private int[] parent;
    // 新增一個陣列記錄樹的「重量」
    private int[] size;

    public UnionFind(int n) {
        this.count = n;
        parent = new int[n];
        // 最初每棵樹只有一個節點
        // 重量應該初始化為 1
        size = new int[n];
        for (int i = 0; i < n; i++) {
            parent[i] = i;
            size[i] = 1;
        }
    }
    /* 其他函數 */
}
```

例如 `size[3] = 5`，表示以節點 `3` 為根的那棵樹，總共有 `5` 個節點。接著便可修改 `union` 方法：

```java
public void union(int p, int q) {
    int rootP = find(p);
    int rootQ = find(q);
    if (rootP == rootQ)
        return;

    // 小樹接到大樹下麵，比較平衡
    if (size[rootP] > size[rootQ]) {
        parent[rootQ] = rootP;
        size[rootP] += size[rootQ];
    } else {
        parent[rootP] = rootQ;
        size[rootQ] += size[rootP];
    }
    count--;
}
```

如此一來，透過比較樹的重量，便能確保樹的生長相對平衡，樹的高度大致落在 log$N$ 的數量級，大幅提升執行效率。

此時，`find`、`union`、`connected` 的時間複雜度都下降為 $O(\log N)$，即使資料規模上億，所需時間也非常少。

5.11.4 路徑壓縮

能否進一步壓縮每棵樹的高度，使得樹高始終保持為常數？

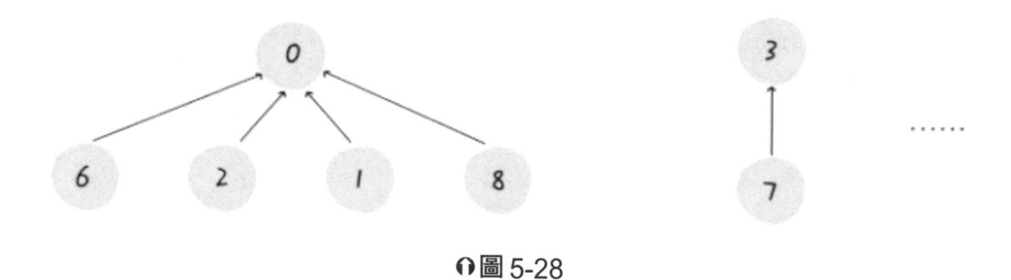

圖 5-28

如此 `find` 就能以 $O(1)$ 的時間找到某一節點的根節點，相對的，`connected` 和 `union` 的複雜度都下降為 $O(1)$。

達到此點特別簡單，但又非常巧妙，只需要在 `find` 增加一行程式碼：

```
private int find(int x) {
    while (parent[x] != x) {
        // 進行路徑壓縮
        parent[x] = parent[parent[x]];
        x = parent[x];
    }
    return x;
}
```

此項操作有點匪夷所思，看個 GIF 就能明白它的作用（為了清晰起見，這棵樹比較極端）：

圖 5-29

由此得知，`find` 函數每次向樹根巡訪的同時，順手縮短了樹高，最終所有樹高都不會超過 3（`union` 的時候可能達到 3）。

讀者可能會問，GIF 圖的 `find` 過程完成之後，樹高恰好等於 3，但如果有更高的樹，壓縮後高度依然會大於 3 啊？不能這麼想。GIF 的情景是筆者編出來方便大家理解路徑壓縮，但是實際上，每次 `find` 都會進行路徑壓縮，樹的高度總會保持很小，所以這種擔心應該是多餘的。

另外還有人會問，**既然加上路徑壓縮，還需要 `size` 陣列的重量平衡嗎？**這個問題很有意思，因為路徑壓縮確保樹高為常數（不超過 3），即使樹不平衡，隨著路徑壓縮的進行，最後也會把樹高壓縮成常數，也就沒必要做重量平衡。

若論時間複雜度的話，確實沒有重量平衡也是 $O(1)$，但是如果加上 `size` 陣列輔助，效率還是略高一些，例如下面這種情況：

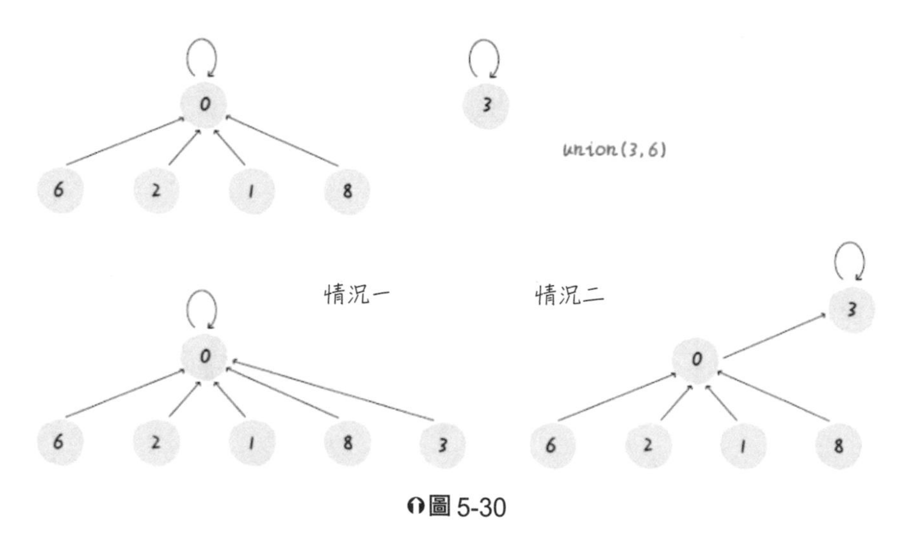

圖 5-30

如果帶有重量平衡最佳化，一定會得到情況一，否則便可能出現情況二。高度為 3 時才觸發路徑壓縮，所以情況一根本不會發生，而情況二會多次執行路徑壓縮，將第三層節點壓縮到第二層。

換句話說，去掉重量平衡，雖然對於單個 find 函數呼叫，時間複雜度依然是 $O(1)$，但是對於 API 呼叫的整個過程，效率會有輕微的下降。當然，好處就是減少一些空間，不過以 Big O 標記法來說，時空複雜度都沒變，因此一起使用路徑壓縮和重量平衡是最好的選擇。

5.11.5 最後總結

完整的程式碼如下所示：

```
class UnionFind {
    // 連通分量個數
    private int count;
    // 儲存每個節點的父節點
    private int[] parent;
    // 記錄每棵樹的「重量」
    private int[] size;

    public UnionFind(int n) {
        this.count = n;
        parent = new int[n];
        size = new int[n];
        for (int i = 0; i < n; i++) {
```

```java
            parent[i] = i;
            size[i] = 1;
        }
    }

    public void union(int p, int q) {
        int rootP = find(p);
        int rootQ = find(q);
        if (rootP == rootQ)
            return;

        // 小樹接到大樹下面，比較平衡
        if (size[rootP] > size[rootQ]) {
            parent[rootQ] = rootP;
            size[rootP] += size[rootQ];
        } else {
            parent[rootP] = rootQ;
            size[rootQ] += size[rootP];
        }
        count--;
    }

    public boolean connected(int p, int q) {
        int rootP = find(p);
        int rootQ = find(q);
        return rootP == rootQ;
    }

    private int find(int x) {
        while (parent[x] != x) {
            // 進行路徑壓縮
            parent[x] = parent[parent[x]];
            x = parent[x];
        }
        return x;
    }

    public int count() {
        return count;
    }
}
```

可以這樣分析Union-Find演算法的複雜度：建構子初始化資料結構，需要$O(N)$的時間和空間複雜度；連通兩個節點 `union`、判斷兩個節點的連通性 `connected`、計算連通分量 `count` 所需的時間複雜度均為$O(1)$。

5.12 Union-Find 演算法應用

本節列舉幾道題目講解 Union-Find 演算法的巧妙運用。

首先複習一下，Union-Find 演算法解決的是圖的動態連通性問題。演算法本身不難，能不能應用出來主要端賴抽象問題的能力，是否能夠把原始問題抽象成一個圖論的問題。

演算法有 3 個關鍵點：

1. 以 `parent` 陣列記錄每個節點的父節點，相當於指向父節點的指標，因此 `parent` 陣列實際儲存著一個森林（若干棵多元樹）。
2. 以 `size` 陣列記錄每棵樹的重量，目的是呼叫 `union` 後樹依然擁有平衡性，而不會退化成鏈結串列，影響操作效率。
3. 在 `find` 函數進行路徑壓縮，確保任意樹的高度維持在常數，使得 `union` 和 `connected` API 的時間複雜度為 $O(1)$。

下面來看看這個演算法有什麼實際應用。

5.12.1 DFS 的替代方案

很多使用 DFS 深度優先演算法解決的問題，也可改用 Union-Find 演算法解決，例如下面的問題：

輸入一個 M×N 的二維矩陣，其中包含字元 X 和 O，請找到矩陣中**四面**被 X 圍住的 O，並且將其替換成 X。

函數簽章如下：

```
void solve(char[][] board);
```

例如輸入下面一個 `board` 陣列，演算法直接將 `board` 中符合條件的 O 替換成 X：

```
X X X X O          X X X X O
X X X O X    ⇒     X X X X X
O O X O X          O O X X X
X O X X X          X O X X X
```

圖 5-31

注意：必須是「四面被圍」的 O 才能換成 X。也就是說，邊角上的 O 一定不會被圍，同時，與邊角上的 O 相連的 O，也不會被 X 四面圍住，代表不會被替換。

這不就是「黑白棋」的棋類遊戲嗎？只要用兩個棋子把對方的棋子夾在中間，對方的棋子便被替換成你的。可見，佔據四角的棋子實屬無敵，與其相連的棋子也是無敵（無法被圍住）。

解決此問題的傳統方法是 DFS 演算法，先實作一個可重用的 `dfs` 函數，可將 O 變成 #：

```
/* 從 board[i][j] 開始 DFS，將字元 O 替換成 # */
void dfs(char[][] board, int i, int j) {
    int m = board.length, n = board[0].length;
    // 越界則直接返回
    if (i < 0 || i >= m || j < 0 || j >= n) {
        return;
    }
    if (board[i][j] != 'O') {
        return;
    }
    // 進行替換
    board[i][j] = '#';
    // 向四周 DFS 搜尋
    dfs(board, i + 1, j);
    dfs(board, i, j + 1);
    dfs(board, i - 1, j);
    dfs(board, i, j - 1);
}
```

接下來，以 for 迴圈巡訪**棋盤的四邊**，用 DFS 演算法把那些與邊界相連的 `O` 換成一個特殊字元，諸如 `#`；然後再巡訪整個棋盤，將剩下的 `O` 換成 `X`；最後把所有 `#` 恢復成 `O`：

```java
void solve(char[][] board) {
    if (board.length == 0) return;
    int m = board.length, n = board[0].length;
    // 把第一列和最後一列關聯的 O 變成 #
    for (int i = 0; i < m; i++) {
        dfs(board, i, 0);
        dfs(board, i, n - 1);
    }
    // 把第一行和最後一行關聯的 O 變成 #
    for (int j = 0; j < n; j++) {
        dfs(board, 0, j);
        dfs(board, m - 1, j);
    }
    // 剩下的都是應該被換掉的 O
    for (int i = 1; i < m - 1; i++) {
        for (int j = 1; j < n - 1; j++) {
            if (board[i][j] == 'O') {
                board[i][j] = 'X';
            }
        }
    }
    // 把所有字元 # 恢復成 O
    for (int i = 0; i < m; i++) {
        for (int j = 0; j < n; j++) {
            if (board[i][j] == '#') {
                board[i][j] = 'O';
            }
        }
    }
}
```

DFS 演算法就能完成以上題目的要求，時間複雜度為 $O(MN)$，其中 M 和 N 分別是 `board` 的長和寬。

這道題也可改用 Union-Find 演算法解決，雖然實作起來複雜一些，甚至效率也略低，但這是使用 Union-Find 演算法的通用規則，值得一學。

靠邊的 `O` 都不可能被替換，包括與這些 `O` 相連的 `O`。可先抽象出一個 `dummy` 節點，然後把這些 `O` 抽象成 `dummy` 節點的子節點。

接著，把這種關係想像成一張圖，運用 Union-Find 演算法，所有和 dummy 節點「連通」的節點都不會被替換。反之，則是那些需要被替換的節點。

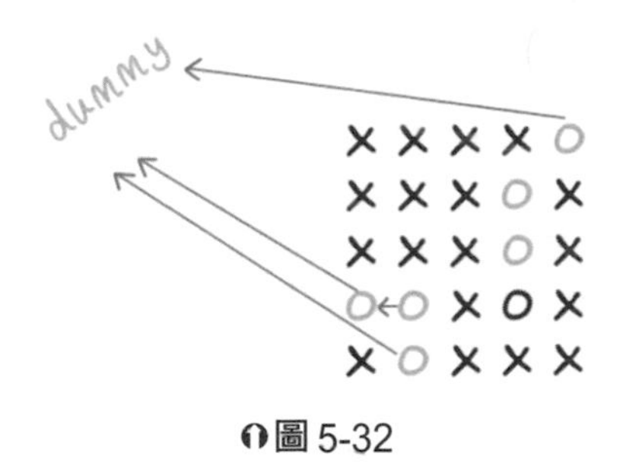

圖 5-32

此為 Union-Find 的核心思路，明白這張圖後，就很容易看懂程式碼。

首先要解決的問題是，根據實作的細節，Union-Find 底層採用的是一維陣列，建構子需要傳入該陣列的大小，而題目給的是一個二維棋盤。

這點很簡單，假設 m 是棋盤的列數，n 是棋盤的行數，二維座標 (x,y) 便可轉換成 x * n + y 這個數。請注意，**這是將二維座標映射到一維的常用技巧。**

其次，之前描述的 dummy 節點是虛構的，必須為它留個位置。索引 [0.. m*n-1] 都是二維棋盤內座標的一維映射，因此就讓此虛擬的 dummy 節點佔據索引 m * n 好了。

```
void solve(char[][] board) {
    if (board.length == 0) return;

    int m = board.length;
    int n = board[0].length;
    // 為 dummy 留一個額外位置
    UF uf = new UnionFind(m * n + 1);
    int dummy = m * n;
    // 將首行和末行的 O 與 dummy 連通
    for (int i = 0; i < m; i++) {
        if (board[i][0] == 'O')
            uf.union(i * n, dummy);
        if (board[i][n - 1] == 'O')
            uf.union(i * n + n - 1, dummy);
    }
```

```java
    // 將首列和末列的 O 與 dummy 連通
    for (int j = 0; j < n; j++) {
        if (board[0][j] == 'O')
            uf.union(j, dummy);
        if (board[m - 1][j] == 'O')
            uf.union(n * (m - 1) + j, dummy);
    }
    // 方向陣列 d 是搜尋上下左右四個方向的常用手法
    int[][] d = new int[][]{{1,0}, {0,1}, {0,-1}, {-1,0}};
    for (int i = 1; i < m - 1; i++) {
        for (int j = 1; j < n - 1; j++) {
            if (board[i][j] == 'O') {
                // 將此 O 與上下左右的 O 連通
                for (int k = 0; k < 4; k++) {
                    int x = i + d[k][0];
                    int y = j + d[k][1];
                    if (board[x][y] == 'O')
                        uf.union(x * n + y, i * n + j);
                }
            }
        }
    }
    // 現在，沒有被 X 包圍的 O 都和 dummy 連通了
    // 所有不和 dummy 連通的 O，都要被換掉
    for (int i = 1; i < m - 1; i++)
        for (int j = 1; j < n - 1; j++)
            if (!uf.connected(dummy, i * n + j))
                board[i][j] = 'X';
}
```

雖然程式碼很長，其實就是剛才的邏輯實作，只有和邊界 `O` 相連的 `O`，才具有和 `dummy` 的連通性，表示不會被替換。

說實話，以 Union-Find 演算法解決這個簡單的問題，有點殺雞用牛刀的意思。它可以解決更複雜、更具技巧性的問題，**主要思路是適時增加虛擬節點，想辦法讓元素「分門別類」，以建立動態連通關係。**

5.12.2 判斷合法等式

判斷「等式方程的可滿足性」這類問題，以 Union-Find 演算法解決顯得十分優美。題目如下：

給定一個陣列 `equations`，裝著若干由字串表示的算式。每個算式 `equations[i]` 的長度都是 4，而且只有兩種情況：`a==b` 或者 `a!=b`，其中 `a`、`b` 可以是任意小寫字母。請撰寫一種演算法，如果 `equations` 中所有算式都不會互相衝突，返回 true，否則返回 false。

例如，輸入 `["a==b","b!=c","c==a"]`，演算法返回 false，因為這三個算式不可能同時正確。

再比如，輸入 `["c==c","b==d","x!=z"]`，演算法返回 true，因為這三個算式並不會造成邏輯衝突，允許同時為真。

前面曾提及，動態連通性其實就是一種等價關係，具有「自反性」、「傳遞性」與「對稱性」。實際上，`==` 關係也是一種等價關係，具備前述性質，所以套用 Union-Find 演算法就很自然。

解決問題的核心觀念是，**將 `equations` 中的算式根據 `==` 和 `!=` 區分成兩部分，先處理 `==` 算式，使得它們透過相等關係彼此「連通」；然後處理 `!=` 算式，檢查不等關係是否破壞相等關係的連通性。**

```
boolean equationsPossible(String[] equations) {
    // 26 個英文字母
    UF uf = new UnionFind(26);
    // 先讓相等的字母形成連通分量
    for (String eq : equations) {
        if (eq.charAt(1) == '=' ) {
            char x = eq.charAt(0);
            char y = eq.charAt(3);
            uf.union(x - 'a', y - 'a');
        }
    }
    // 檢查不等關係是否打破相等關係的連通性
    for (String eq : equations) {
        if (eq.charAt(1) == '!' ) {
            char x = eq.charAt(0);
```

```
            char y = eq.charAt(3);
            // 如果相等關係成立，就是邏輯衝突
            if (uf.connected(x - 'a', y - 'a'))
                return false;
        }
    }
    return true;
}
```

至此，解決了這道判斷算式合法性的問題，藉助 Union-Find 演算法，是不是很簡單呢？

5.12.3 最後總結

採用 Union-Find 演算法的關鍵，在於如何把原問題轉化成圖的動態連通性問題。對於算式合法性問題，可以直接利用等價關係；對於棋盤包圍問題，則是利用一個虛擬節點，營造出動態連通特性。

另外，將二維陣列映射到一維陣列，利用方向陣列 d 簡化程式碼，都是在撰寫演算法時常用的一些小技巧，不妨多注意一下。

許多更複雜的 DFS 演算法問題，都可以利用 Union-Find 演算法漂亮地解決。

5.13 一行程式碼就能解決的演算法題目

本節是筆者在刷題過程中，總結出三道有趣的「腦筋急轉彎」題目，雖可利用程式設計演算法解決，但只要稍加思考，就能找到規律，直接想出答案。

5.13.1 Nim 遊戲

遊戲規則如下：兩個人面前有一堆石頭，每個人輪流拿，一次至少 1 顆，最多 3 顆，誰拿走最後一顆石頭便獲勝。

假設大家都很聰明，由你第一個開始拿。請撰寫一種演算法，輸入一個正整數 `n`，返回是否能贏（true 或 false）。

例如現在有 4 顆石頭，演算法應該返回 false。因為無論拿走 1 顆、2 顆還是 3 顆，對方都能一次性拿完，拿走最後一顆石頭，所以自己一定會輸。

首先，這道題肯定可以套用動態規劃，因為原問題顯然存在子問題，且子問題存在重覆。因為大家都很聰明，涉及兩個人之間的博弈，動態規劃會比較複雜。

解決這種問題的思路，一般都是反著思考：

如果我能贏，那麼最後輪到自己取石頭的時候，必須剩下 1~3 顆，這樣才能一把拿完。

如何營造這樣的局面呢？顯然，如果對手拿的時候只剩 4 顆石頭，那麼無論怎麼拿，總會剩下 1~3 顆石頭，我就能贏。

如何逼迫對手面對 4 顆石頭呢？想辦法讓自己選擇的時候還有 5~7 顆石頭，這樣就有把握讓對方不得不面對 4 顆石頭。

如何營造 5~7 顆石頭的局面呢？讓對手面對 8 顆石頭，無論他怎麼拿，都會剩下 5~7 顆，那麼我就能贏。

這樣一直循環下去，便可發現，只要遇到 4 的倍數，就會落入圈套，永遠逃不出 4 的倍數，而且一定會輸。因此，這道題的解法非常簡單：

```
bool canWinNim(int n) {
    // 如果上來就遇到 4 的倍數，那就認輸吧
    // 否則，可以把對方控制在 4 的倍數，必勝
    return n % 4 != 0;
}
```

5.13.2 石頭遊戲

「石頭遊戲」的規則如下：兩個人面前有一排石頭堆，以一個陣列 `piles` 表示，`piles[i]` 表示第 `i` 堆有多少顆石頭。每個人輪流拿石頭，一次拿一堆，但是只能拿走最左邊或者最右邊的石頭堆。拿完所有的石頭後，誰擁有的石頭多，便獲勝。

假設大家都很聰明，由你第一個開始拿，請撰寫一種演算法，輸入一個陣列 `piles`，返回是否能贏（true 或 false）。

請注意，石頭堆的數量為偶數，所以兩人拿走的堆數一定相同。石頭的總數為奇數，亦即最後不可能擁有相同多的石頭，肯定有勝負之分。

舉個例子，`piles=[2, 1, 9, 5]`，你先拿，可以拿 2 顆或者 5 顆，先選擇 2 顆。

`piles=[1, 9, 5]`，輪到對手，可以拿 1 顆或 5 顆，他選擇 5 顆。

`piles=[1, 9]` 輪到你拿，選擇 9 顆。

最後，對手只能拿 1 顆。

這樣下來，你總共擁有 `2 + 9 = 11` 顆石頭，對手有 `5 + 1 = 6` 顆石頭，於是贏了，因此演算法應該返回 true。

由此得知，並不是簡單地挑數字大的選，為什麼第一次選擇 2 而非 5 呢？因為 5 後面是 9，要是貪圖一時的利益，就把 9 這堆石頭讓給對手，不輸都很困難。

這也是強調雙方都很聰明的原因，演算法是求最佳決策過程下自己是否能贏。

本道題又涉及兩人的博弈，可以利用動態規劃演算法暴力解決，比較麻煩。但只要深入思考規則，就會大驚失色：只要自己足夠聰明，應該是必勝無疑的，因為你是先手。

```java
boolean stoneGame(int[] piles) {
    return true;
}
```

為什麼先手總是必勝呢，因為題目有兩個條件很重要：

1. 石頭總共有偶數堆。
2. 石頭的總數是奇數。

這兩個看似增加遊戲公平性的條件，反而使其成為一個「割韭菜」的遊戲。以 `piles=[2, 1, 9, 5]` 為例，假設 4 堆石頭從左到右的索引分別是 1、2、3、4。

如果把 4 堆石頭按照索引的奇偶分為兩組，即第 1、3 堆和第 2、4 堆，那麼這兩組石頭的數量一定不同，也就是一堆多一堆少。因為石頭的總數是奇數，無法平分。

作為第一個拿石頭的人，你可以控制自己拿到所有偶數堆，或者是所有的奇數堆。

最開始可以選擇第 1 堆或第 4 堆。如果想要偶數堆，就拿第 4 堆，這樣留給對手的選擇只有第 1、3 堆，他不管怎麼拿，第 2 堆都會留下來。同理，如果想拿奇數堆，就拿第 1 堆，留給對手的只有第 2、4 堆，他不管怎麼拿，第 3 堆又會留下來。

也就是說，可以在第一步就觀察好，到底是奇數堆，還是偶數堆的石頭總數多，然後步步為營，就一切盡在掌控中了。

知道這個漏洞後，可以「整一整」不知情的同學。

5.13.3 電燈開關問題

題目的描述如下：有 `n` 盞燈，一開始時都是關著。現在打算進行 `n` 輪操作：

第 1 輪操作是把每一盞燈的開關按一下（全部打開）。

第 2 輪操作是把每兩盞燈的開關按一下（亦即按第 2、4、6……盞燈的開關，關閉它們）。

第 3 輪操作是把每三盞燈的開關按一下（亦即按第 3、6、9……盞燈的開關，有的關閉，如 3，有的打開，如 6）……

如此循環，直到第 `n` 輪，即只按一下第 `n` 盞燈的開關。

現在輸入一個正整數 `n` 代表電燈的盞數，問經過 `n` 輪操作後，有多少盞電燈是亮的？

當然可以用一個布林陣列表示這些燈的開關情況，然後模擬上述操作過程，最後數一下就能得出結果。但是此舉顯得沒有彈性，最好的解法如下：

```
int bulbSwitch(int n) {
    return (int)Math.sqrt(n);
}
```

什麼？這個問題和平方根有什麼關係？其實解法很精妙，但如果沒人講解，還真不好想明白。

首先，因為電燈一開始都關閉，如果某一盞燈最後是點亮的，必然要按下奇數次開關。

假設只有 6 盞燈，而且只看第 6 盞燈。題意是進行 6 輪操作，請問對於第 6 盞燈，會被按下幾次開關呢？此點不難得出，第 1 輪、第 2 輪、第 3 輪、第 6 輪都會被按。

為什麼如此呢？因為 `6=1×6=2×3`。一般情況下，因子都是成對出現，亦即開關被按的次數都是偶數。但是有特殊情況，例如總共有 16 盞燈，那麼第 16 盞燈會被按幾次？

```
16=1×16=2×8=4×4
```

其中因子 4 重覆出現，所以第 16 盞燈會被按 5 次，奇數次。現在應該理解這個問題為什麼和平方根有關了？

不過，題目是算出最後有幾盞燈亮著，這樣直接求平方根是什麼意思呢？稍微思考一下就能理解。

假設現在總共有 16 盞燈，求 16 的平方根，等於 4，說明最後會有 4 盞燈亮著，分別是第 `1×1=1` 盞、第 `2×2=4` 盞、第 `3×3=9` 盞和第 `4×4=16` 盞。

就算有的 `n` 平方根結果是小數，強迫轉成 int 型，相當於一個最大整數上界。比這個上界小的所有整數，平方後的索引都是最後亮燈的索引。因此，直接把平方根轉成整數，便是本問題的答案。

博碩文化

博碩文化